JN312083

現代日本土木史
第二版

高橋 裕 著

彰国社

はしがき

　最近，漸くにして土木史の講義が，いくつかの大学の土木工学科のカリキュラムに組み込まれ，さらに，次々と多くの大学に広まりつつあることはご同慶の至りである。土木史の重要性と意義については第1章で述べている通りであるが，1950年代からその必要性を主張し，土木技術者としては，土木史の素養を積み，その考え方を練ることが，必須であると考えてきた私にとって，土木史が土木工学教育において陽の目を見るようになったことに隔世の感一入である。と同時に，土木史への認識の高まりを含め，最近の土木教育におけるソフト化傾向は，土木教育はもとより，土木技術，土木事業が，いま歴史的転換期を迎えていることを意味していると思う。

　本書の第4章で述べているように，第二次世界大戦後の日本の社会は，そして土木界は，敗戦からの復興，高度経済成長，環境問題の重大化から国際化へと向かって波瀾万丈の歴史であった。その間，土木技術者は脇目も振らず，一心不乱に土木技術を磨き，土木事業を次々と実施してきた。そしていま，辺りを見回すと，そこにはいままでとは異なる新しい状況が着実に進行している。変動しつつある社会環境，そして自然環境の中の土木，国際社会における日本の土木という視点が必須となってきたのである。要するに，積極的に脇目を振らなければならなくなったのである。

　転換期に立ったとき，人々は歴史を顧み，その中から教訓を得ようと考える。建築とともに，あらゆる技術の中でも最も長い歴史を持っている土木にとって，現時点こそ，土木史的思考が切実に要求されるといえよう。土木史は，土木工学の他の分野と比べ異質であろうが，それなればこそ，その思考を鍛えることが，決して単なる知識の集積ではなく，土木技術者に新たな発想，柔軟な思考，幅広い見方を与えるに違いない。それこそが，これからの土木技術者にとってきわめて重要であると考えられる。

"現代日本土木史"と名付けた本書は，一応，第3章，第4章で扱っている明治以降と，日本に重点を置いている。したがって，江戸時代までの第2章は，第3章以降への導入であり，現代を理解する前提としての大筋の流れを記述したものである。第2章の最終節に西欧における16〜19世紀の状況を略述したのも，明治以降，日本が範とした西欧近代土木の起源とその状況を把握しておいて頂きたかったからである。

　明治以降の日本に限定したとはいえ，本書で土木工学，技術，事業を満遍なく網羅できるはずがない。大学での教科書として利用できることを主として意識した本書においては，明治以降において歴史を画したと考えられる事業に重点を置き，かつそこで活躍した諸先輩の生き方の紹介，さらに，それらを通して，土木技術の特性の紹介をも意図したつもりである。また，日本の土木技術が展開されてきた場としての日本の自然ならびに社会的特性を，土木との関連に注目して第1章の後半に略述し，あわせて日本の土木を理解するための素養と考えたい。つまり，現代日本土木史を学ぶことは，上述の諸事項に加え，他の技術と比較した場合の土木の特性，そして日本におけるその特性を史的考察を踏まえて理解することにほかならないからである。さらにわれわれの先達の考え方なども記述したのは，土木の意義，土木技術者の生きがいを，若い方々に抽象的にではなく，リアルに感じとり，土木技術者としての自信と誇りを持って頂きたかったからである。

　私が酒匂敏次さんとの共著で"日本土木技術の歴史"を出版したのは，1960年であった。それ以後，土木学会による2冊の"日本土木史──大正元年〜昭和15年"および"日本土木史──昭和16年〜昭和40年"(それぞれ1965年，1973年出版)を編集し，その延長線上で，土木学会に"日本土木史研究委員会"設置のお手伝いをしたのは1975年であった。本書は土木工学大系 第1巻第1章の土木小史(彰国社，1982年)を素地として書き改め，日本の技術100年，第6巻(村松貞次郎・高橋裕編)建築・土木(筑摩書房，1989年)の写真を多数引用した。このように土木学会が土木史に関して私に多くの機会を与えて下さり，その間終始岡本義喬さん(現土木学会事務局長)のお世話になった。本書の写真などに関しては，土木学会の五老海正和さん，藤井肇男さんの並々ならぬご協力を頂いた。本書の編集には，

彰国社の田代勝彦さんに全面的に援助頂いた。

　ここに土木学会はもとより，これらの方々に深く感謝申し上げる。

　最後に，私の若いころから，土木史を深く評価し私を激励して下さった亡き最上武雄先生，建築界から常に私を教え援助下さっている村松貞次郎先生にお礼申し上げたい。

1990年3月

高　橋　　裕

第二版出版に際して

　"現代日本土木史"第一版は1990年に出版された。それから17年を経て，今回その後の土木史の推移を加筆して第二版として出版することとなった。17年前には，土木史は土木工学科のカリキュラムとしてまだ定着していなかったが，幸いにして徐々に各大学で土木史がその地位を確立しつつある。

　本書も，この間に12刷を重ねて各大学で利用されていることが，"土木史"の普及を物語っているといえよう。今回新版を世に問うに際して，前著の骨格，構成は変えず，文献解題に最近の重要文献を加え，年表はその都度追加してはきたが，今回2007年までのものを追加した。本文では第3章に重要な土木技術者の大先輩の生き方と業績を若干追加した。前著においても，明治以後の日本の土木界に貢献した大先輩の人生観とその業績を紹介することによって，次代を担う若い人々に土木技術者の生き甲斐を伝えようとしたので，その趣旨をさらに強調するための加筆である。

　第4章の最終節は，若干修正し，20世紀から21世紀にかけての回顧と展望の小論を試みた。

　元来，土木史の範囲は広く，本書では大学での教科書を意識してテーマは私の主観により取捨選択したことをご容赦頂きたい。いずれさらに補足加筆の機会あらば，より充実した内容にしたいと考えている。

2007年5月

高　橋　　裕

目　　次

1　日本土木史の意義と特質 …………………………………………………… 9
　1.1　土木史の意義 ………………………………………………………… 9
　　1.1.1　土木史をなぜ学ぶか ………………………………………… 9
　　1.1.2　土木の特性 …………………………………………………… 10
　1.2　日本の土木の特性 …………………………………………………… 15
　　1.2.1　日本国土の地理的環境 ……………………………………… 15
　　1.2.2　日本の自然特性と土木技術 ………………………………… 17
　　1.2.3　日本人の自然観と国土開発 ………………………………… 24

2　江戸時代までの土木技術の形成 ………………………………………… 29
　2.1　古代から中世までの日本の土木 …………………………………… 29
　2.2　近世における日本の土木 …………………………………………… 43
　2.3　西欧近代土木工学の発祥と近代土木技術の黎明 ………………… 60
　　2.3.1　西欧近代土木工学の発祥 …………………………………… 60
　　2.3.2　近代土木技術の黎明 ………………………………………… 65

3　明治維新から第二次世界大戦までの土木技術の近代化 ……………… 71
　3.1　明治初期における近代土木技術の導入―お雇い外国人の役割 … 71
　3.2　明治期における土木工学の成立と土木技術の近代化 …………… 85
　　3.2.1　土木行政の確立 ……………………………………………… 85
　　3.2.2　トンネル技術の自立 ………………………………………… 86
　　3.2.3　近代都市の成立―特に近代的水道の普及 ………………… 89
　　3.2.4　軍事土木 ……………………………………………………… 94
　　3.2.5　帰国した留学生の活躍―古市公威を例として …………… 94
　　3.2.6　琵琶湖疏水―土木技術自立への金字塔 …………………… 99
　　3.2.7　土木技術者教育機関の整備 ………………………………… 102
　　3.2.8　明治の土木技術者の思想と生き方―廣井勇を例として … 104

3.2.9　鉄道が文明を全国に運んだ明治 …………………………107
　3.3　大正と昭和初期における土木技術と土木事業の発展 …………110
　　　3.3.1　大正から昭和へ―土木学会の誕生 ………………………110
　　　3.3.2　丹那トンネルの難工事 ……………………………………112
　　　3.3.3　信濃川の大河津分水 ………………………………………115
　　　3.3.4　関東大震災とその復興 ……………………………………117
　　　3.3.5　大ダム時代への胎動と水力発電事業の推進 ……………121
　　　3.3.6　台湾に身を捧げた浜野弥四郎と八田與一 ………………124
　　　3.3.7　南満州鉄道の建設 …………………………………………124
　　　3.3.8　関門海底トンネルの開通 …………………………………126
　　　3.3.9　秀でた学問的業績 …………………………………………128

4　第二次世界大戦後の土木事業の発展 …………………………………133
　4.1　戦後の混乱から復興へ（1945～59）……………………………134
　　　4.1.1　戦後の経済危機―食糧危機の克服 ………………………134
　　　4.1.2　愛知用水事業 ………………………………………………136
　　　4.1.3　打ち続く災害 ………………………………………………137
　　　4.1.4　工業の復興のための水力開発 ……………………………143
　　　4.1.5　新しい学問分野の勃興 ……………………………………146
　4.2　高度成長を支えた旺盛な国土開発 ………………………………149
　　　4.2.1　高い経済成長率と産業構造の急変 ………………………149
　　　4.2.2　全国総合開発計画 …………………………………………151
　　　4.2.3　大ダム時代の到来 …………………………………………154
　　　4.2.4　臨海工業地帯の造成 ………………………………………161
　　　4.2.5　高速交通網の整備 …………………………………………164
　　　4.2.6　都市基盤の整備 ……………………………………………167
　　　4.2.7　住民運動の台頭と環境問題の深刻化 ……………………169
　4.3　安定成長期における持続的開発と保全の調和 …………………171
　　　4.3.1　土木界をめぐる新しい状況 ………………………………171
　　　4.3.2　三全総から四全総へ ………………………………………174
　　　4.3.3　充実が続く社会基盤施設 …………………………………176
　　　4.3.4　快適にして美しい国土へ …………………………………184
　　　4.3.5　四島連結―青函トンネルと瀬戸大橋 ……………………185

4.4　第二次世界大戦後の半世紀を顧みる …………………………190
　4.5　21世紀の課題 ……………………………………………………192
　　4.5.1　地球時代の到来 ……………………………………………192
　　4.5.2　国際化への対応 ……………………………………………193
　　4.5.3　総合性を見直す ……………………………………………193
　　4.5.4　文化発展の原動力 …………………………………………194

文献解題 ………………………………………………………………196

日本土木史年表 ………………………………………………………207
　明治以前（B.C.～1867）………………………………………………207
　明治以降（1868～2007）………………………………………………212

索　　引 ………………………………………………………………235
　人名索引 ………………………………………………………………235
　地名および事業名索引 ………………………………………………238
　事項索引 ………………………………………………………………241

1　日本土木史の意義と特質

1.1　土木史の意義

1.1.1　土木史をなぜ学ぶか

　およそ人々が共同生活を営もうとする限り，土木事業によってそれを支えなければならない。土地を開発し，水を供給し，交通路を切り開き，エネルギーを生産しない限り，われわれは生活や産業を維持向上させることができないからである。エジプトやメソポタミア文明が，あるいは中国の黄河文明などが，まず治水事業によって支えられたことは周知の通りである。わが国でも弥生時代の静岡市の登呂遺跡において，治水のための護岸工事の跡が発見されている。安倍川の氾濫から住居や水田を守ろうとしたためであろう。

　このように，土木事業とそれを支える技術は，いずれの地域においても，太古の昔から存在し，発展し，われわれの生活を進展させてきた。その具体的手段として，土木技術者は自然を相手として大地に挑み，農耕牧畜のための土地を開発し，自然の猛威を和らげようとして，さまざまな技術行為を大地に加えてきた。現代の科学技術に基礎を置く土木事業は，明治以降多くを欧米技術を導入することによって，いわゆる近代化を成し遂げたが，土木技術は建築や鉱山技術などとともに，わが国においても古くから蓄積され，わが国の自然条件および社会的要請に応じ，多大の経験を積んで高い水準に達していた。その長い歴史を振り返ると，つとに古代においては中国を中心とする大陸文化，安土桃山時代には南蛮文化の影響を受け，それらを巧みに同化しつつ，日本の自然にそれらの技術を適合させ国土を開発してきた。

　したがって，長い歴史を持つ土木技術は，それぞれの時代における社会体制，経済状況，技術水準により，その形態は著しく異なる。社会，経済，技術は，それぞれ互いに深く関係し合っており，その相互関係において土木技術の発展の歩みを眺めることが重要である。それぞれの時代における各種の土木事業が，どの

ような目的で，どういう技術を駆使して行われたのか，事業を企画し，推進した人々はどういう目標を描き，どういう経過をたどってその事業を成し遂げたのか。それを探らずして，個々の土木事業を正当に評価することはできない。そのためには，前述の社会，経済，技術のそれぞれの時代の特性，および，それらと風土との相互関係を追究しなければ，その本質に近づくことはできない。

　現代のわれわれの土木技術と土木工学は，明治以降に輸入した欧米文化と密接不可分である。したがって，今日の土木の技術とその工学の本質を探ろうとするならば，少なくとも明治以降のこの100年有余の日本の社会と経済の発展のなかで，土木の技術がどのように進歩し，それを糧として土木事業がどのように実施されてきたかを知らなければならない。すなわち，技術史さらには文化史的立場に立って，土木界の来し方を顧みることが，今日の土木技術，土木事業，さらにはこれからの土木界の在り方を考える場合に必須の条件である。その発展の経緯のなかに多くの教訓を見いだすことは，これからの進路を考える際に欠くことができないからである。

　土木事業は，その歴史的経緯のなかで，いくたの転換期を経験し，時には特定の事業において誤れる選択をしたこともあろう。しかし，基本的には，社会と経済を支え，これらと密接に関係して文化の社会的基盤を築き人類史の発展に寄与してきたし，今後もまたそうであらねばならない。そうであるからこそ，過去の個々の土木事業を歴史的考察に基づいて把握し，その背景を理解しなければならない。つまり，土木の施設も構造物も，またそれらを核として構築されてきた都市とか地域そのものは，歴史的所産であり，それらを下絵としてつねに再構築されてきたからである。目に見える構造物はもとよりのこと，土地と水から成る地域そのものが，古くからの土木事業の蓄積である。たとえば，土地や水を新たに開発する場合，いままでその土地がどのような経緯で開発されてきたか，いま流れている水は，過去における開発や権利関係とどのような関係にあるかを無視しては，事を運ぶことはできない。

1.1.2　土木の特性

　土木史を学ぶに当たっては，土木工学，土木技術，土木事業の特性を理解することが必要である。いかなる技術史を学ぶに当たっても，それぞれの技術の特性

を把握することが必須であり，また技術史を学ぶことによってその技術の意義，特性をより深く理解することにもなる。特に土木史の場合は，土木の特性のゆえに，その必要性と意義が一段と大きいとさえ思われる。以下に土木工学に基礎を置き，土木技術を駆使して行われる土木事業の特性について述べる。

a．自然を直接に対象とする

土木事業の活動の場は，主として地球表面であり，大地に彫刻を施し，自然の要素である土と水をつねに相手とする。土木工学に対し地球工学，自然工学などの呼称が提唱されるのももっともといえよう。したがって，土木構造物も，土木施設も，あるいはこれらを核として展開される地域開発事業も，その成果は自然界の中に設置される。したがって，計画，設計，施工に際して，それにかかわる自然現象についての理解が欠かせない。たとえば，風，雨雪をはじめ，地震，地すべり，土石流，洪水，津波，高潮，火山爆発などの自然の猛威に耐える安全性，対象となる土地の地盤，地形，地質に適合した設計が要求される。さらには周辺の自然と調和した景観を含む快適性が期待される。

これらを総合すると，土木のあらゆる技術活動は，自然との共存，自然との調和が必須であるとともに，それが究極の目標であるといえる。土木の計画，設計，施工，維持管理において，まず自然への深い理解が必要であり，土木事業が完成した場合における自然への影響，それが長く存在している間においても自然とどのように融合し調和していけるかが，問われるべきであろう。

特に近年，土木事業が飛躍的に大規模化してくると，それが自然環境に与える影響も大きくなっている。自然への影響なしに土木事業を行うことはほとんど不可能である。しかし，その影響のなかに周辺住民の生活を脅かすもの，もしくは生態系の破壊に至る現象に対しては，それを防ぐ技術を開発することが，今後の土木技術者に強く要求される。すなわち，土木事業は広域にわたる自然との共存を保ち新たなる環境の創造を目標としている。この場合の自然は，原自然ではなく，技術行使によって変わりゆく自然であって，自然との調和といい共存といっても固定的関係ではなく，相互に影響を及ぼし合う動的なものである。したがって，土木事業が自然に与える影響，変革した自然に対する技術の在り方を予測しつつ，計画，運営されることを理想とすべきである。その予測は決して容易ではないが，われわれが過去に行ってきた土木事業とその後の経過のうちに多くの先

例を求め，それを有力な教訓とすることができるに違いない。

b．不可逆性

　土木工事はやり直しが利かない。一度ある地域に行われた土木事業は，たとえ不適切であることが分かっても，あるいは後からさらに良い事業案が提示されても，部分的修正は可能であっても，すっかり造り替えることはできない。また，将来それが不用となっても，小規模な土木構造物は取り替えることはできるが，一般に取壊しは簡単ではない。

　さらに加えて，一度その地域に展開された土木事業は，その地域に長く影響を与えるのみならず，それ以後の土木事業の前提条件として作用する。もとより，土木事業は一般に短期的効果よりは，むしろ長期間にわたってその地域の福祉に役立つことを狙っているのであるから，長期的視野で処することは当然である。しかし，技術は次々に進歩する一方，社会的ニーズも時代の変遷とともに変化するので，長期的視野に立つことは必ずしも容易ではない。

　土木事業の不可逆性が，これら課題を考察する場合，きわめて重要な要因となる。多くの土木構造物や土木施設は，直接大地に立地し，大地の構造をも部分的に変える。その点が同じ建設産業でも，土木業と建築業では著しく異なる。たとえば，ダムを建設すれば，人造湖が誕生し，ダムの上下流では河川の流れや土砂の流れが著しく変わってしまう。沿海部を埋め立てて海を陸に変えれば，当然沿岸の流れにも影響する。

　土木構造物が一般に他の構造物と比し大規模であることも，やり直しが利かない一要因である。同種の製品を大量に生産し，実物テストのできる製造業の技術とも本質的に異なる点である。ダムを建設してみて，具合が悪いからといって壊して再建設することはできない。

　不可逆性という特性を重んじ土木事業の計画に当たっては，慎重な上にも慎重を期さなければならないとともに，一度でき上がれば，なるべく長くその効用を発揮するように計画すべきである。この点もまた，過去の多くの土木事業の成果とその後の経緯を土木史的に考察することによって，有力な情報を得ることができ，長期計画の考え方を練る糧となるであろう。

c．公共性――社会基盤整備

　土木事業は主として生活基盤や産業基盤の建設および整備のために行われるこ

とが多く，必然的に公共事業と公益事業，もしくはこれに準ずる事業が大部分である。公共事業とは，国または地方公共団体すなわち都道府県と市区町村の予算で行う公共的な事業をいい，道路，港湾の整備，河川改修などがその代表例である。公益事業とは，公衆の日常生活に欠くことのできない事業で，労働関係調整法では，運輸，郵便または電気通信，水道，電気またはガス供給，医療または公衆衛生の各事業と規定されており，公益事業令では狭義に電気事業とガス事業に限定している。公益事業には，国や地方公共団体によるものと民間企業により営まれるものとがある。

　たとえば，鉄道，道路，港湾，空港の場合，その上を移動する列車，自動車，船舶，飛行機などは土木以外の技術者によって製造され，土木技術者はその基盤となる軌道や道路などを建設し，技術的にはトンネルや橋などが重要な対象となる。土地造成もまた重要な社会基盤整備であり，宅地造成，埋立てなどが代表例である。造成された土地の上に住宅団地や工場が建設され，ニュータウンや工業地帯形成の基盤となる。ビルディングなどの建築もまた，その基礎工事は土木技術者の担当である。鉄鋼業などによる大規模な工業立地においても，まず埋立て，港湾，上下水道，鉄道などの土木事業が先行し，これら基盤が形成された後に，工場施設が建設される。

　要するに，土木事業はたとえ私企業による場合においても，きわめて公共性が高い。とはいえ，一般に基盤整備はいわば縁の下の力持ち的性格が強い地味な体質を持っている。これら基盤整備はあらゆる開発計画の先導的役割を持つので，すぐれた企画，構想，そして総合的思考を必要とする。特に大規模な基盤整備の場合には，いわゆるビッグ・プロジェクトとなり，組織力が要請される。ここに土木事業が個人では行えず組織の力に依存せざるを得ない特性がある。一方，ビッグ・プロジェクトは多大の予算を必要とし，いったん完成した場合には相当長年月にわたり使用されることが普通であるので，その事業実施に当たっての責任も大きい。

　一般に公共ならびに公益事業は一地域にひとつしか行い得ないので，独占的である。この特性もまた，前述の不可逆性などとも相まって，事業に伴う公共的責任を大きいものとしている。

　一方，現実の土木事業の施工は，請負業として行われるのも土木事業の特性で

ある。土木業が請負業として認知できるのは江戸時代からと思われる。江戸時代初期の江戸城とその周辺への給水事業である玉川上水工事は，企業者としての幕府から玉川兄弟が請け負った工事であり，江戸時代末期の品川台場築造工事は，同じく幕府が企業者の立場で，国防上の公共工事として江川太郎左衛門らに請け負わせたものといえよう。明治時代に会計法，民法が制定されて国の請負契約制度が確立した。以来，国の工事は請負方式で施工されることとなり，官公庁による公共事業に従事する土木業は，法令的にも請負業として位置づけられた。第二次世界大戦後，1949年に建設業法が公布され，建設業者の地位も確立し，これを契機に建設業の近代化が推進された。従来，発注者である国や地方公共団体が直轄・直営で施工していた工事も，ほとんど請負工事として行われるようになり，土木業即請負業の性格がいっそう明確になってきた。換言すれば，土木事業が公共的であることが，土木事業を請負業として性格づけるようになったといえる。

　請負方式においては，工事は発注者の指揮下で行われるため，その意向に強く影響される。しかし，建設業者は主としてその施工を担当しつつ施工技術の継承，錬磨，日本への適合化に成果を挙げてきた。明治以降輸入された欧米の技術を，実際の現場で日本の条件に適応する施工技術に練り上げた建設業の技術者の貢献は大きい。トンネル掘削における日本式，新オーストリア式，関東大震災後にアメリカ合衆国から輸入された圧気潜函工法の日本化，泥水式シールド工法などの日本特有の技術がその典型例である。

　営利企業としての請負業は，一方において公共性という社会的役割を持つとともに，企業努力によって利益を求めるのも当然である。それが必然的に工事費低減の役割を果たすことになっている。これもまた土木業が請負業なるがゆえの現れである。工事費低減化の努力の過程で，技術の進歩，省力化，能率化などが推進されるべきであろう。

　しかし，請負制度，請負契約制度は日本的風土ゆえに運営されて能率を上げてきた面もあり，今後，国際化の波のなかで改革を要する点も少なくないと思われ，今後の重要な課題となろう。

　さらに，土木事業を円滑に進め，近代化していく過程での建設コンサルタントの役割が今後はいっそう充実することが要請されている。

　このように土木建設業は官庁などの起業者，主として調査，実行計画案，設計

などを引き受ける建設コンサルタンツ，主として施工に携わる建設業者が，それぞれ役割を分担しつつ協同して行うことも，それが公共性のある仕事であることに根ざす特性といえよう．

1.2 日本の土木の特性

土木事業の遂行に際しては，その対象とする地域の地理的環境，すなわちその位置と自然的特性，社会的特性をはじめ，その時代特有の社会や経済の特性に著しく支配される．ひいては，それを行うプランナーや土木技術者のものの考え方，自然観，技術観の影響を受ける．

したがって，土木史を学ぶに当たっては，土木事業が行われた国，地域の自然的ならびに社会的特性，およびその時代背景をつねに考慮すべきであり，その事業の立案者や実務を担当した指揮者およびその組織についても留意する必要があろう．

日本で行われた土木事業には，当然ながら，日本国土の地理的環境，その自然的，社会的特性が反映されている．

1.2.1 日本国土の地理的環境

日本列島は，図1.1のように，北緯45°30′から24°の間に在り，多くの先進諸国と同じように温帯に位しているが，それらの国々，特に大部分のヨーロッパ諸国

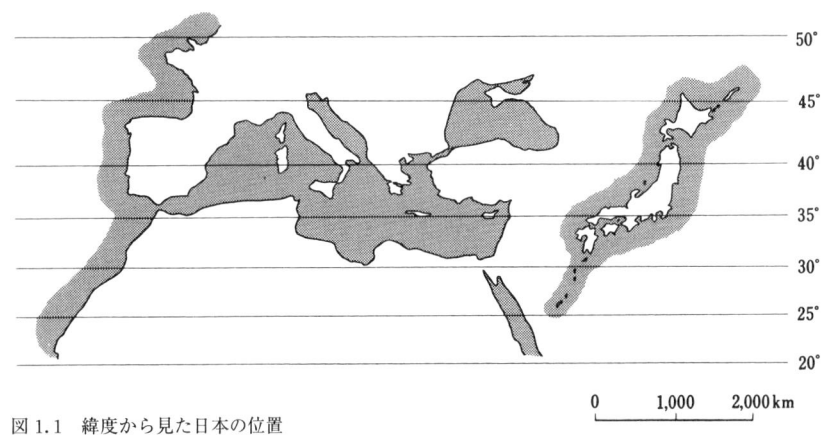

図1.1 緯度から見た日本の位置

よりかなり南方に位置している。すなわち，日本列島の北縁である北海道北部の北緯45°30′は，ヨーロッパ大陸では北イタリアのミラノ，南フランスのグルノーブル，セルビア共和国のベオグラード，黒海の北部に当たる。したがって，これら地域より北方に位置するドイツ，スイス，オーストリアはもとより，フランスの大部分の地域は北海道よりずっと北方に位置している。日本列島の南縁，すなわち沖縄県南部の北緯24°は，南回帰線の23°27′に近く，アフリカ大陸のサハラ沙漠南部，エジプト南部のアスワンハイダム，インドのほぼ中央，カルカッタの辺り，アメリカ大陸ではメキシコ中部からキューバの北部を通る。日本列島，特に南部は，亜熱帯性気候といわれるのももっともといえよう。

　日本列島は南北に長く，アジア大陸の東縁に在って，周囲を海洋に囲まれ，新しい造山活動地域に属し急峻な山岳島であることなどのために，日本列島全域の気候風土はきわめて多様である。北海道や東北地方には夏でもスキーを楽しめる箇所がある一方，沖縄の南部では晩春には海水浴を楽しめる。火山が多い日本列島は，噴火の脅威にはさらされているものの，世界にもまれな多数の温泉と風光明媚な地形を各所に出現させている。

　日本列島が大陸と適当な距離を隔てていることも，きわめて重要な意味を持っている。かつて飛行機のなかった時代には，国防上きわめて有利であったといえる。もし大陸と陸続きになっていれば，外国の侵略を受けやすかったであろうし，単一民族国家として効率の良い発展を遂げるのは困難であったと思われる。この点では，日本はしばしばイギリスと対比して論ぜられる。第二次世界大戦後は，島国であるために，臨海工業地帯の育成には好都合であることを十二分に利用して，高能率な工業発展を遂げることができ，高度成長の基本的条件になったといえる。

　日本列島と大陸との距離について考察すれば，東京—北京間が約2,000km，東京—ソウル間は1,200km，長崎—上海間は約1,000kmであり，飛行機のない時代に海を渡って大軍が軍事的侵略をするには容易でなかったといえる。すなわち漂流や個人的冒険，もしくは文化使節とか留学といった形の少数者の往来はどうにか可能であったが，軍事的占領のような大量の軍隊を一挙に渡来させ，長期間占領するのはきわめて困難であった。遣隋使や遣唐使が何回も遭難を経験し，中国の高僧，鑑真和尚が日本へ渡来したのは，5回の失敗後であり，当時1,000km以上も

海を渡って日中間を往来するのは命がけでさえあったし，元寇や秀吉の大陸出兵などがいずれも失敗に終わったのも，当時の海の旅が可能ではあったが，きわめて困難であったことを示している．

ただし，この距離は西方からの文化の浸透は可能であったと考えられる．日本列島の東側は広大な太平洋と対峙して黒潮，親潮に洗われ，すぐれた漁場となっている．日本列島は西と南からの人間と文化の流れの終点になっている．古くは大和時代において朝鮮半島経由で大陸文化が輸入され，溜池などの農業水利技術に大きな影響を与えた．さらに歴史は進み，1543年に種子島に漂流したポルトガル人フランシスコ・ゼイモトほか2名による鉄砲伝来を契機とする西欧文化の浸透の能率の良さなどは，外来文化の導入に当たっての，日本人の積極性とともに日本列島の位置の特異性も幸いしたことを物語っている．

1.2.2 日本の自然特性と土木技術

日本の国土の自然特性のうち，特に土木技術による開発と密接な関係に在る諸点は次の通りである．

a．気象特性

まず降水量の多さと不規則性が挙げられる．日本列島の平均年降水量は，1,750 mmと推定されており，この量は温帯としてはきわめて多い．温帯において，これに匹敵する年降水量を記録する地域は，南米チリ，アラスカ南部（カナダの西縁）くらいにすぎない．しかも，日本のどの地域でも降水量は年間均一ではなく，台風，梅雨末期，前線通過時などの際には，短期間に大量の降水量が発生し，洪水の原因となる．日本の雨は，春雨，菜種梅雨，さみだれ，梅雨末期の強雨，夕立，雷雨，秋雨，秋霖，地雨，しぐれ，みぞれ，凍雨などなど，季節の変化とともに，さまざまに呼ばれる．このように多様な呼び名があるのは，それぞれの季節ごとに，これらの雨が生活や農耕に与える影響が異なるからであろう．

春から初秋にかけての豊富な雨量が，日本の水稲栽培を有利にし，日本人を米食民族にしたのである．雪を含めて四季こもごも相当量の降水量に恵まれていることが，水力発電を発展させたが，一方でしばしば水害に悩まされることになり，治水対策を重視せざるを得ない国情を生んだといえる．

この豪雨に加えて，急峻な地形から発生する急流河川が，日本における水の循

環速度を速めている。日本の各河川の洪水流の大部分は，水源から河口まで長くとも2日，中小河川では半日か数時間で到達する。洪水流に限らず，降雨から流出，蒸発散に至る循環が早く，水は目まぐるしく入れ替わり，元来水質汚濁は発生しにくい状況に在るといえる。このことが，四季折り折りの雨の多様性とも相まって，水の動態を多彩にし，日本人の水に対する特有の繊細さをはぐくみ，治水や利水の技術を高めてきた。

日本はまた大雪の国であることも特筆に値する。北陸のように北緯36°から38°という低緯度（ヨーロッパ南端の南ギリシア，イタリアのシチリア島の緯度）で毎冬数mにも及ぶ積雪があるのは，日本海に面して北アルプスが聳え，大量の雪雲を発生させるからであるが，きわめて特異な現象といえる。北海道から北陸にかけ，日本の半分の土地が雪に悩まされている一方，貴重な水資源を提供している。水力電気を生み出す，有数の巨大ダムが只見川や黒部川などの豪雪地帯に建設されているのは，この雪に依存しているからである。一方，鉄道や道路建設とその維持管理に際して，雪対策には特殊な苦心がつきまとい，雪崩や融雪洪水など雪特有の災害対策もまた重要であり，豪雪地帯ならではの各種の土木工事が行われてきている。

日本の気温は，しばしば温暖にして住みやすいといわれているが，南北に長い日本列島，日本海側と太平洋側の差などにより，地域により相当の差があり，必ずしも一概にはいえない。特に梅雨明けから盛夏にかけての，日本特有の高温多湿は，そのしのぎにくさにおいて亜熱帯的とさえいえよう。図1.2に東京と外国の都市のクリモグラフ（年間の相対湿度と湿球温度との関係を示す図）が比較されているように，東京に代表される日本の都市は，気温が高い夏に湿度も高い。それに反して，欧米各都市は気温の高い夏の湿度は低く，低温の冬に湿度が高い。日本をはじめとするアジアモンスーン地帯

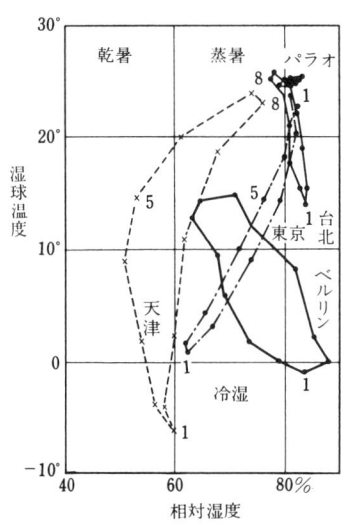

図1.2 東京と外国都市のクリモグラフ
（和達清夫監修：気象の事典，東京堂，1954，p.194）

の夏の不快指数が高いゆえんである。

　日本の夏は南方洋上の湿った高温の空気が季節風に乗って日本列島に吹いてくるのに対し，ヨーロッパの夏は大陸の乾燥した空気が北東風となって流れ込むからである。この亜熱帯性の高温多湿こそ，水稲の発育に絶好の条件を与えている。

　夏季の高温多湿に象徴されるアジアモンスーン地帯の特性が日本の風土と深くかかわっていることは，つとに和辻哲郎によって指摘され (1935)，その後多くの気象学者，地理学者をはじめ文化論的にもしばしば肯定されている。米作農業，人口稠密，生活様式における自然への依存，豪雨災害の頻発，自然との協調と共存に根ざす自然観，これらはいずれもモンスーン的風土と密接な関係があるといえよう。多くの風土論においては，アジアモンスーンはしばしば牧畜のヨーロッパ，もしくは中近東，アフリカの沙漠地帯との対比で論ぜられることが多く，その対比例としては，"米と小麦"，"木と石"，"雑草と牧草"，"菜食と肉食"，"多神教と一神教"，"直観と論理"といった比較文明論が展開されている。それらは気候風土と民俗習慣や開発との関係において鋭い指摘もあるが，歴史の進歩への理解をも深めて，宿命論的環境論に偏しないよう留意することも必要であろう。

b．土壌特性

　日本の土もまた，日本の位置，降水や風，地形地質の特性を反映している。大政正隆は，北緯37～38°を境とする放熱量と受熱量の逆転，それに基づく大気循環，太平洋側と日本海側の気候の差，特に融雪の遅速による土の生成への影響を論じている (1977)。日本の土も当然日本の風土の重要要素であり，日本の自然特性に根ざして生成されたのであり，それが日本の土木技術や土木事業に著しい影響を与えている。

　日本の土の性格も地域により著しい差があるが，土木事業は主として沖積土層と洪積土層において営まれる。日本の平野は堆積土によって形成されており，大陸の多くの地域のように浸食によって形成された平野はない。堆積土は沖積層から成り，沖積土層は約1万年前から今日に至る間に，主として河川によって運ばれ堆積し，洪積土層は約200万年前から約1万年前までの洪積期に築かれ，火山灰土が多い。

　沖積層は時代が新しく固結度は低い。上層や海岸寄りの沖積層は，生成が新しく弱く軟らかである。沖積層の色は一般に暗灰色系である。これに対し洪積層は

時代が古く固結度は高い。

土木施工の点で難しいのは特殊土壌であり，土質工学においても重要な研究課題となっている。たとえば，北海道では泥炭，関東を中心に全国的に分布している関東ローム，近畿から中国山地に多い風化花崗岩のマサ土，南九州のシラスなどである。水田土壌もまた日本特有であり，自然土に客土，湛水，代掻き，中耕，除草，落水などの人工が加わり，それら作用が絡み組み合わされて，独特な土壌が生成された。水田土壌の前身は主として河川氾濫堆積土であり，長年の間に何回もの大洪水によって運ばれた土砂である。したがって，水田土壌は粒子の異なるいくつかの層が積み重なっている。

このように，水田土壌に示されるように，日本の土は自然の上に人工的に造られたものが多いが，土地そのものも人工的に造られている場合が多い。干拓，埋立てはその代表例であり，高度成長期以降，大都市近郊の丘陵地などの大規模宅地造成などの人工土地が各地に出現している。

c．地形特性

日本国土の地形区分は表1.1の通りであり，山地が70％にも達している。しかも，中部地方には3,000m級の山嶺が連なっている。すなわち，日本列島は急峻な山岳島である。海抜100m以下の低地は全国土のわずか13％にすぎない。日本最

表1.1　日本の国土の地形区分と利用区分

(a) 国土の地形区分

	面積 (万ha)	構成比 (%)
山地・火山地	2,276	60
丘陵	419	11
平地 山麓・火山麓	150	4
平地 台地	449	12
平地 低地	480	13
計	3,774	100

(注) 丘陵とは山地のうち低地からの高さが約300m以下のものをいう。
山麓とは山麓部の傾斜面のうち傾斜は15度以下で，平地のうち低地・台地のいずれにも属さないものをいう。
台地は主として洪積台地，低地は主として沖積世に形成された地形（扇状地，三角州など）。

(b) 国土の利用区分（2003）

	面積 (万ha)	構成比 (%)
農用地	482	12.8
耕地	474	12.5
採草放牧地	8	0.2
森林	2,509	66.4
原野	26	0.7
水面・河川・水路	134	3.5
道路	131	3.5
宅地	182	4.8
住宅地	110	2.9
工場用地	16	0.4
その他	57	1.5
その他	316	8.4
計	3,779	100.0

（国土交通省　土地白書，2005年版より）

大の平野である関東平野といえども，その南端に当たる東京に立てば，晴天であれば西に富士山や箱根の山々，北東に筑波山を見ることができる。もっとも最近は空気が汚れてきて，東京から富士山の見える日数は以前に比べ激減している。しかし，晴天でさえあれば，日本国内どこへ行っても山の見えない土地はない。したがって，日本では交通路を開発する場合に多数のトンネルを掘削しなければならない。

　さらに，その広い山地に火山がきわめて多いのも，日本の地形の際立った特徴である。日本の国立公園28のうち，20は火山を有するために国立公園になったといえる。火山はすぐれた風景を造り上げ，豊富な温泉を生み出す一方，火山爆発の脅威をも与えている。たとえば，富士山は日本一の高さ3,776mを誇るとともに，円錐形の雄姿は世界屈指の名山に数えられ，日本の象徴でもある。多くのカルデラ湖は，カルデラに伴う溶結凝灰岩が災害をもたらす危険性を持つとともに，すぐれた峡谷美をもたらしている。最大深度423.4mのカルデラ湖は秋田県の田沢湖である。前節に紹介した特殊土壌もまた，火山国なればこその産物である。すなわち，ローム層は火山灰層，マサ土は火成岩の一種である花崗岩の風化によって生成され，シラスは火砕流の降下軽石の堆積に由来し，火山爆発に起因して発生した。

　日本が数多くの湖に恵まれているのは，火山と深い関係がある。湖の分布がすべて火山と関係しているのではないが，山地にすぐれた風景を描く湖水は火山分布とほぼ一致している。第二次世界大戦後は全国の多くの水源山地にダムが建設され，それに伴って人工湖が多数出現し，日本の湖は多様かつさまざまな新しい課題を提供している。

　日本の海岸美もまた，火山や渓谷の美に負けをとらない。日本は国土面積に比し海岸線はきわめて長く，それが国土開発の面でも重要な意義を持っている。表1.2に日本と諸外国の海岸線の長さを比較したが，面積当りの海岸線延長は75km/1,000km^{2}にも達し，デンマークにこそ及ばないが，欧米各国に比しきわめて長い。ソ連は約4万kmに及ぶ世界最長の海岸線を持っているが，主として北極海に面し，冬に凍らない海岸線は約1万kmにすぎず，有効に利用できる海岸線の長さでは，日本は世界で最も恵まれているといえよう。

　明治以後の日本の工業発展，貿易立国としての成功は，この長い海岸線に依存

表1.2 各国の海岸線延長比較表

国　　名	面　積 (A)	人　口 (B)	人口密度	海岸線延長 (C)	1,000km² 当りC/A	平均幅 A/C
	千km²	万人	人/km²	km	km/千km²	km
デンマーク	43	480	111	6,450	150	7
日　　本	370	10,372	280	27,800	75	15
イギリス(本国)	244	5,507	226	8,850	36	28
オランダ	41	1,300	375	1,450	35	28
イタリア	301	5,233	174	5,050	17	60
スウェーデン	450	781	17	6,790	15	66
フランス	547	4,989	91	7,820	14	70
西ドイツ	248	5,749	232	2,820	11	88
アメリカ	9,363	19,912	21	56,700	6	165
スペイン	505	3,187	63	3,000	6	168
ブラジル	8,468	8,512	10	5,760	1	1,470

(注) 1) 沖縄県を含んだ日本の海岸線延長は29,400kmとなる
　　 2) 出典：『海岸便覧』，(社) 全国海岸協会発行，1971年11月
　　 (土木学会編：日本の土木地理，1974，森北出版，p.247より)

する点が大きい。日本の主要な工業立地は海岸部に集中している。この長い海岸線に，17の特定重要港湾，102の重要港湾，961にも及ぶ地方港湾を築き，それらが海上交通，貿易に果たしている役割はいまさら説明を要しないほどである。さらには，日本の海岸は地形的にも多種あり，岩石海岸あり，礫海岸あり，遠浅の砂海岸あり，その形成原因もまた多様である。それらは各地にすぐれた海岸美を提供し，あるいは海水浴などのレクリエーション基地をも提供している。ただし，第二次世界大戦後の高度成長期以降，多くの工業立地などによって砂浜海岸が著しく減少したことは新たな課題を投げかけている。

d．日本の自然特性と開発史

いかなる国，いかなる時代でも，土木事業による開発はその地域の自然特性に決定的な影響を受ける。換言すれば，その自然特性にいかに適応し，それといかに協調し，あるいは克服するかに，その土木事業の成否がかかっているとさえいえよう。日本の開発史もまた，前述の日本の自然特性に基盤を置いて施工されてきた。土木事業の展開に当たっては，個々の技術や手法には普遍性があるものの，それが施工される土地，地域，風土の影響を強く受ける。特にそれが地域開発に直接かかわる場合には，対象地域の自然特性，さらには社会特性への理解は絶対的条件とさえいってよい。

すなわち，土木事業を中核とする地域開発は，その対象となる自然と，それを行使する人間との葛藤と調和の経緯のうえに展開され成立する．開発は土地と水から成る自然を舞台とする人間の歴史であり，人地をめぐる人間と自然との歴史的記録である．ここに登場する人間は，必ずしも開発の行われる地域の住民だけでなく，その計画に参画するプランナー，その計画によって恩恵に浴する他の地域の人々も含まれるのであり，広義には，日本のどこかでの地域開発には，直接の関係者を中心として日本人全体が関係しているとさえいえよう．さらに注視しなければならないことは，土木事業は，しばしばそれによって住まいや職業を変えなければならない人々がある点である．当然のことながら，それらの人々を含めて住民の福祉が向上することが，土木事業とそれに基礎を置く地域開発の目標でなければならない．

　一般に土木構造物も土木施設もその寿命は長い．ましてや地域開発に至っては，その外形や機能は時代とともに変化しようとも，その軌跡は長くその地域に刻まれて，それ以後の地域開発，土地利用に初期条件として大きな影響を与える．すなわち，土木事業の成果は，長くその地域の自然特性，変わりゆく社会および経済特性にさらされながら，時にはその目的や使命を著しく変えながら継続する．

　このように，土木事業による地域開発によって，その地域の天与の自然特性に即応しつつ，そこに歴史的にはぐくまれてきた文化を踏まえ，新しい環境創造によって，新しい文化が創造されるのである．したがって，日本の地域開発は，日本の自然と社会の特性を生かすようにすべきであるとともに，その特性から影響を受け，かつその特性に影響を与えていくことになる．

　したがって，本書においても，いままでの土木事業，特に地域開発の発展史を，日本の風土と自然に与えてきた視点を重視しつつ解説したいと考える．その視点に立つことによって，日本の国土に展開された人間と自然の歴史が探れるからである．この洞察を通して，将来計画へのかけがえのない教訓とすることができよう．もし自然科学的方法論に立脚して解釈すれば，いままでの土木事業を一種の"実験"と見立てることによって，その多くの歴史的事実から，法則性，普遍性を探ることとなろう．もっとも，これは一種の比喩的解釈であり，ここにいう法則性といっても自然科学的法則というよりはむしろ歴史的法則であり，普遍

性といっても社会科学的意味合いの濃いものとなる。したがって，これらを将来への教訓に生かす場合，これからの社会的基盤への洞察を含むものとなるであろう。

1.2.3　日本人の自然観と国土開発

　人間と自然との関係に触れる学問としては，土木工学，地理学，農林水産学，文化人類学，栄養学，風土心理学，風土病学，資源論などの環境諸科学があるが，それぞれの学問体系に則ってこの関係を探究していることになる。人間と自然または環境との複合系に関する問題を本質的に究明するには，これら諸科学の関連分野を総合した新しい学問体系を構想すべきである。西川治はその理想的な総観的科学はヒューマン・エコロジー（人間生態学）と呼ばれるにふさわしいと提唱している（1980）。この学問における主要テーマは，おそらく地球環境，開発と保全，人口と資源などの関係を，地球規模，超長期的視野，かつ人間と自然との歴史的考察を踏まえて攻究することになろう。この場合の重要な論拠となるのは，開発にかかわる自然観であろう。ここでは，日本人の自然観が開発についてどのような姿勢で展開されているかについて触れておこう。前節にも述べたように，自然をどう見るかが，開発思想を左右するからである。

　明治以降において，日本人の自然観に最初に著しい影響を与えたのは志賀重昂の『日本風景論』（1894）であろう。この時代，有識者間で最も愛読されたのが，福沢諭吉の諸著作とこの『日本風景論』であった。札幌農学校を1884年に内村鑑三，新渡戸稲造，土木工学者の廣井勇らと同窓で卒業した志賀は，各国を旅行し当時としては珍しく，外国との対比において日本を眺める視野を広げていた。"大和民族"という言葉を定着させたのも志賀であったという。

　彼はこの書において，日本の風景の特質として，1.日本には気候，海流の多変多様なる事，2.日本には水蒸気の多量なる事，3.日本には火山岩の多々なる事，4.日本には流水の浸食激烈なる事，を挙げ，多くの事例，文献を掲げて説いている。本書はのちの日本人の自然観，風土論の基礎になったと考えられ，ここで水と火山を特筆した点は，地理学者，山岳家としての面目躍如たるものがある。

　哲学者和辻哲郎の『風土―人間学的考察―』（1935）はあまりに名高い。彼はヨーロッパの旅での自らの経験から，日本と異なる風土に，異質の文化が育成され

ていることを実感し，その衝撃から風土論を展開した。彼は沙漠（アラビア・アフリカ・蒙古），牧場（ヨーロッパ）との対比においてモンスーンを位置づけ，日本をモンスーン的風土の特殊形態とし次のように説明する。

　"モンスーン的な受容性は日本の人間に於て極めて特殊な形態を取る。第一にそれは熱帯的・寒帯的である。……豊富に流れ出でつつ変化に於て静かに持久する感情である。四季折々の季節の変化が著しいように，日本の人間の受容性に調子の早い移り変りを要求する。……活潑敏感であるが故に疲れ易く持久性を持たない。……次にモンスーン的な忍従性も亦日本の人間に於て特殊な形態を取っている。……あきらめでありつつも反抗に於て変化を通じて気短かに辛抱する忍従である。

　日本の人間の特殊な存在の仕方は，豊かに流露する感情が変化に於てひそかに持久しつつその持久的変化の各瞬間に突発性を含むこと，及びこの活潑なる感情が反抗に於てあきらめに沈み，突発的な昂揚の裏に俄然たるあきらめの静かさを蔵することに於て規定せられる。それはしめやかな激情，戦闘的な恬淡である。これが日本の国民的性格に他ならない。……"

　日本人の性格をその居住地域の気候的特異性と対比して類似点を見いだそうとしているのである。

同じ1935年，寺田寅彦は『日本人の自然観』において，和辻の風土論を評価するとともに次のように述べている。

　"……吾々は通例便宜上，自然と人間とを対立させ両方別々の存在のように考える。これが現代の科学的方法の長所であると同時に短所である。この両者は実は合して一つの有機体を構成しているのであって，究極的には独立に切離して考えることのできないものである。……あらゆる環境の特異性はその中に育って来たものに，たとえわずかでもなんらか固有の印銘を残しているであろうと思われる。"

このような発想は現在ではむしろ当然の考えであろうが，1930年代では斬新なものであった。寺田寅彦はさらに続けて，

　"農作物の多様性は日本のモザイク的景観を色々に彩どり隈どっている。地形の複雑さは大農法を拒絶させ田畑の輪郭を曲線化し，……"

"日本では自然の十分な恩恵を甘受すると同時に，自然に対する反逆を断念し，自然に順応するための経験的知識を収集し蓄積することをつとめてきた。……たとえば，昔の日本人が集落を作り架構を施すには，まず地を相することを知っていた。西欧科学を輸入した現代日本人は，……従来の相地の学を蔑視して建てるべからざる処に人工を建設した。そうして克服し得たつもりの自然の厳父の揮った一打で，その建設物が実に意気地もなく潰滅する，それを眼前に見ながら自己の錯誤を悟らないでいる，といったような場合が近頃頻繁に起るように思われる。昭和9年，10年の風水害史だけでもこれを実証して余りがある。"

"雨の無い沙漠の国では天文学は発達しやすいが，多雨の国ではそれが妨げられたと考えられる。自然の恵が乏しい代りに自然の暴威の緩やかな国では自然を制御しようとする。……全く予測し難い地震台風に鞭打たれ続けている日本人は，それら現象の原因を探究するよりも，それらの災害を軽減し回避する具体的方策の研究にその知恵を傾けたように思われる。日本の自然は西洋流の分析的科学の生れるためには，余りに多彩で余りに無常であったかも知れない……。"

寺田寅彦が半世紀以上も前に指摘した日本人の自然観は，特に自然災害，さらに防災工学に対する考え方は，水とか土という自然素材を扱う土木の技術史を考察する場合に，深く留意するに値する。

日本人の自然観については，さらにあまたの意見が述べられてきている。民俗学的観点からの柳田国男の所論，神話を資料として，民族としての日本人の特質，その自然観を攻究した高瀬重雄（1942），近年では鈴木秀夫（1975），千葉徳爾（1980），玉城哲（1976～80）らの風土論など枚挙にいとまがない。あるいはオギュスタン・ベルクの『風土の日本——自然と文化の通態——』(1988) のように，和辻の風土の批判的読解を通じて，日本の風土の文化的次元の分析を目指した快著もある。

これらの風土論，自然観の展望は，開発とか土木事業との関係まで論理的に明示したわけではないが，日本の土木史をより広範に，もしくはより根源的に探究しようとする場合，多大のヒントを与えてくれるであろう。

参考文献

和辻哲郎：風土——人間学的考察，岩波書店，1935
大政正隆：土の科学，NHKブックス，1977
西川　治：自然と人間と技術—その学問的系譜—，自然環境論（Ⅲ），土木工学大系第4巻，彰国社，1980
志賀重昂：日本風景論，1894初版，岩波文庫，1937
寺田寅彦：日本人の自然観，東洋思潮1935年10月，岩波文庫，寺田寅彦随筆集第5巻に転載，1948
柳田国男：日本民族と自然，定本柳田国男集31巻，筑摩書房，1963
高瀬重雄：日本人の自然観，大八州出版，1942
鈴木秀夫：風土の構造，大明堂，1975
鈴木秀夫：超越者と風土，大明堂，1976
千葉徳爾：日本人の自然観，自然環境論（Ⅲ），土木工学大系第4巻，彰国社，1980
玉城　哲：風土と技術——農業を例として，自然環境論（Ⅲ），土木工学大系第4巻，彰国社，1980
玉城　哲：風土の経済学，新評論，1976
玉城　哲：水の思想，論創社，1979
オギュスタン・ベルク：空間の日本文化，筑摩書房，1985
オギュスタン・ベルク：風土の日本——自然と文化の通態，筑摩書房，1988

2 江戸時代までの土木技術の形成

2.1 古代から中世までの日本の土木

　静岡市の南に登呂遺跡がある。ここから弥生時代の約6.6万m²の水田跡が発掘され，井戸の名残らしいもの，杭を2列に打って区画割りした遺跡が見いだされた。土器などから弥生式文化の中期，およそ西暦100年ころと推定された。ここは安倍川の沖積平野に当たり，住居跡の上の幾筋かの砂利層は，安倍川の何回かの洪水が押し流してきた土砂流と考えられ，往時の住民が洪水に悩まされていたことを想像させる，床を地上げした住居が発見されており，かんがい排水のためと思われる杭や板材，区画割りなど，当時の住民の洪水対策，かんがい設備などの苦労がしのばれる。

　われわれの主食である米を生産する水稲は，弥生時代初期に熱帯アジアを経て日本に渡来したといわれる。稲作は九州から徐々に北東進して普及したと思われるが，どの地域でも，水稲は河川下流域の後背湿地，海岸の砂州，三角州などが選ばれたようである。しかし，水田を洪水から守り，少しでも収穫を上げようとすれば，なんらかの治水，水利技術に依存せざるを得なかった。自然の水の豊かな湿地帯が水田として選ばれたであろうが，そこでは洪水対策が容易でなかったと思われる。湿地帯以外では，川から水を引いて堰や水路を築く必要に迫られたであろう。稲作の普及とともに，ある広がりを持った水田が各地に造成され，治水・利水のための土木技術が徐々に進展したと考えられる。

　水田耕作の安定化に始まったと思われるわが国の土木技術は，次の古墳時代に飛躍的発展を遂げた。

　大阪府門真市に，記録に残るわが国最初の河川工事とされる茨田堤がある（図2.1）。313年，仁徳天皇が都を難波に定めたころから，淀川の工事が始まった。日本書紀によれば，仁徳天皇11年に茨田池が造られ，淀川流末に茨田堤が築かれ，

図2.1　日本最初の河川堤防といわれる茨田堤
　　　（旧建設省淀川工事事務局提供）

難波の堀江，現在の天満川の開削工事が行われたという。難波の堀江は，上流からの土砂流出による河床上昇を防ぎ，農地の排水を良くするための工事であった。

　これを最初として河内平野には多くの大工事が行われている。奈良時代には和気清麻呂が淀川と大和川の分離を計画し，延べ23万人の労務者を動員したが失敗に終わった。両川の分離はこの地域を水魔から守る抜本策であったが，江戸時代に至り1704（宝永元）年に地域農民によって完成し，この地域の水害は激減した。

　3世紀末から4世紀初期にかけて，近畿および西日本に建設された前方後円墳に代表される巨大古墳は，日本最初の大土木建造物であった。特に仁徳陵，応神陵は，それぞれ10万m^2以上の表面積を有し，世界屈指の規模の天皇陵であった。仁徳陵は天皇在世中に自ら計画したといわれ，墳丘長486m，延べ400万人の労務者と，21年を要したと推定されている（図2.2）。

　古墳時代は5世紀を頂点とし7世紀半ばまで続いたと考えられ，4世紀を古墳時代前期，4世紀末から5世紀を中期，6～7世紀を後期と呼んでいる。このような記念碑的大土木工事が行われた背景として，それ以前の小国家が徐々に統一され，大和朝廷が初めて統一国家として成立しその国威を誇示する意図があったであろう。エジプトのピラミッド，古代ローマ帝国の数々の大工事のように，古代

図 2.2 仁徳陵（堺市提供）

はいずれの国においても，大土木工事は国威発揚の政治的シンボルでもあった。

しかし，やがて飛鳥時代にわが国でも本格的な神殿や宮殿，仏教寺院や都城の建設がさかんとなり，古墳は衰退していく。

すなわち，大和時代，奈良時代においては，淀川周辺の河川事業，平城京に象徴される都市計画，仁徳陵に代表される大土工，東大寺大仏のビッグ・プロジェクトなど，防災，皇威宣揚，宗教の権威樹立などが，大土木事業の主体であった。

平安時代に入ると，まず平安京の都市計画，空海に代表される僧侶による農業開発，水田経営安定化のための農業土木事業が主体であった。農業の時代はその後も長く明治時代まで続き，その間，苗代を育てる春先から収穫の秋までの降雨，夏季の高温多湿という日本の水文気象特性に好適な水稲の湛水栽培は農業水利事業の進展とともに，その生産を拡大し，発展を遂げた。

大陸文化が大和時代の仏教伝来とともに導入され，溜池などの農業水利技術も大陸からもたらされ，わが国の土木技術発展の契機となった。中国大陸から朝鮮半島経由で，先進技術が渡来人などによって伝えられ，韓人池と称された溜池はその証拠といえる。やがて遣隋使，遣唐使をはじめ多くの留学僧が海難の危険を冒して大陸へ渡り，仏教のみならず，大陸の文化，土木技術が直接輸入されることとなった。しかし，平安中期以降，国家的ビッグ・プロジェクトとしての土木

事業は停滞し，土木技術の発展も低迷するに至った。

　645年の大化の改新以後，班田収授の法を伴う律令国家の成立は，それを具体的に実施するために測量技術の発展を促した。都市造営にも耕地の地割制にも条里制が採用され，それらは当時としてはきわめて高い精度で実施された。条里制とは，六町間隔に縦横に平行線を引き，東西方向の列を条，南北方向の列を里とし，それぞれの起点から順番に数字をつけて何条何里と呼んだ。これら条里は現在それをたどることができ，その測量技術の高さを十分にしのぶことができる。平城，平安両京の遺跡，あるいはその継承とされる奈良，京都の街路は正確に東西南北を指しており，これより後のヨーロッパの諸都市の計画における方位の精度と比べ遜色がない。

　この技術が，当時の律令制度を行政面から支え，統一国家運営の技術的基礎となっていた。この時代における大陸文化の摂取と吸収に，われわれの先祖はきわめて積極的であり，さらにそれらを日本の風土に育て同化するのも巧みであり融通無碍であった。漢字を輸入してカナを発明したように，土木技術においても溜池の構築技術などを輸入して，その水利用方式などにおいて日本の風土に見事に適応するよう融合したのである。その摂取努力は，決死の覚悟で長安まで留学に赴いた多数の僧侶，あるいは唐招提寺を開いた鑑真和尚の招致に象徴されるように，異常とも思える熱意で外来文化を導入したのであった。聖徳太子が仏教を熱烈に摂取したことは，その後の国家興隆と日本文化に大きな影響を与えたが，宗教の積極的導入が，その後のその国の文化に決定的ともいえる影響を与えた例は，世界史においてもきわめてまれであろう。

　多くの僧侶が，仏教布教のみならず，土木技術を高め，さまざまな土木事業を推進した功績は大きい。行基菩薩，弘法大師はその代表例である。

　行基（668〜749）は，日本が白村江の海戦に敗れ朝鮮半島の任那経営を断念した年に生まれ，天智天皇から聖武天皇の時代に，仏教に関する業績はもちろんのこと，土木事業を通じて貧困の人々を救うことを己の修業の一環として位置づけ，溜池や用水路の開発，道路や港湾の開発を行っている。行基の父は『論語』，『千字文』をわが国に伝えた百済の王仁の子孫といわれ，応神天皇の時代に渡来した。宇治橋を架けた道昭に師事し，仏教と土木技術を学んだ。行基は空海と同じくその高名のためか，多くの伝説も流布され，きわめて多くの土木事業や寺の

図 2.3 満濃池
(末永雅雄：池の文化, 学生社, 1972, 口絵)

建立を行ったことになっている。行基が日本最初の全国地図を作成し行基図と呼ばれているが, 果たして行基によるものかどうかは必ずしも確認されていない。

弘法大師と尊称された空海 (774〜835) が高僧であり31歳で遣唐使に加わり, 長安に留学, 帰国後, 広範な仏教活動を行ったことは余りに名高い。一方, 満濃池大改修をはじめ, 溜池かんがいを中心に各地で土木事業を興し, その水伝説も数限りない。特に有名な満濃池は, 大宝年間 (701〜704) に築造されたが, 弘仁9 (818) 年に大決壊し, その後の復興の目途が立っていなかった。そこで, 空海に大修復の勅命が下り, 彼の考案によるアーチ型土堰堤が, 弘仁12 (821) 年に竣工した (図2.3)。

政権交代に際して, 新しい政治権力はしばしば雄渾な土木事業を企画し, 新鮮な国づくりに邁進する。平安時代初期における僧侶指導による土木事業が一段落した後は, 大規模土木事業は低調となるが, 源平の勢力争いから天下に覇を遂げた平清盛 (1118〜81) は, すぐれた経綸によって, いくたの開発を手がけている。積極的貿易振興策をとった清盛は, 博多の神之津に築島し対宋貿易を進めたのを手始めに, 宮島の厳島神社を建立し, 瀬戸内海交通路の開発を手がけた。特に音戸の瀬戸の開削には巨費と延べ6万人を投じた。一方, 大陸貿易の拠点としての大輪田泊 (現神戸港) の大修築には, 博多と同じく海中に島を築き, その島陰に停泊地を造成しようとした。この際, 従来大工事に付きものであった人柱のかわ

りに，一つ一つの石に経文を書きつけ海中に投じたので，経が島と名付けられたという。しかし，軟弱地盤に悩まされ，工事はなかなか進まず，完成したのは清盛の死後15年，重源上人の奏請により大港湾が完成し，大輪田泊は兵庫の津と改名された。この築島の面積は，約30haに及ぶといわれており，その土量は約140万 m³ という巨大な量であった。この港建設と同時に，その背後に福原京建設を計画したことは，清盛が都と港を接近させ，貿易と政治経済との密接な関係を重視していたことを物語っている。

1185（文治元）年，平氏は滅亡し，源頼朝は鎌倉に幕府を開き，以後武家政治が長く続くこととなる。鎌倉時代の出発に際して，頼朝はまず駅路の法を定め，鎌倉から近江までの間，上洛の使者，雑色（幕府の雑役などに服した者）などに，沿道の権門勢家の荘園たると否とにかかわらず，その伝馬を用いて馬糧を出させた。駅次は東は足柄越，西は美濃路経由であった。通信に飛脚制ができ，1188年12月の定めで，鎌倉・京都間の行程7日，急用は4日，"あたかも飛ぶ鳥のごとし"と驚かれたという。普通旅行者が14～16日を要した時代である。頼朝は特に鎌倉周辺の道路を整備し，東海道を重点的に整え，各河川に渡船を常備させた。のちに，北条泰時は，鎌倉七口の一である朝比奈切通し工事を自ら騎馬で監督したというエピソードがある。

さらに，建長年間（1249～56）には，現在の愛知県豊川の東海道筋には柳並木を植えたという。1245年に"道路を修繕せよ，屋檐を道路に出すな，町屋を作って道幅を狭めるな，溝上に小屋を造るな，やたらに夜行するな"との訓示を出し，禁を犯すものを撤去させるなど，種々の交通政策を施している。

鎌倉時代においても，僧侶の土木事業への貢献は大きい。特に重源（1121～1206）は東大寺再建のため勧進職に補せられ，大仏開眼や大仏堂の供養を行った。この際，東大寺所領の周防から径5尺の大木の運搬には，巨岩を砕いて山路を開いたり，河川を堰止めて水を湛えて浮かばせ，大力車に載せ牛120頭に引かせるなど，また引き綱を造るのに周辺の藤蔓を取り尽くしたなどの記録がある。平重衡らによる南都焼打ちにより焼失した東大寺再興は，頼朝が大檀越となり，重源の諸国勧進によって施行された。重源はさらに，魚住の泊（現在の江井ヶ島）とともに，大輪田の港の修築を1196（建久7）年，朝廷に奏請し，瀬戸内海航路の整備を図った。

政治の中心が関東に移り，関東地方の治水工事が行われ始めた。荒川，利根川などの築堤記録があり，木曽川で1295年ごろの大垣付近の輪中堤，賀茂川の重要箇所の築堤なども記録されているが，いずれも特に重要な箇所に限定されていた。

鎌倉時代中期，執権北条時宗の時代に，元の大軍が壱岐，対馬を席巻し，博多付近に押し寄せた。幕府は国力を傾けてこれに対抗したが，その際，筑前箱崎から博多湾南海岸を経て今津に至る間に，全長約16kmにわたり防塁が築かれた。防塁は図2.4のように幅員，高さともに2～3m，断面の両側には大きめの石を用い，全体を石で築き上げた。まず低い土塁を築き，その上に高さ約2mの石塁を築き，内面は緩傾斜にして人馬の動きに便なるように配慮した。

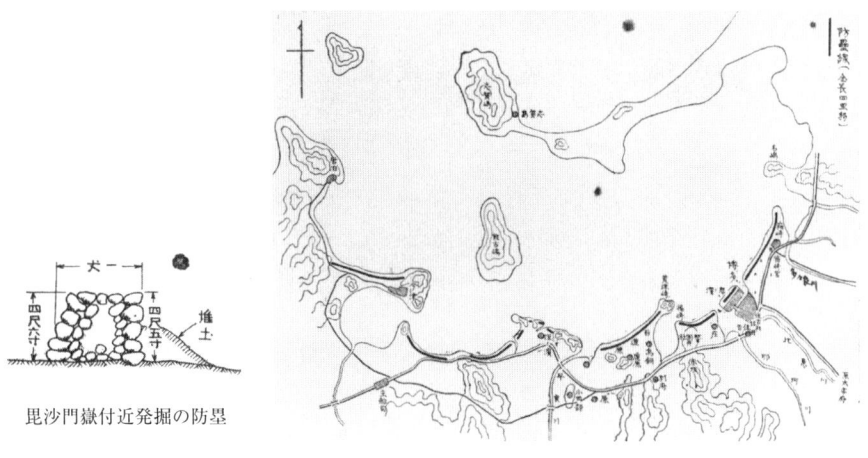

毘沙門嶽付近発掘の防塁

図2.4　元寇に備えた博多湾の防塁
（土木学会編：明治以前の日本土木史，1973, p.1,301, 1,302）

鎌倉時代末期，幕府の政治力は弱まり，ついに楠木正成らの蜂起で幕府は倒れ建武の中興となる。その後，南北朝数十年の戦乱が続く間，各地に築城がさかんとなる。正成は千早城ほか17城，菊池も九州に18城を構え，東に北畠，北に新田，四国に土居，山陰に名和などが城塁を構築し，これら技術の継承発展が近世における築城ブームを生み出す起源になったと考えられよう。この時代の築城は天然の地形を十二分に利用して城塁を取り囲み，本城と支城とから成る一つの城塁を造った山城といわれる。

室町幕府も応仁の乱以後，政治力はとみに衰え，戦国時代となるや城塁の構築は再びさかんとなる。特に著名なのは太田道灌による江戸城（1457），織田信長の清洲城，北条の小田原城，島津の鹿児島城，伊達の米沢城などである。この時代の城は南北朝時代より複雑かつ大型化し，櫓（やぐら）を設け周囲の塁は一段と高く，濠は拡大され，平山城と呼ばれる。平時は領主は居を山麓に構えて領内を治め，その周囲に城下町が栄え，戦時は城を拠点として指揮をとった。のち，慶長から元和に至るや，再び上代の城柵のように平地に築城する平城（ひら）となる。しかし，いわゆる大規模な近世築城は鉄砲の普及後を待たねばならない。

　マルコ・ポーロ（1254～1324）が中央アジアからインド，中国を旅行して，ヨーロッパにわが国を過大に称賛して紹介したのは鎌倉時代中期に当たる。鎌倉時代末期からイタリアでは文芸復興が始まり，やがてダンテ（1265～1321）が出現し，土木建築の分野でも偉大な業績をあげたミケランジェロ（1485～1564）が活躍し，コロンブスがアメリカ大陸東縁の西インド諸島を発見した1492年は，わが国では応仁の乱後の戦国時代である。平安後期から戦国時代に至る間は，城塁の建設や，交通制度の整備，鎌倉大仏（1252），金閣寺（1397）など比較的大規模な工事もあったが，大土木事業はほとんど行われず，技術の進歩も停滞気味であった。

　古代社会においては，大規模水利事業などは朝廷によって行われた。古代権力の統一力が衰退し，平安時代中期以降は，地域ごとに分散的な荘園体制がこれに代わってくると，権力も分散し大規模な土木事業は行いにくくなった。一方，農業水利などへの農民の要求は積み重なっており，やがて水争いや不満が醸成されていた。こうして新しい強力政権への待望は農民層に根強く潜在していた。平安中期以降古い支配階級がその力を失っても，新しい勢力はなかなか現れなかった。さらに鎌倉時代に至り，僧侶がなお土木事業に力を振るってはいたものの，技術的支柱というよりはむしろ経済的援助に傾きつつあり，平安時代前半までの魅力は失われていた。その後継者は戦国時代における各地の武将の出現まで待たなければならなかった。

　戦国のすぐれた武将は，いずれも土木事業の指揮者でもあった。まず領地内の

2 江戸時代までの土木技術の形成　37

土木事業を推進して配下住民の期待にこたえ，それを把握することが戦国を生き抜く基盤であったからである．

　甲斐の領主，武田信玄（1521〜73）は，甲府盆地の治水，農業開発，金山開発など殖産興業による内政に著しい成果を挙げたが，特に顕著な業績は，釜無川の信玄堤周辺，および笛吹川の万力林周辺の治水事業であった．両地点とも治水の難所であり，ここが大洪水で押し流されれば甲府を中心とする盆地一帯が水没氾

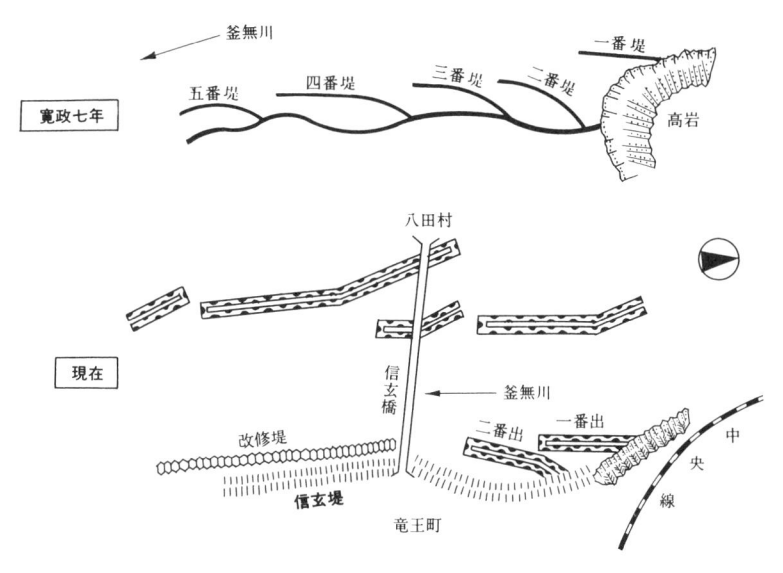

図 2.5　信玄堤略図（建設省甲府工事事務所提供）

濫する要衝であった．甲府盆地の西側を流れる釜無川に関しては，これに合流する暴れ川の御勅使川の合流点を上流側に新河道を掘削して付け替え，その洪水流を龍王高岩という絶壁にぶつけてエネルギーを減じ，流下した要衝にのちに信玄堤と呼ばれる堤防を築いた（図2.5）．堤防は霞堤方式で洪水流に対応し，堤防の表裏には水害防備林を配して，万一の破堤の際にも氾濫流を和らげるようにしていた．一方，神社を移転して堤防の天端を参道に見立て，住民が積極的に堤防の維持管理に留意するよう配慮した．改修工事により移転する人々には生涯税金を免除するなどの措置も講じている．

　一方，盆地の東側の笛吹川に配置された万力林は，念の入った水害防備林であり，これによって洪水流に対抗し，林内にも堤防を設け二重の備えをしている．

図2.6 甲府盆地を守る信玄の治水戦略 信玄堤（左）と万力林（右）（建設省甲府工事事務局提供）

　重要なことは，釜無川，笛吹川をワンセットと考え，甲府を守ることを最重点とする治水戦略であった点に在る。信玄は，甲府盆地全体を眺め，どこをどう守るかという観点から，信玄堤と万力林の地点を最重要拠点と考え，重点的治水工事を行ったのである。いわば総合戦略であり，現代語で表現すればシステム思考ということになろう。

　戦国時代から江戸時代前期にかけては，各地域ごとに名治水家が輩出している。豊臣秀吉，徳川家康の治水の経綸の見事さはいうまでもなく，角倉了以（1554〜1614），成富兵庫茂安（1560〜1634），加藤清正（1562〜1611），川村孫兵衛重吉（1575〜1648）など枚挙にいとまがない。戦国時代以降の数々の河川事業の進展と同時に，それぞれの河川特性ごとに，治水戦略が綿密に練り上げられ，堤防などの個々の治水技術もまた大いに発展した。堤防の前面に設置して洪水流を誘導する水制についても，卓抜なる形態が地域ごとに編み出されたのも，主としてこの時代であったと推定される。典型的な水制の一種に牛がある。その原形は稲束を乾燥させるための"牛木"で，これにくふうを凝らして，猪ノ子（美濃），犬ノ子（越中），出雲結（出雲）と呼ばれるものが，それぞれの地域ごとにすでに奈良時代から案出されていた。犬ノ子は鎌倉時代に出現し，それを改良して急流河川に使用したのが鳥脚であり，牛枠と呼ばれる正四面体の牛を長大に頑固に組んだのが川倉や聖牛である。これらが戦国時代に急流河川に出現したらしく，信

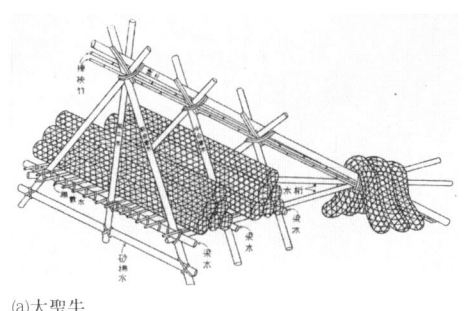

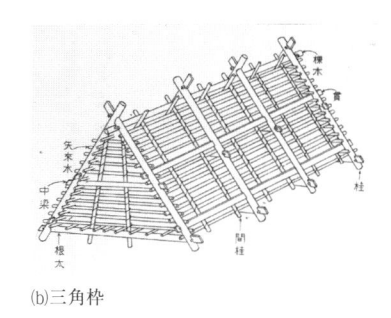

(a)大聖牛

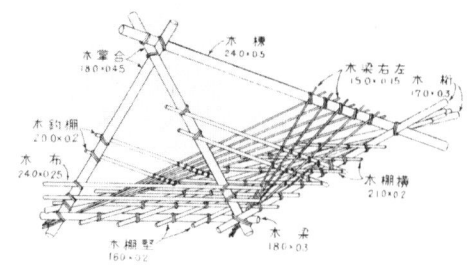

(b)三角枠

図 2.7　戦国時代から伝わる水制
　　　（真田秀吉：日本水制工論，岩波書店，
　　　1932より）

(c)鳥脚

玄の考案と推定されている。聖牛の名も牛類のなかで最も有効であることに由来しているようである。地方凡例録によれば，菱牛，尺木牛，棚牛なども信玄が創始者とされている。異説もあるが，この種の構造物は粗より細に，小より大へと段階的に進むので，そのどの段階を以て創始者とするかは，評価の仕方によってさまざまに異なるであろう。またこれら治水工法のなかには中国から輸入されたものもあるが，一般にそれぞれの地域，河川ごとに，長年の経験から最も適したものへと淘汰されていくので，基本的には各地方ごとに独自に技術発展したと考えられる。性格の類似の河川には，同形の水制などが案出されているのも当然であり，類似であるからといって，直ちに模倣とか輸入とか断定してはなるまい。

　一例として水制の牛類の進歩に触れたが，河川技術に関する戦国時代の進歩は著しい。治水事業の進展は農業生産の増大と安定をもたらし耕地は徐々に拡大された。今日，わが国の主要な耕地は大河川のデルタ地帯が中心であるが，これら地帯が全国的に開発されたのは，主として戦国時代以降である。それを裏付けたのが，この時代の河川技術の進歩と用排水路の整備であった。

平安中期，延長年間（920年ころ）のわが国耕地は約8,500km²,室町初期（1390年ころ）約9,400km²とこの400年間，あまり増加していないが，慶長年間（1600年ころ）には約1.6万km²となり，戦国と安土桃山時代を経て2倍弱に増加し，江戸時代中期の享保年間（1720年ころ）にはさらに倍増して約3万km²と伸びている。すなわち，戦国時代から江戸時代中期にかけてが，わが国の歴史において最も耕地が増加した時期である。一方，人口は奈良時代に約600万，戦国時代末期に1,300万～1,800万と推定されている。

　戦国時代における農業技術，河川技術の発展を経て，それまで徹底的に虐げられていた下級農民が成長し，その結果名主百姓は解体し，隷属農民自立への条件が徐々に整ってきた。元来，多くの戦国大名の基盤は，これら名主百姓であったことも，政権不安定化の要因であったように思われる。農業史においても発展を迎えたこの時代に，稲の品種改良，二毛作農業など農耕の精農化も進み，地力維持のために肥料への関心も高まり，厩肥や人糞の利用が始まっている。

　1543（天文12）年，種子島に漂着したポルトガル人アントニオ・デモアらが鉄砲をわが国に伝えたのは，コロンブスのアメリカ大陸発見（1492年），ヴァスコ・ダ・ガマのインド航路発見（1498年）から約半世紀後のことであった。スペインとポルトガルによって切り開かれた大航海時代が最盛期に入ったころである。時あたかも戦国時代ということもあり，この最新兵器はたちまち全国に普及し，織田信長が3,000挺の鉄砲によって武田騎馬集団を撃破したのは，種子島鉄砲伝来からわずか32年後，1575年のことであった。鉄砲に次いで大砲もポルトガル人から大友宗麟に贈られている。1555年には銃工テウシクチの来航などあり，そのころ豊後の府中には鉄砲3万挺が備えられていたという。坊の津，平戸，堺などで鉄砲の鋳造が始まり，諸大名は銃隊を編成し戦術は一変する。信長が国友鉄砲鍛冶に長さ9尺の大砲2門を造らせたのが1571年，築城術大改革の基礎となった安土城は1576（天正4）年に完成した。

　築城技術は鉄砲や大砲の伝来に伴って全く新たな時代に入り，安土城竣工から江戸時代初期の江戸城修築完成（1640年，寛永17）までの約60年間に飛躍的発展を遂げた。城は次第に恒久性建築となり，領主の邸宅と分かれて存在し得なくなり，生活に便利な平地に築かれるようになった。平城と呼ばれた近世の城は，軍事上のみならず，政治経済の中心ともなり，大名の領内統治の本拠となった。こ

うして城郭の外観も重々しくかつ派手になり，大名の権威の象徴ともなり，城下町の発達も始まった。信長による安土城は丸3年を費やした大事業であり，5層7重の大天守は前代未聞の大企画であった。これに続く柴田勝豊の越前丸岡城，秀吉の大坂城，徳川家康の江戸城，駿府城，名古屋城，加藤清正の熊本城などは，いずれもこの時代の名城として名高い。

図2.8　熊本城

　豊臣秀吉は全国統一を契機として大土木事業を次々と実行した。大坂城はもとより，太閤検地のための測量を全国的に行ったのは特筆に値する。この検地に先立つ1582年の秀吉による高松城水攻めは，測量技術がすでに相当高かったことを証明している。すなわち，城の周囲に築いた堤によって人工貯水池に引き入れる河川の水位と城の高さの水位差，築堤の土量などが綿密に計量されていなければ成功しないからである。太閤検地においては，検地役人を現地に派遣し，耕地一筆（一区画）ごとに，面積，品などを一村ごとにまとめて検地帳を作成した。この際，面積単位の統一，納租を収穫米にするなど，いくたの改革によって統治の基盤づくりを断行した。これらの実施は，相当高い精度の測量技術と強大な政治力によって初めて可能であったといえる。新しい文化が入り，天下が統一され，生気がよみがえった時代に，何世紀ぶりかの大型土木事業が行われ，土木技術も着実に発展したのである。

　戦国時代に芽生えた土木技術発展の芽は，安土桃山時代に開花し，引き続き江戸時代に入っていっそう成熟し，大土木事業が新時代を背景に遂行されていく。秀吉の土木事業としては，前述のほか，清洲城の割普請，墨股（すのまた）の一夜城など数知れず，それらは秀吉の企画力，組織力，人事管理の巧みさを雄弁に物語っている。これらの史実は，土木事業の成否が決して狭義の土木技術の優劣にのみよるのではなく，企画から施工管理に至るまでの一貫した計画力が重要であることを，如実に示している。

秀吉はまた，聚楽第（1587）と御土居の建設（1588），1590（天正18）年には，京都の三条大橋を架設したが，橋脚部に石材を用いたわが国最初の石柱橋であった。1594年には伏見城と伏見の町と港づくり，巨椋池の改修と太閤堤の建設など，これらはいずれも単なる城や堤防建設ではなく，それらを核とする総合開発であったといえる。太閤堤は，宇治川と木津川を巨椋池から分離して洪水流の疎通を良くする治水事業であるとともに，奈良街道を直接伏見に結ぶ幹線道路（現在の国道24号線）の開発でもあった。大坂からの水運も伏見まで通ずるようにし，伏見は京都の水陸交通の要衝となり，また大坂と京都の間も文禄堤上の道路とともに水路でも結ばれ，両都の連結が強まり，近畿の文化および経済圏成立の基盤を形成したのである。

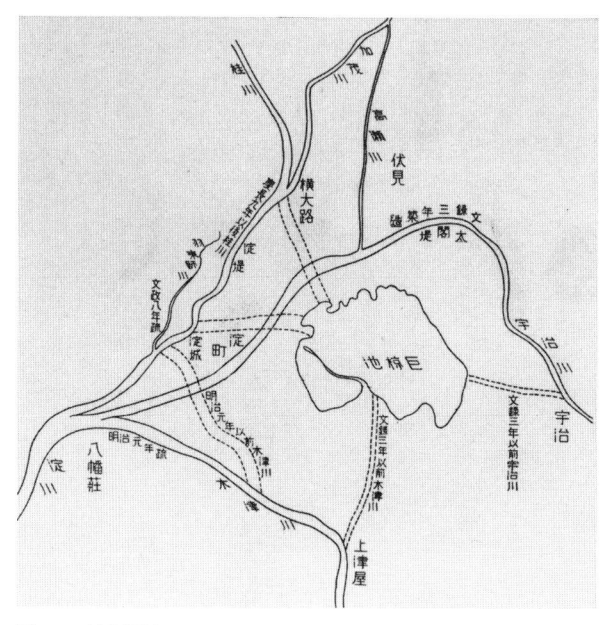

図 2.9　巨椋池周辺図（土木学会編：明治以前日本土木史，1937，p.111）

ポルトガル人による鉄砲伝来を契機として，西欧文明が続々とわが国に輸入された。かつて大陸文明を見事に吸収し，日本の風土に適応させたように，この時期の西欧文明の導入に当たっても，日本人はその吸収に熱意を燃やすとともに，それをわが国の風土に適応させるのに巧みであった。信長はキリスト教とともに

その文化を積極的に吸収し,学校を起こし新しい洋式測量や算法を用いて安土城の構築を進めた。秀吉の各種土木工事にもこの測量技術が応用されたと見られる。安土桃山時代の土木事業の隆盛と新文化の導入による活力が,次の江戸時代に引き継がれ,より本格的な国土統一のための基盤整備へと進むこととなる。

2.2　近世における日本の土木

1600年の関ヶ原の役以後は,城下町の整備が各地方ごとに進み,いくつかの都市が水道施設の普及にも力を注ぎ始めた。ヨーロッパではこの時代にはロンドンを除いて上水道は存在しなかったのに比べ,江戸時代初期における約30の都市の水道事業は,たとえポンプや動力,浄水装置がなかったとはいえ,国際的にも高いレベルの都市整備として評価に値するであろう。さらに江戸時代には農業水利事業,内陸水運,港湾修築,新田開発など多種類の土木事業が広く実施され,国土の利用度は一挙に拡大し,社会資本が充実するとともに,その技術も日本の国土の各地域特性を踏まえて進歩した。個々の技術は,いわば伝統的,経験的技術であったが,国土経営の在り方,地域計画の方向についてもすぐれた経綸が提示され,展開されており,それらの考え方が,具体的土木事業に有力な指針を与えていた。

江戸時代の約270年間は内戦がなく平和な時代が続いたこともあり,国土はさまざまな土木事業によって社会資本が着実に蓄積され,それらは明治政府にいわば遺産として引き渡された。その遺産は単に事業成果としてのハードなものに限らず,国土経営に関する伝統的ソフト思考もまた,明治政府に引き継がれた。平和が続いたため国土開発の施設を,温存し改良し続けることができたことはもちろん,これら施設は破壊されずに次々と改良して利用できるという前提に立って,国土の計画や経営ができたのである。この開発思想は,明治以降の土木史や土木思想を考察する場合にも重要な視点を与えるであろう。

1590(天正18)年,徳川家康は,その約150年前,太田道灌によって築かれた江戸城に入り,1600年の関ヶ原の役に覇を制して,ここに徳川幕府による江戸時代が始まる。江戸時代におけるさまざまな大規模土木事業によって,日本の国土地

形の骨格がほぼ定まったといえよう。

　たとえば，現在われわれが地図上で眺める利根川の流路の大筋も江戸時代初期に描かれたし，小説などで名高い箱根用水，青の洞門，三大名橋（猿橋，錦帯橋，愛本橋または通潤橋），木曽川三川分離による新河道，淀川水系の大和川分離，瀬戸内海，有明海沿岸などの干拓など，いずれも江戸時代に建設もしくはその大筋が定まったといえる。伊能忠敬によって，日本国土の輪郭を明らかにした，全国の本格的測量も江戸時代に初めて行われた。

　江戸時代を通して幕府が最も力を注いだ土木事業は，農業生産力拡大のための治水，農業水利事業，開墾事業である。国内各地の藩主や代官，名主により，あるいは農民の発案に基づいて，干拓や開墾事業が精力的に実施された。そのため，室町時代に約8,500km^{2}であった農地は，江戸時代初期には約1万5,000km^2，中期には約3万km^2，末期には約3万3,000km^{2}に達し，特に江戸時代前半，八代将軍吉宗時代までの増加が著しい。

　さらにこの時代を特徴づける土木事業の成果として，交通路の整備がある。家康は1603（慶長8）年には日本橋を架け，ここを起点とする東海道に一里ごとに一里塚を築き，これを人馬運賃の標準とした。1601年にはすでに東海道五十三次の宿駅と伝馬の制，および運賃も定めた。1612年将軍秀忠は計画的路面修理を進め，道路堤の芝を取るのを禁じ，穴をつねに埋めるよう命令している。1613年，平戸から駿府まで旅行したイギリス人ジョン・セーリスの紀行文にも，道路が山地に至るまでおおむね砂と砂利でよく整備されていると記されている。もっとも箱根のような急な山道は雨に際しては甚だしくぬかるみとなったようで，竹で編んだ籠を道に敷いて朝鮮の使節一行を通したとの記録もある。

　1635年，三代将軍家光が参勤交代の制度を定めたことにより，江戸への街道整備は著しく進んだ。約10kmごとに宿駅と宿場町が栄え，特に東海道，中山道はにぎわいを極め，大名行列に際しては駅夫だけでは人手が不足し，1694年には助郷法が布かれ，幕末には加助郷制度まで布かれ，沿道の町村には重荷となった。助郷とは，駅夫が不足した際に近郷町村より人手を徴用することで，沿道から離れていて助郷に出られないところは税金を払うので，農民たちにとって負担となった。

　道路舗装は特定の都市以外は行われず，江戸では1657年の振袖大火後でさえも

舗装されていない。近畿地方は古くから文化が発達し，牛車交通も多く人や物資の往来が多かったためか，道路舗装の先進地域であった。特に大津は水陸交通の要所であり，近江米の産地であり，全国の米穀の集散地であったが，元禄年間（18世紀初頭）に，わが国最初の歩車道分離が行われていたという。すなわち，1736年から38年にかけ，大津街道の難所の日岡峠の坂路約530mを，平均1/20の勾配に切り下げ，その車道に白川石を敷き詰めた軌道舗装が行われた。さらに1805年の改修では南側半分を人馬道，北側半分を牛車道としている。その舗装での石や砂利の敷き方は，19世紀初頭にイギリスのテルフォードが創案した砕石道に準ずる工法であった。なお，1863年には箱根山道のぬかるみ道には，丸石を敷き並べた舗装が行われている。路面舗装として特異なのは，平戸や長崎の石畳舗装である。この舗装は街路全幅を砂岩質の板石で敷き詰めたが，年代は不明である。長崎には石造の眼鏡橋がまず1634（寛永11）年に中国の黙子如定によって建設されて以来，次々と中島川に架けられた。

　交通路の整備にもかかわらず，東海道などの主要河川には橋が架けられず，各地に置かれた関所の通過は厳重を極め，主要街道以外の各藩の境界にはほとんど交通路が開かれなかったように，封建制度下の交通としての制約は明らかであった。東海道の諸河川は川幅も広く大洪水に見舞われることがあるとはいえ，当時，江戸や大坂をはじめ，多くのすぐれた橋が架けられていたことを思えば，東海道河川に橋がなかったのは，建設が技術的に不可能であったのではなく，主として幕府の軍事的見地からの政策であったと思われる。ただし，ヨーロッパでは中世の封建制度下の道路がきわめて荒廃していたことを思えば，主要街道に関する限り，その整備状況は国際的にも比較的高水準であったと推測される。

　江戸時代初期における都市の公共給水事業は，特に江戸において大規模かつ周到であった。人口が急増した江戸は，もはや湧水や井戸水のみでは到底水需要に応ずることができなかった。わが国最初といわれる公共給水事業は神田上水である。家康入城とほぼ同時に，井の頭池からの送水工事が行われ，現在の小石川近傍には関口大洗堰も設けられ，1667年には玉川上水の一部を分流して神田上水に流入させ，木樋で各町各戸に配水された。その樋の延長だけで約60kmにも及ぶほど大規模であった。

図 2.10　神田上水の一部，水道橋（江戸名所図絵）

　神田上水建設とほぼ同じころ，地方都市にも多くはかんがい兼用の水道が次々と建設された。1607年には九頭竜川から引水した福井水道，1616年には赤穂水道，1619年福山水道，1620年仙台水道と続く。赤穂水道の場合は，途中に掘削困難なトンネル工事があったが，1645年には大改修され，土管を用いて各戸に配水した。福山水道の場合は，もと海浜の砂州であったため，井戸水は塩分を含んでいた。洪水時の濁度が大きくなるのを防ぐため，交差点などには深所を設けて土砂を沈殿させ，定期的にこれを浚渫し，暗渠は石畳式石造とし，土管，木樋で分岐した，技術的にきわめて高度な水道であった。1632年起工の金沢水道は板屋平四郎の創意と努力によって完成した。すなわち，兼六公園内の貯水池まで約 8 km の間には長大なトンネルがあり，サイフォンを利用して城内に導水するなど，きわめて独創的であった。
　江戸城と江戸市内への給水のための玉川上水は1653年着工，わずか 1 年半で完成させた大事業であった。施工の指揮に際して玉川兄弟は，夜間は提灯などを用いて高低測量するなど，多くの苦労を乗り越えて，多摩川の水を都心部まで人工上水路によって導水することに成功した。多摩川の取水地点の羽村から都心の四

谷大木戸まで延長約43kmの開渠であった．1670年には拡張，堤防植樹により，玉川上水は江戸の都市生活を支える根幹であり象徴とさえなった．玉川上水完成とほぼ時を同じくして青山，三田の両上水が玉川上水から分派して完成し，さらに新たに亀有，千川の両用水も開削されて江戸の上水体系は整ったが，1722年，将軍吉宗の時代に玉川上水を除いて廃止されたのは惜しまれる．上水が火事頻発の原因とする儒官の建議に基づくものであった．

　江戸時代初期の大規模河川事業に，利根川の東遷がある．江戸湾に注いでいた利根川の本流を銚子から太平洋へ注ぐ新水路によって，その流れを東に向けた大工事とされている．その動機として，江戸を利根川による大水害から守ることとされていたが，大熊孝の研究（1981）により，この東遷が洪水対策とする説は否定されている．利根川の流路が太平洋へと通水したことは事実であるが，当時網の目状に水路や湖沼が錯綜していた現在の利根川下流部の水運開発の結果，利根川の一部の流れが太平洋へも通ずるようになったと見られる．洪水対策としての本川の太平洋への通水は，明治政府による近代的河川改修の結果と考えるのが妥当であろう．

　いわゆる東遷を含む，利根川下流部，荒川などの大工事を指揮したのは勘定奉行の伊奈備前守忠次であった．伊奈一族は江戸時代初期から1792（寛政4）年に至るまで12代にわたって関東郡代を務めている．郡代とは幕府の領地を支配し，陣屋や出張所を置いて租税徴収，農業振興，領民の紛争の調停，訴訟，子弟の教育など万般をつかさどる要職であった．関東郡代は当初勘定奉行に属し，他の郡代より上位であり，天明以後は老中に直属するようになった．伊奈一族は特に検地，治水・水利にすぐれ，その治水は関東流と呼ばれた．初代の関東代官となっ

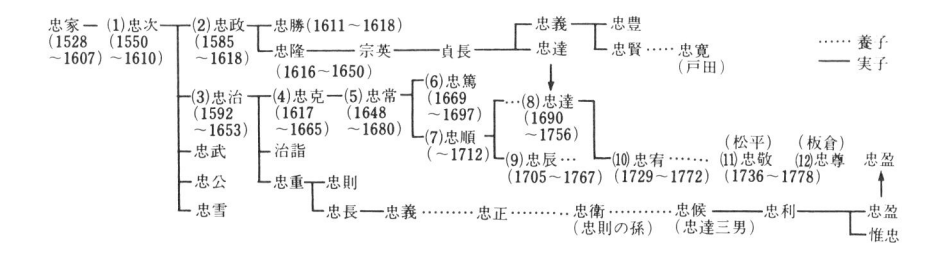

図 2.11　伊奈一族系図〔生年は推定を含む〕（大熊孝：伊奈一族，土木学会誌，68巻9号，1983.8）

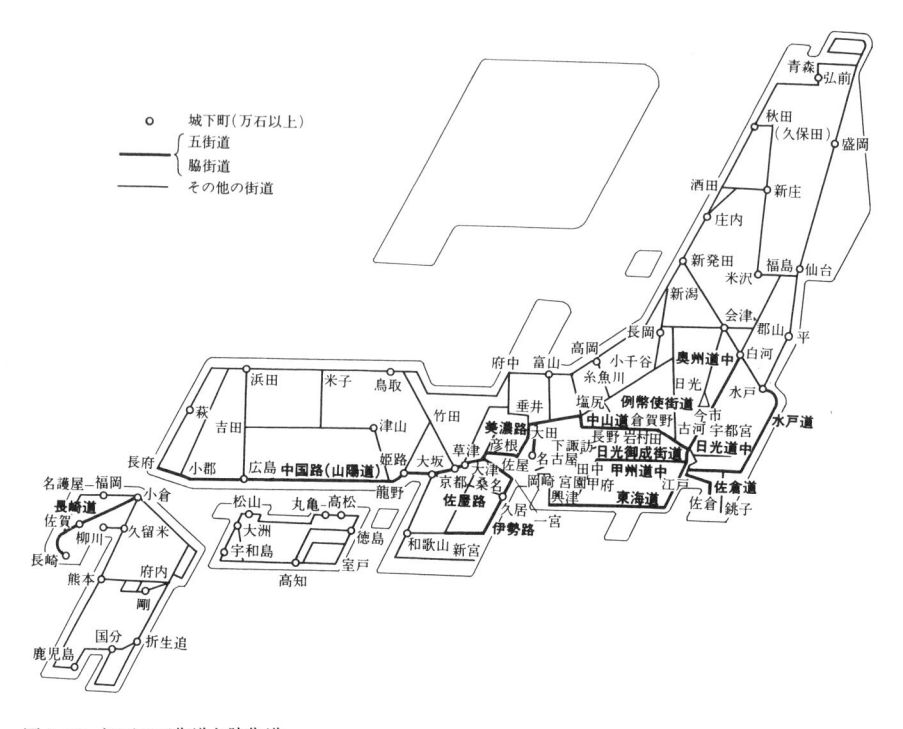

図 2.12 江戸の五街道と脇街道
（土木学会編：土木工学ハンドブック, 第1編, 1989, p.24）

た忠次は関八州の開発に専念し，利根川の治水利水を引き受けることとなった。利根川が銚子にも河口を持つに至ったのは，忠政，忠治を経て4代忠克の時代であった。特に忠次は利根川の調査，計画の基本を樹立し，その足跡は備前守の名にちなんで備前堤，備前堀などとして現在に残っている。

　伊奈家4代にわたる利根川の大工事によって，かつて荒川，綾瀬川を支川に持っていた利根川はこれらと分離され，新たに渡良瀬川，鬼怒川などを支川とするに至り，図2.13に示すように関東平野東南部の水網系は著しくその様相を変えたが，これらの主目的はこの地域の水田開発と水運網の整備であり，この大開発によって米穀の増収は60万石以上に及んだといわれる。

　八代将軍吉宗は，紀州の井沢弥惣兵衛為永（1663～1738）を1731（享保16）年に勘定奉行の次席である勘定所吟味役に任命し，治水の責任者とした。紀州藩主であった吉宗は新田開発に特に力を注いだが，紀州の井沢家の技術も高く評価し為

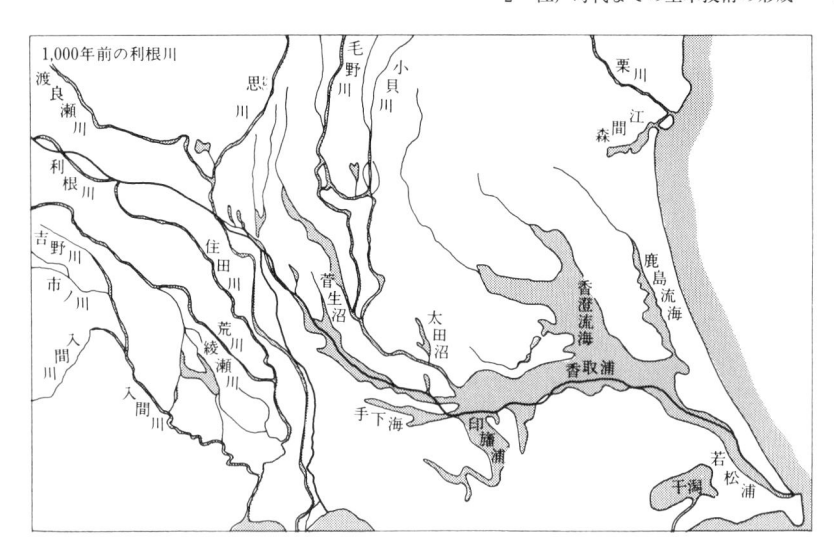

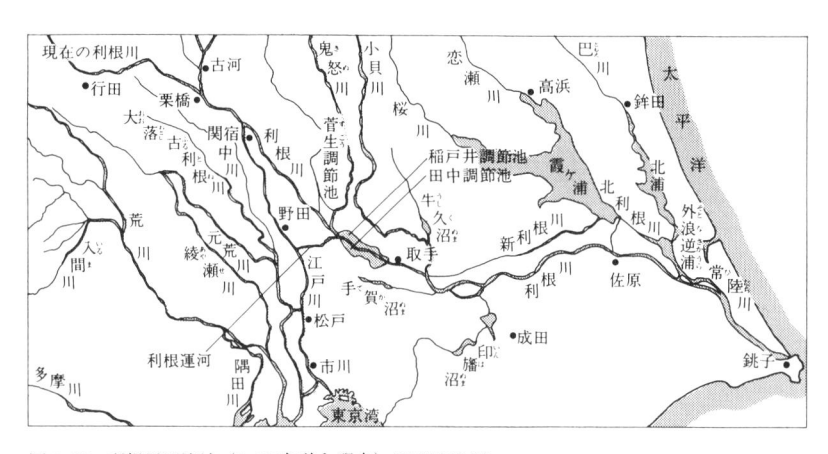

図 2.13 利根川下流域（1,000年前と現在）（建設省提供）

永を幕府に抜擢し，享保の改革の技術面での推進役とした．為永は，下総飯沼の新田開発，手賀沼の開墾，見沼代用水の開削，関東三大堰のひとつ福岡堰建設，鬼怒川，多摩川，酒匂川改修，越後の紫雲寺潟の干拓，木曽川の宝暦治水の立案など東奔西走，後世に遺るいくたの赫々たる業績を挙げた．特に利根川中流部から武蔵野に引水する見沼代用水の事業は，伊奈家代々が実施してきた溜池方式とは異なり，溜池であった見沼の代わりに用水路を掘削し，周辺中小沼地を干拓して農地を開発し，日本最初の閘門式運河により舟運の便を開くなど，典型的総合

図 2.14(a) 木曽三川の現状
(右より木曽川, 長良川, 揖斐川)
(旧建設省木曽川下流工事事務所提供)

開発であった．また，木曽・長良・揖斐三川を分流する，木曽川水系の抜本的治水策を提言企画した．

井沢為永の没後，1753（宝暦 3）年，幕府はこの木曽川大改修工事の施工を薩摩藩に命じた．いわゆる"お手伝普請"である．幕府はなんらかの罪科などに名を借りて，河川改修などの大土木工事を各外様大名に命じ，その藩費で一切の工事を施工させた．参勤交代などと同じように，各藩を富裕にさせない政策の一種であり，のちの印旛沼落し堀工事などもお手伝普請の例である．木曽三川下流部は多数の川筋が網状に絡み合い，低平地である濃尾平野は水害に悩まされ通しであった．1609年には左岸側の尾張藩を守るために，伊奈備前守の設計による御囲堤が築かれ，対岸の堤防高は 3 尺以上低くするよう命令された．右岸側の各集落は自衛のため，自らの集落を囲む輪中堤を次々築き，有名な輪中地帯が出現した．しかし，抜本的対策は大規模改修によらざるを得ない．そこで為永提案による三川を分離する工事の採用となったのである．工事は薩摩藩の家老平田靱負(ゆきえ)以下，藩士947人が 4 班に分かれ，幕府役人の厳重な監督と圧迫を受け，工事半ばで融雪洪水により一度完成した大榑(おおくれ)川の洗堰と油島の締切堤が流失するという不運にも遭遇し，流行病による死者も続出するなど，辛酸をなめ尽くす難工事であったが，わずか13か月で完成した．平田靱負は工事の後片づけを終えた直後，多数の藩士の死と当初の推定30万両の工費をはるかに上回る270万両の出費の責任を藩主に詫びるため自刃した．工事中自刃した者は45名の多きに上った．宝暦治水と

呼ばれる封建時代の悲劇である。平田以下の薩摩藩士を祀る治水神社が，この分流点に建立されている。

北上川下流の治水に貢献した川村孫兵衛重吉（1575〜1648）もまた，江戸時代初期を代表する名治水家である。彼は長州萩の出身で毛利輝元に仕えていたが，関ヶ原の役後，伊達政宗に仕え，土木技術はもちろん学問万般に通じていた。最初は伊達藩の製鉄業，金銀採掘，製塩などを行っていたが，最大の功績は北上川下流の大改修である。北上川下流は追波川から東方の追波湾に流出していたが，

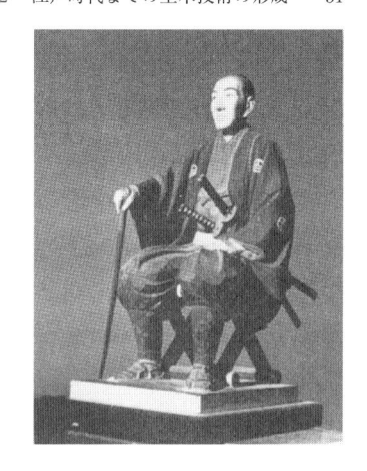

図 2.14(b) 平田靱負像

鹿又と福田の間から南下させ，迫川と江合川を合流させ，石巻湾に注ぐ大治水工事であった。従来，追波湾の河口からの航路は風波と暗礁に悩まされていたが，この工事によって石巻の新河口から江戸への沿岸航路が開かれ，石巻は江戸廻米の一大集積地として栄え従来の河道は洪水の放水路ともなり，下流方面の新田開発も進み，伊達藩の表高62万石をはるかに凌ぐ禄高となった。孫兵衛の養子元吉は，北上川，鳴瀬川，阿武隈川を結ぶ貞山堀の開削，四ッ谷堰用水の開設，品井沼干拓などに貢献し，孫兵衛父子の土木事業による貢献は至大であった。

江戸時代初期，水運のため河川事業に貢献したのは角倉了以（すみのくらりょうい）（1554〜1614）と河村瑞軒（1617〜99）である。了以は1606年，京都の大堰川（おおい）、1607年には家康の命により富士川，天竜川の航路を開削し，それぞれ上流域の主として材木の商品化を可能とし，ひいては地域開発の促進に貢献している。彼は船役の徴集，貨物輸送地の倉庫業などを経営し巨万の富を得た。京都の高瀬川の開削は，1603年豊臣秀頼が，京都に大仏殿を建てるための輸送に加茂川開削を命じた時に始まる。伏見と大仏殿との水平差6尺を考慮に入れて高瀬川人工運河の勾配を定め，曲率の小さい箇所はロクロで大木をいったん立て起こすなど，さまざまな創意に満ちた計画であった。

同じく水運に貢献した河村瑞軒は，奥州の阿武隈川から江戸までの東廻り（阿武隈川河口荒浜までは河川を，荒浜から房州に至り，相模の三崎，または伊豆の下田を

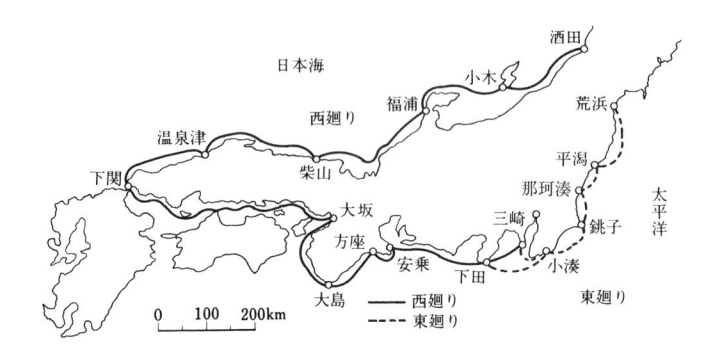

図 2.15 河村瑞軒の設定した東廻り，西廻りの航路
(土木学会編：土木工学ハンドブック，第1編，1989，p.28)

経て江戸湾へ），大坂への西廻り（出羽最上郡から日本海へ出て下関海峡経由で大坂へ）の航路を拓き，米その他の流通に日本の水運史上画期的成果を挙げた。瑞軒は1657（明暦3）年の江戸の大火の際，木曽材木を買い占め巨万の富を築いたことで有名であるが，その他知略に富んだ経営の逸話は多い。瑞軒はまた，伊奈半十郎とともに，1683年淀川調査に赴き，一行は安治川開削計画を立案したが，幕府はこの全工事を瑞軒に請け負わせた。江戸町人の車力日雇から身を起こした彼は，晩年旗本に列せられた立志伝中の人物である。

　江戸初期を代表する治水家にさらに野中兼山（1615～63）がいる。土佐藩家老野中玄蕃の養子に迎えられ，22歳で家老を継ぎ，48歳で没するまで，藩政，土木事業に献身し，土佐藩に比類なき治績を遺した。主要な工事は，物部川の山田堰，仁淀川の鎌田堰，八田堰であり，取入口から疏水に導流して新田を潤し，土佐藩の表高を倍増し藩財政に著しく貢献した。農民らが開拓した宇和島藩との藩境紛争に際しては，精巧な"沖の島絵図"を自ら測量して作成し勝訴している。さらに物部川河口の漂砂を解決した手結港，導流堤を応用した浦戸港，独創的な掘込港の室戸，室津の両港などは，幕府の許可を漸く得た上での見事な港湾技術の成功であった。兼山はその才能を恐れた幕府の陰謀によって殺害された。彼の工事計画は，いずれも河川や海岸の自然現象を深く理解した上での卓抜な技術思想に基づくもので，加えて機知に富んだ施策により多くの新しい工法をも考案している。たとえば，岩石を割るのに岩の上で芋の茎を焼かせて成功したり，江戸から船で運んで来た，当時珍しかった蜆貝を，喜んで待っていた町民の前で船をひっ

くり返して海に捨て，後日の蜆漁業の育成に期待することを教えたという。

　八代将軍吉宗は米将軍と渾名されたように，全国的に農業水利事業，新田開発に大きな成果を挙げ，江戸幕府中興の英主とたたえられている。井沢為永を重用して水利，治水に大いなる業績を挙げたことは先に述べたが，1722年，江戸奉行大岡越前守忠相に命じて，諸国新田取立ての高札を日本橋に立てたことは，その巧妙な積極策の一端である。これによって開田の設計と絵図を提出させ各奉行所への出願を促した。開墾地は新開地と呼ばれ，その反別を大縄反別と称して，一反につき金1〜2分の地代金を納入させ，代官または官吏が見立てた開墾地の場合は，その地租の10分の1に当たる分を終身与えることとした。新田の名称に，見立新田，代官見立新田，町人請負新田，村請新田などとあるのは上述の事情に由来している。このようにして，資本家に耕地開発投資を勧めたため，新田開発は飛躍的に進捗した。全国的に米は大増収となったが，米価は低落し，一時的に農民に恨まれたほどである。

　全国的な農業水利，新田開発事業の隆盛は，江戸時代に入ってからの用水路に関する各種技術の発達によるところが大きい。用水路はしばしば長いトンネル，水路橋，樋管，サイフォンなどを必要とし，技術的開発に待たなければならないものも多い。水路橋としては熊本県矢部町の緑川の支川に架けた通潤橋は現在に遺る名橋である。この石造アーチは1854（安政元）年に竣工し，水面から約20m，幅約6 m，アーチの眼鏡部分の直径約28m，橋の上に高さ，幅ともに約0.3mの石造管水路3本が並べられている。石造アーチの技術は古くから，長崎，熊本，鹿児島など九州地方に発達している。

　サイフォン技術は，近畿，中国地方に古くから発達していたが，1672年竣工の佐賀県馬頭井堰用水は木造で約4.5m

図2.16　通潤橋
　　　（榊　晃弘：眼鏡橋，榊晃弘写真集，
　　　葦書房，1983）

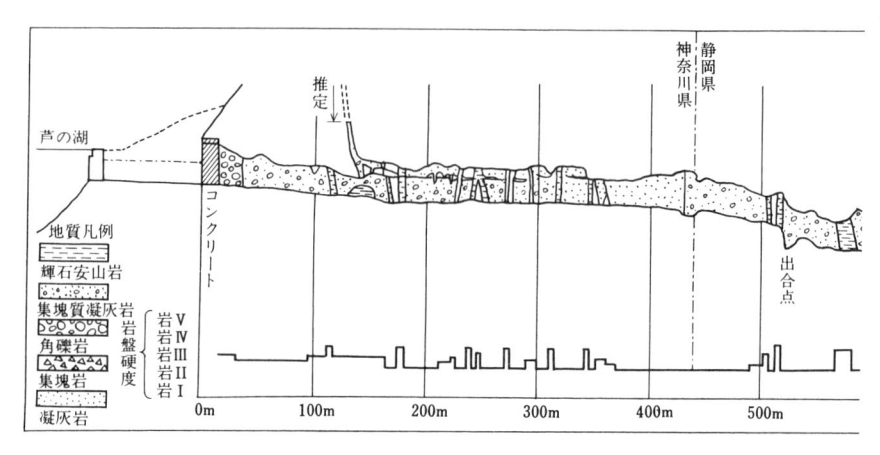

図 2.17　箱根用水隧道縦断面図（静岡県芦湖水利組合：深良用水沿革，1979より作成）

角，1728年，見沼代用水の柴山サイフォンは木造で幅約4.2m，高さ約1.2mであった。1668年，芦ノ湖から駿河国深良村へのかんがいのために計画された箱根用水は，約1,340mの長大なトンネルを固い岩石の間に掘らなければならなかった。トンネル断面は約1.8m四方，入口には長さ約9mにわたって組枠を沈め，出口には洗掘を防ぐため水路の底に幅2m強の敷石を敷き，その両側約18mは高さ1.5mの壁を築いて保護した。出口から黄瀬川に合流するまでの間約6.3kmは自然の渓流を，さらに約1.3kmは新たに水路を開削するなど，自然の地形を巧みに利用し約5.6km^{2}のかんがいに成功した。当時のトンネルはすべて素掘りであり，ボーリングなどの技術ももちろんなかったので，経験に依存しつつ試行錯誤を繰り返し施工したと思われる。

　測量における江戸時代最大の成果は，伊能忠敬（1745～1818）による"大日本沿海輿地全図"（1821年，文政4）である。忠敬は18歳のとき，下総佐原の名主の養子となり，家業のかたわら，利根川築堤などの河川事業を指導していたが，数学，測量学に興味を持ち勉学していた。50歳にして家督を長男景敬に譲ったのち，高橋至時に入門して本格的に西洋暦法や測図法を学んだ。

　1800（寛政12）年，蝦夷地（北海道）の測量を幕府に願い出て許可を得，ほとんど自費で北海道の沿岸図を作成した。彼はかねがね地球の子午線1度の長さを正確に測りたいと願っていたが，江戸から北へは各藩があって，当時勝手に通行で

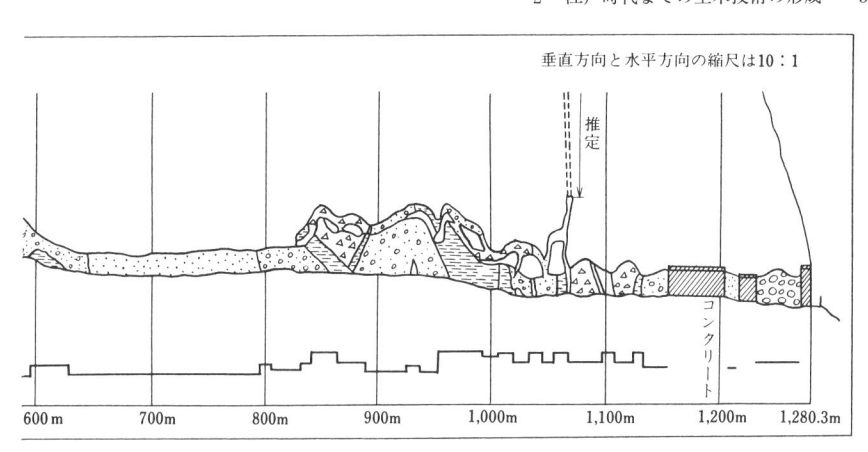

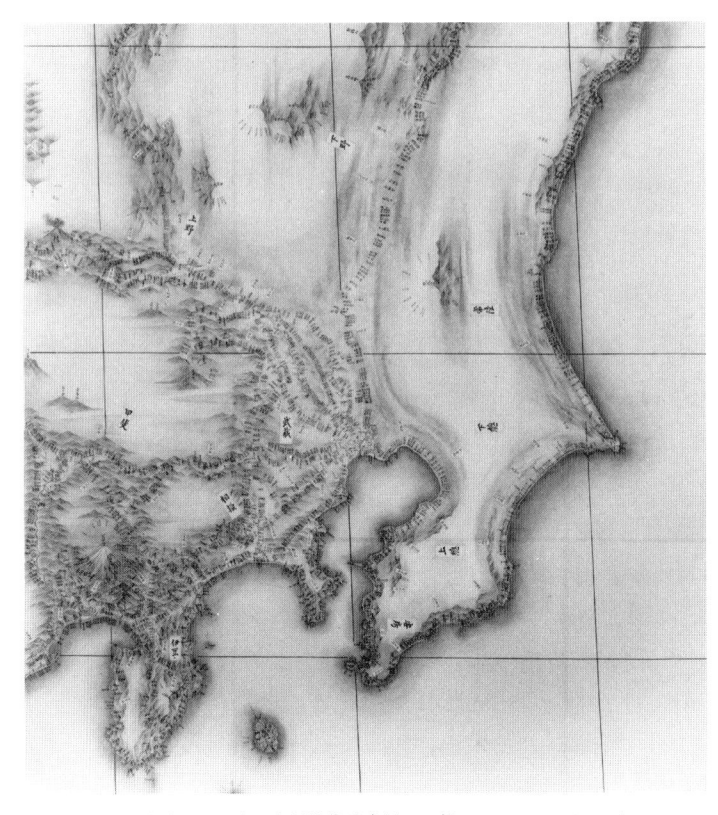

2　江戸時代までの土木技術の形成　55

垂直方向と水平方向の縮尺は10：1

推定

コンクリート

600m　　700m　　800m　　900m　　1,000m　　1,100m　　1,200m　1,280.3m

図 2.18　伊能忠敬による大日本沿海輿地全図の一部（東京国立博物館提供）

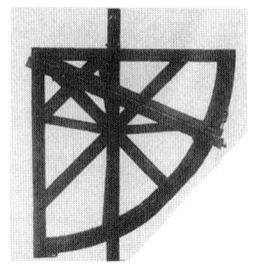

(a)量程車　(b)半円方位盤　(c)象限儀

図2.19　伊能忠敬が用いた測量用具
（帝国学院蔵版：伊能忠敬，岩波書店，1922，口絵）

きなかった。しかし，幕府も地図作成の必要性を感じていた蝦夷地を測量するためには東北地方を歩いて北へ向かわねばならず，その間に緯度1度の長さを測ることができる。それが忠敬が蝦夷地測量を願い出た直接の動機であった。翌1801年には東北地方東海岸，さらに1802年には東北地方西海岸と，忠敬は次々と日本全土の海岸線を測量して回り，子午線（緯度）1度の長さを何回も測り，28.2里という数値を幕府に報告したが，誰も信用しなかったという。その数年後，フランスの天文学者ラランドの書が日本に入り，それに記されていた子午線1度の長さを尺貫法に換算すると，忠敬の値とほとんど一致していたため，忠敬の信用は一挙に高まったという。ちなみに，忠敬の測量値は110.749kmであり，現在は110.98kmが正確な値とされている。

　忠敬は，測量用の方位盤，象限儀（現在の六分儀）を発明し，緯度，経度を正確に測ったという。全国測量の集大成が前述の通り，1821年に完成した。ドイツ人シーボルトが1828（文政11）年帰国に際し持ち出そうとして，台風に押し戻され押収されたのが，忠敬のこの"大日本沿海輿地全図"の写しである。シーボルトはもう一部写しを持っており，それを国外に持ち出したが，その図の技術水準の高さは欧米できわめて高く評価され，日本の測量技術の面目を高めたといえよう。1861（文久元）年来日したイギリス海軍測量艦隊が幕府に沿岸測量を申し出たが，幕府が伊能図を示すと，イギリス人は新たに測量することを断念し，その写しだけを持ち帰ったという。忠敬没後43年のことである。

　このように，伊能忠敬の業績は日本の土木技術史においても一際光彩を放っているといえる。これによって，日本の国土が緯度，経度によって示され，日本の地球上での位置づけが明確となり，測量結果による日本で初めての全国図ができ

たことは画期的である．しかも，その精度が国際的に評価されたことも，日本土木技術の誇りとしてよいであろう．

　当時三角測量技術は導入されておらず，交会法，導線法により使用器具も単純であったが，忠敬は同じ場所を何回も測量し，夜に必ず星の観測によって位置を確かめるなどして誤差を少なくしていた．50歳を過ぎてから本格的な測量を学び，全国の海岸線を17年間にわたって歩き続けた気力と熱意には敬服のほかない．

　江戸時代も18世紀末の天明（1781～89）のころから，天変地異による災害も頻発し，幕府の政治力にかげりが見え始め，土木事業もまた順調には進まなくなった．それを象徴するのが印旛沼干拓の失敗である．この干拓による新田開発は江戸時代初期から話題に上っていたが，工事が開始されたのは1724年，見沼代用水工事着工の2年前であった．新田開発の高札が日本橋に立った2年後であり，開発ブームに乗って沿岸住民の期待も大きかった．新田開発，洪水調節，水運の多目的総合計画であった．染谷源右衛門が幕府よりの借財によって始めたが，工費見積りが甘くたちまち資金不足となり中止された．2回目は，老中田沼意次の時代に幕府の直轄工事として1783年起工したが，翌年の利根川洪水による被害と田沼意次の失脚により工事は中止された．3回目は，老中水野忠邦の時代，1843年に着工された．時あたかも外国船の来航が始まり，国防上，奥州から東京湾に至る内陸水路の一部としての役割が加わったとされている．この場合は，5大名に対するお手伝普請として行われたが，開始されてからひと月余，お手伝普請を逃れるための陰謀もあり，老中の失脚によってまたもや工事中止のやむなきに至っている．背景には幕末の政治情勢が反映されていたといえよう．

　古代律令制下では，国の大土木工事は当初政府が出費していたが，徐々に地方に委ねられ，国司，郡司の責任となっていった．中世以降は地方分権時代となり，国が直接行う土木事業はほとんどなかった．江戸時代には，原則として，土木事業は公共性が高いとはいえ，地方や個人の利益になるという理由で，幕府は使用権や使用料の許可権のみ持ち，地方や民間の資金に委ねられた．幕府は天領における事業は自ら行う一方，国家的に重要と考えられる大事業，国防上の事業，広い地域にわたる事業は，直接間接に幕府が援助する形式がとられた．その

第一は国役(くにやく)または国役普請であり，現在の直轄工事計画に相当する。この場合，費用は幕府が一時立て替え，のちに全費用の9割を所定の領国に賦課することとなり，この制度は，1720年，将軍吉宗の時代に始まっている。しかし，これでは国役とは名目上のことにすぎず，地元負担は大きいので，その土地を転封して天領にしてしまった例さえある。

お手伝普請は平安末期に設けられた武家役の変形である。1603年家康は78大名に，江戸の都市計画，農業用排水路，城郭の工事を命じ，翌年は淀川修築，道路整備，1753年には宝暦治水をお手伝普請としている。村役といわれる自普請，自領普請があり，これは現在の地方負担工事である。たとえば，東海道，中山道など5街道の重要幹線は直轄道路とし道中奉行が置かれた。長崎，江戸，大坂の港は天領として奉行が置かれ，箱館港は松前藩の管理であったが，1802年幕府直属となった。

江戸時代における国土開発の中心は新田開発であった。低湿地や荒地，または河口周辺を干拓する土地開発は，かつては懇田と呼ばれていたが，江戸時代には新田と称されるようになり，その開発が活発に行われた。江戸時代に入るや，藩政安定のためには地代の確保が最も重要な条件となり，新田開発はその点からも推進された。

1598（慶長3）年の太閤検地によれば，当時の耕地面積は約200万町歩と推定されている。平安時代初期の耕地面積は『倭名類聚抄(わみょうるいじゅしょう)』（平安時代，源順撰，日本最初の分類体の漢和辞書）から推定すると約100万町歩といわれているので，それから太閤検地までの約800年間に耕地はおよそ100万町歩増加したことになる。それと比べ，江戸時代の新田開発はきわめて活発であり，太閤検地から275年後の1873（明治6）年の地租改正のための旧反別調査では323万町歩と記録されているので，この間に120万町歩も開発が拡大したことになる。

新しく開発された地名は"新田"と呼ばれるものが圧倒的に多く，現在でも各地にその名が残っている。ただし，地域によっては若干異なる地名もあり，開発の時期によって異なる地名を付している地域もある。

稲作を中心とする耕地開発は古代においては西南日本が主体であり，東北日本は河川規模が大きく，その乱流により形成された平野部は湖沼のある湿原が多く，さらに日照時間も少なく，大規模開発は不可能であった。中世になると，東

北日本でも扇状地を中心にかなり規模の大きい用水路も徐々に整備され，扇状地を分派して流れる分派川を農業用水路とする開発がさかんに行われた。元来の自然河川が用水路の役割を果たしたので，河川名がそのまま用水路名となっている例が多い。中世の西南日本は新規開発よりはむしろ，既耕地の反当り収量の増加，二毛作の進展，換金作物の栽培などが普及した。

　近世における新田開発は，扇状地より下流の自然堤防が発達している地域周辺の洪水調節池に相当する低湿地および湖沼地帯や，下流デルタの干潟において行われた。湖沼や低湿地の多い東北日本では湖沼干拓が中心となり，干潟の多い西南日本では海面干拓が多かった。新田開発の大部分は水田であったが，換金作物としては山形の紅花，大坂の綿，徳島の藍などがあった。畑地としては桑畑が最も多かったが，それはかんがいが困難な土地か，洪水氾濫常習地にほぼ限られていた。特に高桑は洪水時の湛水に強かったからである。

　江戸時代における新田開発を支えたのは用水路整備の技術であった。扇状地の旧河川や分派河川を利用する用水路による新田開発の例は，荒川の熊谷扇状地をはじめ，北陸の常願寺川，黒部川，神通川，庄川，東北の最上川支流の松川や馬見ヶ崎川の各扇状地，利根川水系の庄内古川，会の川，西鬼怒川などの扇状地である。次の型式の新田開発としては，扇状地面を横断して開削した用水路や，山麓沿いに開削した用水路によるものである。その例としては，北陸では関川の上江用水，中江用水，信濃川の東新大江，東北で北上川，最上川や雄物川支川，米代川，岩木川，浅瀬石川などに多くあり，関東では鬼怒川の江連用水などがある。さらに別な型式としては筑後川下流デルタのクリーク地帯のように潮汐の干満による塩水くさびを利用して満潮時に海水の上に淡水河川水を取水するアオ取水，利根川支流小貝川の関東三大堰（福岡堰，岡堰，豊田堰）における溜井形式のように，地形や用水の条件に応じたかんがい方式が展開された。溜井形式とは，河道を横断する堰を設け，その堰上げによって，河道や用水路の水位を上昇させて取水する方式である。

　こうして，江戸時代においては，それぞれの地域に対応した形式で新田が開発され農業水利技術の進歩とともに，用水利用の方式も逐次確立し，明治時代になって，1896（明治29）年の河川法によって確定された，いわゆる慣行水利権の素地が熟成されたと見ることができる。

2.3 西欧近代土木工学の発祥と近代土木技術の黎明

2.3.1 西欧近代土木工学の発祥

 日本が鎖国政策によって外国との接触を絶って,国内開発を行っていた間,17世紀から19世紀にかけ,西欧では新しい科学が芽生え,その技術への応用が著しい進展を遂げていた。日本はやがて明治維新以後,それらを積極的に導入したが,それ以前における西欧の科学技術の進歩と土木工学との関係をここで概観しておこう。

 現代のわれわれの土木技術の基礎としての土木工学の体系が西欧で整い始めたのは18世紀以後である。現代の各種工学のなかでは,土木工学は最も早く近代科学に基づく体系を備えたといえよう。

 現代の科学技術が,17世紀以来急速に発展した数学と力学をひとつの有力な基盤としていることはいまさら述べるまでもない。ガリレイ (G. Galilei, 1564～1642) の実証的力学の研究,デカルト (R. Descartes, 1596～1650) の解析幾何学への貢献,パスカル (B. Pascal, 1623～62) の数学的帰納法,ニュートン (I. Newton, 1642～1727) およびライプニッツ (G. W. Leibniz, 1646～1716) の力学や微積分をはじめ,17世紀に開花した科学は18世紀以降において応用部門としての技術発展への洋々たる大道を開いたのである。日本が鎖国政策を貫いている間,西欧では科学技術による文明が着実に発展していた。特にガリレイが,速度,加速度の概念を基礎に近代的力学概念を確立し,実証的かつ理論的力学体系を整えて,ニュートンへの道を開いたことは,その後の力学の展開,それに多くを依存する土木工学の体系づくりに重要な意義を持っている。

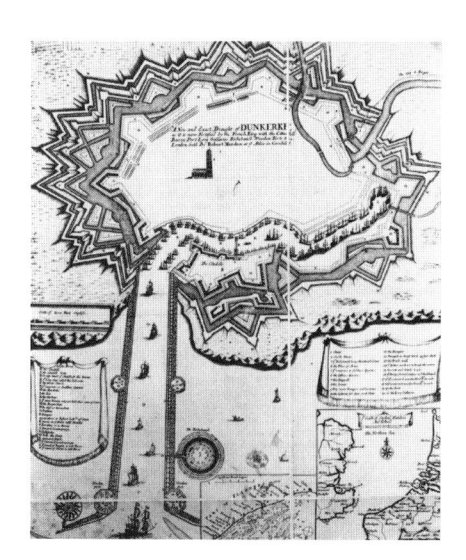

図 2.20 ヴォーバン設計のダンケルク要塞
 (J. P. M. Pannell: An illustrated history of Civil Engineering, Thames and Hudson)

西欧における"技術"の確立の重要な契機として，1675年に組織された"工兵隊"（Corps des Ingénieurs du Génie Militaire）がある。これは近世における技術者集団として初めて組織化されたもので，ヴォーバン（Sébastien le Prestre de Vauban, 1633～1707）の提案により，軍事大臣ルヴォワ（Louvois）が創設したものである。ヴォーバンは，数多くのすぐれた城塞を建設し，1678年にはフランス要塞の兵站総指揮官となり，1703年にはフランス陸軍元帥になった軍人であり，すぐれた技術者でもあった。軍事基地建設に敏腕を振るった彼は，平和的な土木事業にも数々の成果を挙げている。内陸運河の建設は，平時の舟運，戦時の防衛の両目的を持っていた。ヴェルサイユ公園への給水の大工事は，ローマ水道に範をとり，部分的には多層アーチ橋の上に水を通すもので，彼の指揮下で3万の兵士によって行われたが未完成に終わった。

彼はあらゆる計画において，近代技術者の方法を開拓し，図面と計算書，工費見積，詳細な計画と指示などから成る計画書を整え，以後の技術計画書の範例になり，それはまた技術者の役割と地位を確立する根拠になった。この時代のフランスにおいて，エンジニアが称号的意味を持って通用するようになったのは，ヴォーバンに象徴される技術者の活躍とその技術の高度化によるものと推察される。それ以前においても，エンジニア(ingénieur)という名称は，イタリア，フランス，イギリスにおいて，主として城塞や武器の建造者に対して使われており，特にイタリアでは15世紀以来，測量師や運河建設者を"ingeniarii"と呼んでいた。しかし中世においては，エンジニアは，単なる実務家もしくは職人と見られており，社会的地位として評価されてはいなかった。ヴォーバンは，エンジニアの社会的地位と物質的待遇の改善に努力し，国家の仕事に欠かせぬ教養人としてのエンジニアを社会が評価するよう働きかけ，前述の工兵隊組織化への道を開拓したのである。

"工兵隊"が契機となって，フランスでは1689年，海軍の造船家が勅命によって"海軍造船技師"（Ingénieur-constructeurs de la Marine）の称号を得た。さらに1716年には，土木（工兵隊・技師団）（Corps des Ingénieurs des ponts et chaussées）が創設された。従来，土木や建築の技術者は実務の現場で技術を学んでいたが，フランス工兵将校は国家的な施設などで，数学や力学を中心とする新しい教育を受けるようになる。1747年，パリに土木大学（Ecole des ponts et chaussées）が

トリュデーヌ (Trudaine) によって創設され，1760年，ペロネ (Jean Rodolphe Perronet, 1709～94) が初代校長となり，1760年にはさらに再編充実されたが，これは当時唯一の技術者教育の高等機関であった。このように，当時技術組織として先駆的であったフランスにおいては，工兵士官のなかに技術者集団が創設され，その工兵隊が単に軍事工事のみならず，非軍事的な公共事業をも行い，いわゆる génie civil の地位が確立した。

ヴォーバンが工兵隊を組織してから，土木大学が創設されるまでの間，土木技術の理論化もしくは体系化の萌芽がいくつか見られたフランスは，当時のヨーロッパにおいて優位を示していた。たとえば，ゴーチエ (Hubert Gautier, 1660～1737) は，1715年に道路建設に関する最初の理論的著作である『道路建設論』(Traité dela Construction des Chemins) を発表しており，ベリドール (Bernard Forest de Bélidor, 1697～1761) は，1729年に『技術者の科学』(Science des Ingénieurs) を出版している。特に後者は，技術者のための設計法則，数表などを整理し，今日のハンドブックもしくは技術基準的性格の書で，技術の発展と普及に著しく貢献し，約1世紀にわたる1830年まで次々と版を重ねるに至った。これもまた技術体系化への着実な布石になったと考えてよい。ベリドールは技術将校として，1740年代には何度か遠征に参加し，58年にはパリ兵器廠長官および技術師団総監となった。さらに彼は砲兵学校で数学と物理学を講義するとともに，実務的技術者として，また軍人として活躍した。前述の著作のほかにも多数の技術書を著したが，1737～39年の『水工学』(Architecture Hydraulique) 4巻は特に画期的著書である。この書には，水力学，熱学など物理学の基礎をはじめ，機械学も詳述されており，水利構造設計の基礎概念を確立した書と考えられる。彼はまた，積分の応用，木製梁の曲げ実験，土圧理論，曲面版理論など土木工学全般にわたって数学および力学的概念の適用を研究した先達であった。

18世紀前半においては，ドイツにおいても橋梁などに関するすぐれた著書はあるが，力学理論に通ずるものはなく，職人的段階にとどまっており，イギリスにおいても産業革命前後で，技術の体系化や技術者集団の形成は，少なくともスミートン (John Smeaton, 1724～92) が1771年に土木技術者協会 (The Society of Civil Engineers, または Smeatonian Society) を結成するまで待たねばならず，それとてもフランスにおけるほどの教育機関，工兵隊らによる幅広い技術活動には至って

いなかった。

　ヴォーバン，ペロネ，ベリドールらによって徐々に整いつつあったフランス土木界では，土木大学の創立などとともに，工学の基礎はさらに固まっていく。クーロン (Charles Auguste Coulomb, 1736～1806) は技術将校としてフランス領マルチニック島での要塞建設に当たるとともに，建設部材の静力学的挙動についての理論を画期的に進歩させた。1773年発表の "Essais sur une application des régles de maximis et minimis à quelques problèmes de statiques relatifs l'architecture" は，それら研究成果を世に問うた貴重な文献である。クーロンは1784年には科学アカデミー会員，河川長官となり，力学理論のみならずそれを建設の実務に応用することに献身した数少ない学者であり技術者であった。

　1794年には，フランス革命の試練を経て，その新政権の推進によって理工科大学（Ecole Polytechnique）がパリに設立された。数学者であり海軍大臣であったモンジュ（Gaspard de Monge, 1746～1816）とカルノ（Lazare Carnot, 1773～1823）の主宰によって創設されたこの理工科大学は，今日に至るまで，高等技術者教育機関の輝かしい伝統を守っている。土木大学や理工科大学の卒業生のなかから，ナヴィエ（Louis Marie Henri Navier, 1785～1836），ポワッソン（Simon Denis Poisson, 1781～1840），コーシィ（Augustin Louis Cauchy, 1789～1857），ポンスレ（Jean Victor Ponçelet, 1788～1867），アメリカのストロウ（Charles S. Storrow, 1809～1904）など，当時の工学の基礎をつくる学者が雲のごとく輩出し，これら工科大学が18世紀から19世紀にかけての土木工学のみならず，工学体系確立への道を開いたといえる。

　イギリスにおいては，前述のスミートンによる土木技術者協会に見られるように，技術者組織への動きがあり，その設立者と後継者たちはスミートニアンと呼ばれているが，必ずしも土木関係全体の技術者を糾合するには至っていなかった。

　スミートン，レニー（John Rennie, 1716～1821）らによって結成された協会に対抗する形で，パーマー（H. R. Palmer）は，1818年にイギリス土木学会（the Institution of Civil Engineers）を創設した。モーズリ（William Maudslay）を長とする新しい団体の誕生に際して，パーマーは次のように述べている。

　"An engineer is a mediator between the philosopher and the working mechanic, and, like an interpreter between two foreigners, must understand the language of both……Hence the absolute necessity of his possessing both practical and theoretical knowledge."

(技術者は，哲学者と職人の調停者であり，二人の外国人間の通訳のようであるので，両方の言葉を理解しなければならない。それゆえ，理論と現場の両方の知識を有することが絶対に必要である。)

ここでいう理論的知識は，英語の最初の一般科学のための定期刊行物を発行したニコルソン（William Nicholson, 1753～1815）が学会とは独立して組み立てていたのであった。1797年に発刊したニコルソンの雑誌の好評に刺激されて，1798年には対抗誌 "the Philosophical Magazine" が発刊され，1813年には，ニコルソン誌を合併吸収した。ニコルソンは1809年までの間，科学技術辞典の編集にも努力していた。彼の後継者はユーア（Andrew Ure, 1778～1857）で，1799年設立のグラスゴーのアンダーソン大学（イギリスで最初の技術専門校）の教授であり，その弟子の一人がデュパン（Charles Dupin）であり，彼に対してパリの Ecole des Arts et Métiers でも同様なコースを設けることを勧めている。

パーマーによって設立された学会には，やがてテルフォード（Thomas Telford, 1757～1834）が会長に推挙され，彼は学会の発展に献身する。彼は学会は個々の会員の自発的努力によって発展させるべきであると強調し，"ドイツ，フランスで学会が政府の力で設立され，その管理下にある"のと異なり，イギリスでは

図 2.21 T. テルフォード
　　　 (J. P. M. Pannell: An illustrated history of Civil Engineering, Thames and Hudson)

自由であれと主張した。学会はトレドゴールド（Thomas Tredgold）に憲章のための"Civil engineer"の定義づけを依頼した。1828年1月，彼は次のように総合的な定義を提供し，それが長く"Civil engineer"の役割をも規定している。

"Civil Engineerings the art of directing the great sources of powers in Nature for the use and convenience of man; being that practical application of the most important principles of natural philosophy which has, in a considerable degree, realized the anticipations of Bacon, and changed the aspect and state of affairs in the whole world. The most important object of Civil Engineering is to improve the means of production and of traffic in states, both for external and internal trade.

（土木技術は，自然界の強力なる力を，人間の利用と便益のために管理する術であり，ベーコンの予言をかなりの程度まで実現し，全世界の状況を変えた自然科学の最も重要な原理の実際的な応用である。

"土木技術"の最も重要な目的は，内外貿易のための生産と交通の手段を向上させることである。）

これは，まことに雄大な，調子の高い定義であり，Civil engineering についての社会的意識を明確にし，職業としての Civil engineer の立場を確立した重要な定義といえる。技術者の社会的地位，技術の体系も未確立の時代においてであっただけに，その意義は大きい。

17世紀から18世紀にかけてのフランスにおいて組織化が徐々に進んでいた土木技師集団は，19世紀初期にはイギリスにおいても上記のような学会組織を通して，職業としての基礎固めができたということができる。これらを核として，西欧諸国やがてアメリカにおいて土木工学の体系，土木技師の組織化が普及していく。

2.3.2　近代土木技術の黎明

前項に述べたように，土木技術者集団は17世紀末ころから結成され始め，18世紀にさらにその存在意義が明確になるとともに，その高等教育機関も設立され，いくつかの重要著作も発表された。19世紀になると，イギリス土木学会をはじめ，先進各国で学会や教育機関が結成普及され，日本もその後半には開国して，

これら先進諸国の土木技術を精力的に導入して，その水準に追いつこうと懸命なる努力を傾けた．

　この間の近代土木技術の具体的成果を概観してみよう．ヴォーバンが世を去った1707年にゴットハルト路に続いて"ウルナートンネル"が貫通し，ヴォーバン時代に次々と開通したフランス国内の運河とともに，18世紀はヨーロッパの各地に大交通路が次々と完成していく．特に，イギリスでは"イギリス運河網の父"と呼ばれたブリンドレー（James Brindley, 1716～72）は，学校教育こそ受けていなかったが，実務的経験によって技術の基礎知識を体得，18世紀の主要運河のほとんどすべてを計画，監督し，約400マイルに及ぶ運河網を完成させた．重要なことは，これが産業革命成就の前提となったことである．運河建設に当たっては，スミートンはブリンドレーの良き協力者であった．イギリスの大運河網は，ブリジウォーター第三公爵であるエゲルトン（Francis Egerton, the third Duke of Bridgewater）がフランス旅行をしてランゲドック運河に感嘆し，それをイギリスに実現させようとして，帰国後次々とブリンドレーに命令して運河を建設させたのである．こうして1760年イギリスに最初にでき上がったマンチェスターへ石炭を運ぶ運河は，ブリジウォーター公運河と呼ばれた．

　フランスに始まり，イギリスへと渡った運河建設ブームは，さらにヨーロッパ

図 2.22　アーウェル河にかかるブリンドレーによるブリジウォーター公運河のバートン橋
(Neil Upton: An illustrated history of Civil Engineering, Heinemann)

大陸諸国，さらにアメリカ合衆国へと普及していった．しかし，これらの運河は，主としてボートや平底船用であって，浅くて幅も狭いものであった．運河技術がさらに一挙に発展するのは1859年着工，1869年完成のスエズ運河である．"偉大なるフランス人"（Le grand Français）と呼ばれたレセップス（Ferdinand de Lesseps, 1805～93）は元来，土木事業とは何のかかわりもない外交官として前半生を過ごしたが，その魅力あふれる人柄，不屈の闘志によって，外交経験をも活かし，イギリス，トルコの猛反対を押し切り，エジプト太守モハメット・サイドの協力を得てこの世紀の事業を完成させた．当時のスエズ運河は全長164 km，平均幅員22 m であった．1956年エジプト政府は，スエズ運河国有化を宣言し，その後の拡張工事により現在では平均幅員は約200 m に達した．工事の技術的困難よりはむしろ，炎天下の苛酷な自然との戦いで，4 m 掘り進むのに3人の死者を出し，犠牲者は10万人を超えたといわれる．レセップスはさらにパナマ運河開削も企画，実行に移したがこれは失敗に終わり，パナマ運河の完成は1914年まで待たねばならなかった．スエズ運河の完成は大規模土木プロジェクトの歴史を開く壮挙であり，19世紀後半における世界各地の大プロジェクトに大きな刺激を与えたといえる．

　陸上交通としての道路技術においても，18世紀に入って画期的な発展が見られる．その中心となったのは，トレサゲ（Pierre Trésaguet, 1716～94），前項で紹介したイギリス土木学会初代会長となったテルフォード，マカダム（John L. McAdam, 1756～1836）らである．トレサゲは，1764年に急な横断勾配をとらずに効果的な路面排水のできる新工法を案出し，それはまずフランスにおいて普及し，さらにヨーロッパ全土に及ぶ道路工法の革新となった．

　これを参考として，テルフォードは大きな石，小さな石，砂利を巧みに使い分ける道路構造を編み出し，イギリスの幹線道路を次々と近代化していった．彼は日雇い石工であったが，独学と経験の蓄積でこのテルフォード工法を発明したのである．そのテルフォードを土木学会初代会長とした点に，イギリス土木界創成期の技術への考え方がよく現れているといえよう．マカダムはテルフォードとほとんど同時代に生きた仲間ともいえるが，トレサゲやテルフォードの工法をさらに発展させ，大きい石を用いず，路床は排水良好な土のみを用い，径3.8 cm 以下の手割り石の層を散布し，結合材も用いなかった．この方法は費用も安く建設が

図2.23 コールブルックデール橋（堀井健一郎：早稲田大学教授撮影）

容易で，イギリスでは19世紀末までに舗装の90％はマカダム舗装となり，彼の著書は数か国語に翻訳された。

19世紀には，さらに二つの新建設工法が発明された。それらはコンクリート道路とアスファルト道路の出現である。前者はマカダム道路に石灰モルタルを注入するもので，1827年にイギリスで特許がとられ，1865年，最初のコンクリート道路がイギリスで建設された。後者は1870年ころからロンドンで一挙に普及した。

産業革命から発展した鉄鋼産業が，土木材料に革新を与えたことはいうまでもない。まず橋梁に大きな影響を与え，木造橋から鋳鉄橋，さらに錬鉄橋へと発展する。木造橋に関する理論と施工も，たとえばスイスのグルーベンマン（Johan Ulrich Grubenmann, 1709～83）によって数々の名橋が架けられたように，18世紀に入って長足の進歩を示していた。特にグルーベンマンはライン川の長スパンのシャックハウゼン橋をはじめ，アーチ構造などの設計に天才的力量を発揮した。しかし木造橋の強敵は火災であった。イギリスのセバーン川に30mスパンの最初の鋳鉄アーチ橋，コールブルックデール（Coalbrookdale）橋が1778年に祖父以来の遺志を継いだダービーⅢ世（Abraham Darby Ⅲ, 1750～91）とウィルキンソン（John Wilkinson, 1728～1808）によって建設された。以後イギリスにおいては次々と鋳鉄橋が架けられた。1748年にはコート（Henry Cort, 1740～1800）が銑鉄を錬鉄に変える方法を考案し，以後錬鉄橋が造られ，1816年にはアメリカのフィラデルフィアの近くで124mスパンの鋼索による吊橋が架けられるに至った。

鉄と並んで，土木工事に革命をもたらした材料はいうまでもなく，セメント，さらにコンクリートである．スミートンはエディストン灯台建設に際して水硬性の強い石灰モルタルを重視して国内各地から石灰のサンプルを集め，その強度試験，化学分析を行っている．パーカー（James Parker）はさらに，テムズ河口の粘土を窯の中で燃やして粉に挽くと，迅速に硬化することを発見した．パーカーは1796年にこれで特許をとりそれはローマン・セメントと呼ばれた．1824年には，アスプディン（Joseph Aspdin, 1779〜1855）はポートランド・セメントの持

図2.24 スミートンによるエディストン灯台
（Neil Upton: An illustrated history of Civil Engineering, Heinemann）

許をとり，1843年，息子とともに生産を開始した．なおこのセメントはすぐれた建築石材であったポートランド石の代用品になるとしてポートランド・セメントと名付けられたが，以後，イギリス各地で次々と使用され，やがて欧米で広く利用され，その期待に十分こたえたといえる．

同じころ，鉄道の出現が陸上交通の革命となったことはあまりに有名である．1825年9月25日，ストックトン・ダーリントン（Stockton-Darlington）間の鉄道で初めて切符が販売された．すでにその2年前から鉄道は一部運行していたが，この日をもって鉄道の誕生とするのが至当であろう．スティーヴンソン（George Stephenson, 1781〜1848）はこの鉄道の創始者として名高いが，幼いころから炭坑の機関番人，火夫，搬出機械の機械師を経験し，種々の機械に詳しくなった．1814年にはすでにキリングロース炭坑で最初の機関車を動かしている．この場合は10tの炭水車を持つ重い機関車が40tの石炭を時速9kmで運行した．この機関車を彼はブリュッヘー号と名付けた．ブリュッヘー（Franz Blücher, 1742〜1819）はナポレオンを破ったプロシアの将軍である．

鉄道の地位と役割を決定的にしたのは，1830年6月14日のマンチェスター・リバプール鉄道の開通である．繊維工業都市と港を結ぶこの鉄道による経済的価値

は誰の目にも明瞭であった。この工事はスティーヴンソンの息子の土木技師ロバートによる路床建設と機関車製作の協力を得て，長いトンネル，63本の橋梁，泥炭地の通過などを含む，当時としては画期的土木工事であった。この開通はいうまでもなく，単に土木工事，交通路の開通というにとどまらず，新しい文明史を切り開き，歴史に遺るものとなった。

以後，鉄道は欧米各国に次々と普及し，日本へはペリーが1854（安政元）年二度目の来日の際に鉄道模型を将軍に献上したのが最初であり，スティーヴンソンによる1825年の鉄道開通から29年である。アジアでは1853年にインドのボンベイを中心に最初の鉄道が開通，アメリカの大陸横断鉄道という壮大なプロジェクトの完成が，スエズ運河開通と同年の1869（明治2）年のことであった。鉄道は19世紀中葉における土木事業の先駆であり花形でもあった。

こうして，19世紀は，ブリンドレーによる運河網の整備，マカダムによる道路建設の革新に加えて，決定的ともいえる鉄道の出現によって，交通路整備に革命がもたらされたといえよう。さらに土木材料としての鉄鋼とセメントの出現は，土木技術の各分野の面目を一新させ，それら材料は土木技術近代化の象徴にさえなった。日本にとって重要なことは，これらの欧米土木界における大発展が，明治維新の直前，すなわち江戸時代末期に連続的集中的に発生したことである。つまり，土木技術が先進国において新しい時代を迎えた時期に日本は開国し，新しい政治体制のもと，新鮮にして意欲的な時代に突入したのである。

参考文献
大熊　孝：利根川治水の変遷と水害，東京大学出版会，1981
宮村　忠：3.4，江戸時代の国土開発（第1編，土木工学概論），土木工学ハンドブック
　　　　　pp.24〜31，土木学会編，1989
J. P. M. Pannell: An illustrated history of Civil Engineering, Thames and Hudson, 1964
N. Upton: An illustrated history of Civil Engineering, Heinemann, 1975

3 明治維新から第二次世界大戦までの土木技術の近代化

3.1 明治初期における近代土木技術の導入——お雇い外国人の役割

　黒船来航に鎖国の夢を破られた日本は，幕末の激動を経て異質の西欧文明を一挙に積極的に受け入れることになる。かつて大陸文明を導入して見事に同化させ独自の発展に成功した日本は，明治を迎えて野心的な試練に挑んだ。それは歴史の必然ともいえるし，宿命といってもよい。しかし，その受入れ方はきわめて日本的であり，世界史に類例のない経験を自ら育てたといえよう。

　キリスト教文明は戦国時代から江戸時代初期まで日本にかなりの影響を与えていたし，鎖国の間にも長崎の出島を通して西欧文明の片鱗はわが国に浸透しており，特に幕末には蘭学が知識層に大きな魅力を与えてはいた。しかし，技術や工業については日本人は机上の知識以上のものを持っていなかった。なればこそ，黒船の出現は日本人には恐るべき衝撃であったし，幕末に欧米を訪れた日本人が，蒸気機関車などに象徴される近代科学技術文明に接した際の驚きは，まさに筆舌に尽くし難いものであったに違いない。元来，知識欲旺盛にして新興の意気に燃えていた日本人指導者が，明治維新を迎えて，まずこの近代科学技術文明を全面的に移入しようとしたのは当然の成り行きであった。

　その具体的方法としては，多数の外国人を雇って日本に科学技術の成果を伝え，日本人を育成することであった。いわゆる"お雇い外国人"である。これらお雇い外国人は，政府によってのみならず，地方庁，民間財閥からも雇われ，高給をもって手厚く遇された。その国籍，職業もきわめて多様であり，『資料御雇外国人』（ユネスコ東アジア文化研究センター編，小学館，1975）などに基づく，村松貞次郎の調査（1976）によれば，以下の通りである。すなわち，1868（明治元）年から1889（明治22）年までに雇用された外国人総数2,299名，内イギリス928，アメリカ合衆国374，フランス259，シナ253，ドイツ175，オランダ87，など世界各国に及んでいた。土木関係は146名で，おそらく他の分野よりも多かったと思

われる。明治新政府が国土開発に並々ならぬ意欲を持っていた証拠と考えてよい。同じく村松によれば，その146名の国籍別雇い上げ官公庁等，職種別に分類すれば，それぞれ表3.1，3.2，3.3のようになり，イギリス人ならびに鉄道関係

表3.1 国籍別分類

国　　名	人数
イギリス	108
オランダ	13
アメリカ合衆国	12
フランス	11
ドイツ	1
フィンランド	1
計	146

表3.2 雇い上げ官公庁等別分類

官　公　庁　名	人数	官公庁名	人数
鉄　道　寮（局）	56	海軍省	7
内務省土木寮	15	陸軍省	4
測量司（内務・工部）地理寮	15	神奈川県	3
鉱　山　寮	15	東京府	2
電　信　寮	15	農商務省	1
開　拓　使	13	大阪府	1
工部省（工作・営繕・灯台等）	11	京都府	1
工部大学校・開成学校・帝国大学	11	民　間	4

注：合計が146人以上となるのは転勤などのため，重複しているからである。（表3.3も同じ）

表3.3 職種別分類

職　　種	人数
鉄道（敷設・建築）	59
測量（教師・測量師）	31
電信敷設	14
鉱山土木	14
治水・水理・港湾	11
土木一般	9
陸海軍土木	8
土木工学教師	8
道　路	4
建　築　師	4
灯　台	3
水　道	2

が圧倒的に多い。次いで内務省および測量関係が多い。新政府首脳が，国土開発の最も重要な手段として鉄道を考えていたことが，これでも明らかであり，鉄道の先進国としてイギリス，もしくはアメリカを考えるのは当時としては自然であったし，イギリスは幕末から維新にかけて，公使パークスをはじめ有能な外交官が活躍していたからでもあったと思われる。その雇用期間は1872（明治5）年から1880年にかけて特に集中している。この時期はまさに日本の鉄道の揺籃期であり，それと深く関係しているのはいうまでもない。明治初期はほとんどの近代技術をお雇い外国人に依存せざるを得なかったが，明治10年代半ばともなれば，欧米へ留学した日本人留学生も帰国し始め，かつお雇い外国人に教育された日本人技術者も世に出始め，お雇い外国人なしでも相当程度の技術活動が可能になってきたのである。

　明治政府が公共事業のなかでも特に鉄道に力を入れたことは，公共投資額のな

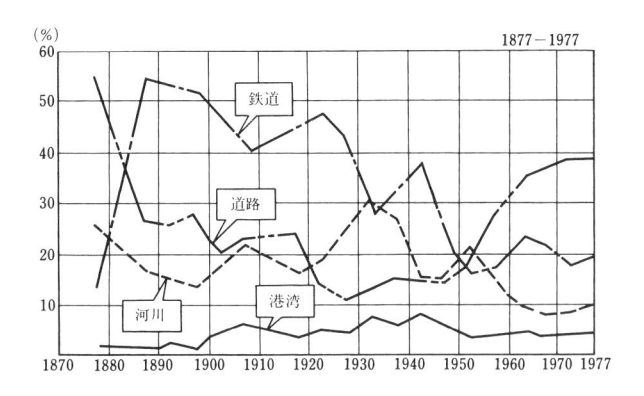

3　明治維新から第二次世界大戦までの土木技術の近代化　73

図 3.1　明治時代の公共投資の比較
　　　（滝山　養：日本国鉄の技術の発展と社会的背景，鉄道技術研究所報告，No.1,143，1980.3，p.3）

かに占める鉄道投資の比率が図3.1に示すようにきわめて大きかったことによっても明瞭であり，明治初期のお雇い外国人の相当数を鉄道関係者が占めていたことによってもうかがい知ることができる。

　明治政府はこれらお雇い外国人を優遇し，一方お雇い外国人のなかには，真に日本の技術の発展とその自主独立を願って献身的に努力した人々が何人もいたことは，日本の技術発展と国土開発にとって，きわめて幸いであったといわねばならない。表3.4にお雇い外国人の雇入れ時の給与の一端を示す。

表3.4　お雇い外国人の雇入れ時の給与

人　名	職　名	雇　入　年　月	月給（円）
R. Henry Brunton	燈台築造首長	1868（明治元）年2月	600
Edmund Morel	土木師長（鉄道）	1870（明治3）年3月	850
Van Doorn	長工師	1872（明治5）年2月	500
I. H. Lindow	二等工師	1872（明治5）年2月	400
Henry Dyer	工学校（工部大学校前身）	1873（明治6）年6月	660
Johannis de Rijke	四等工師	1873（明治6）年9月	300
G. A. Escher	一等工師	1873（明治6）年9月	450
Thomas Alexander	工部大学校教師	1879（明治12）年3月	350

　明治初期における月給数百円は，破格の高給といってよい。たとえば，エドモンド・モレル（Edmund Morel）の給与は，当時太政大臣に次ぐ最高額の給与であり，逼迫していた当時の日本財政から考えると，いかに思い切った高額で手厚

く遇したかが分かる。しかし，多くのお雇い外国人への給与の負担は限度に達していたと思われ，それがお雇い外国人の数を1874（明治7）年をピークにして徐々に減らした原因のひとつといえよう。

　一方，これら外国人が政府の期待にこたえて，よくその本領を発揮した例は数限りない。たとえばモレルは，滞日わずか1年半で惜しまれつつ病死したが，新橋・横浜間の日本最初の鉄道建設に絶大な努力を払った。1870（明治3）年の日本着任時，彼は28歳の少壮技術者ではあったが，すでにニュージーランド，スリランカなどイギリス植民地の鉄道建設の経験を持っていた。当時，日本が枕木まで輸入している状態を見て，日本国内の豊富な木材によって賄えと主張したように，鉄道建設は可能な限り自国の力で行うべきであるとの主張を繰り返した。モレルは日本到着後直ちに仕事にかかり，新橋駅（現汐留）に"零マイル標識"を打ち込み測量を始めた。当時なお大小（刀）を腰に，陣笠に羽織，袴の日本人助手の装いであった。そのため，測量器の針が刀の磁性で狂うので，測量時には刀を腰から離すことにしたという逸話が残っている。廃刀令発布前，士族である測量助手は丸腰になるのを極度に嫌っていた時代である。モレルは政府が技術を管理する機関をつくること，若い技術者養成を考慮すべきことを伊藤博文に建言している。工部省に工学寮（のちの工部大学校）という技術者養成機関が1871（明治4）年9月に設置されたのもその成果である。終始献身的に新橋・横浜間の鉄道建設を指導したモレルは，1871（明治4）年9月，肺結核が重くなり，好んでいた白梅の見える部屋で，わずか29歳で息を引き取った。日本人のモレル夫人もモレル死後30分でその後を追った。夫妻の墓は横浜の外国人墓地にあり鉄道記念物に指定され，桜木町駅にはモレルのレリーフ像が建てられている。

　1872年（明治5）年2月来日したオランダのファン・ドールン（Van Doorn, 1837～1906）もまた，日本の河川港湾および農業水利技術の育成とその事業の発展に貢献し，日本を愛し日本人からも畏敬された代表的お雇い外国人であった。河川の低水工事は，明治初期の舟運のための河川航路の維持，かんがい排水の整備などのために重要な施策であった。これらの技術と河川下流部の干拓などは，オランダは当時世界一流の水準にあると考えられていた。1870（明治3）年民部省土木司は，そのためにオランダ人技術者を招くことを定め，在仏鮫島尚範弁務使に命ずるなどしてオランダ政府と交渉した。その結果，オランダ政府推薦で1872年

図3.2　E.モレルのレリーフ　　　　　　図3.3　V.ドールンの像

に来日したのが，ファン・ドールンと工兵士官イ・ア・リンドウ（I. H. Lindow）であった。

　来日早々，ドールンは主要大河川の改修，水源砂防工事の立案を委任された。まず利根川水系を視察し，治水計画立案の基礎として河川水位の定期観測の重要性を教え，下総の境に量水標を設置した。さらに翌1873年にはデレーケ（Johannis de Rijke）ら多くの配下をオランダより呼び，ドールンはその指揮者として，日本の河川や港湾工事に近代科学技術に基づく学問的基礎を与え，それぞれの工事推進に大きく貢献した。特に猪苗代湖の水を安積平野に導く安積疏水工事は，その計画設計は地元有志の創意といわれるが，ドールンの指導と熱意による大事業であり，その成果は明治前半を代表する画期的なものであった。そもそもこの計画は1870（明治3）年より地元民間有志の間で議論されていたが，当時の福島県大書記官中条政恒が内務卿大久保利通を説いて，その実現に一歩を踏み出したのであった。時に1876（明治9）年6月，大久保は明治天皇の東北行幸に従って福島県に赴いた際，中条から疏水計画について熱意あふれる説明を受けた。元来，国土経営の才覚に長けていた大久保は，プロジェクトとしての雄大さ，その大きな効果とともに，会津などの士族の不平を防ぐ意図もあってこのプロジェクトを実施に移すことを考え，ドールンとも相諮ってこの推進に当たった。1878（明治11）年5月14日，大久保は登庁の途次，紀尾井坂にて暗殺されたが，その朝も会

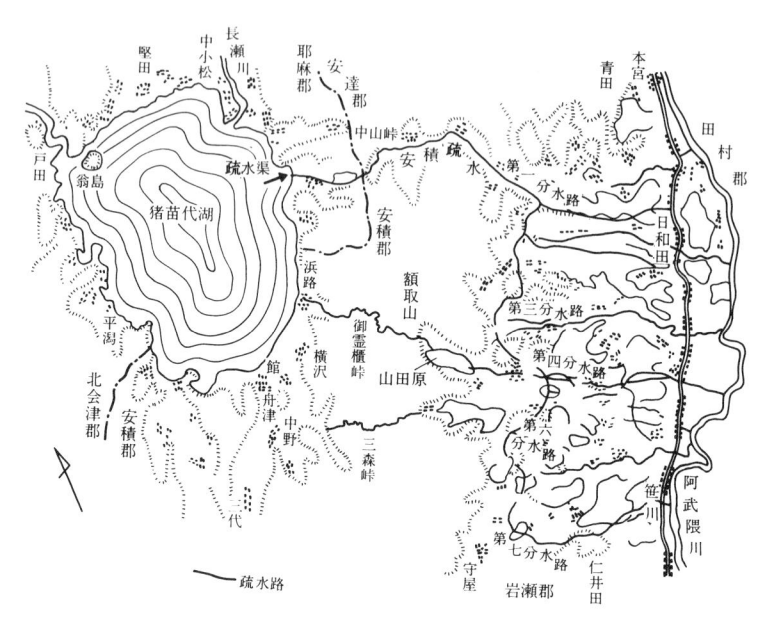

図 3.4　安積疏水略図（農業土木学会：農業土木史，1979，p.69）

津の疏水推進派と打合せをしていたといわれる．大久保の後を継いだ内務卿伊藤博文は安積疏水計画を松方正義に担当させ，その具体化へ一歩を進め，松方はドールンに疏水計画の設計指導を命じた．

　大久保はかねてから禄を離れた士族の処遇に心を痛めており，1878（明治11）年3月，太政大臣三条実美に建議した「一般殖産及華士族授産ノ儀ニ付伺」のなかで，国土計画についての七大プロジェクトを提案しているが，それ自体が大久保の並々ならぬ国土開発構想の発露といえるとともに，不満士族対策としてこれらプロジェクトを位置づけていた点が注目される．元来，国土開発プロジェクトは，フィジカル・プロジェクトとしてすぐれていても，それが民心安定に効果がなければ成功し難い．フィジカルな効率とともに民生安定上の効果，それにタイミングの良さなどが加わって初めて国土経営としての意味を持つといえる．大久保の国土計画構想は雄大であるとともに，当時の，なお不安定な国情への対策の意味をくみ取らねば，その正当な評価はできないであろう．ちなみに七大プロジェクトとは，宮城県の野蒜港築港，新潟港改修，越後・上野道路の整備，茨城県の北浦と涸沼を結ぶ大谷川運河の開削と那珂港修築，阿武隈川改修，阿賀野川改

修，印旛沼を検見川に結び東京へとつなぐ水路の開削であった。これらを総覧すると，仙台湾の野蒜港に始まり，北上川，阿武隈川，安積疏水，猪苗代湖，阿賀野川から新潟港に至る太平洋と日本海を結ぶルート構想であり，国土開発が遅れ，かつ不満士族の多かった東北地方の振興によって，国土の均衡ある発展をもくろんだ壮大かつ政治性の高い大プロジェクトであったと評価できる。これらプロジェクトの内容はほとんど河川低水工事，港湾，運河であり，オランダから来日したドールンらの最も得意とする技術開発であった。というよりは，大久保の信任厚かったドールンと十分相談しつつ練られた案であったと推測される。大久保は国土開発構想については終始ドールンの手腕に期待していたといわれ，上述の構想の内容を見ても，明治初期の日本の国土開発は，大久保・ドールンの時代であったとさえ称してもよいであろう。

　ドールンの安積疏水事業への具体的着手は，1878（明治11）年11月郡山への調査出張から始まる。まず郡山で有志たちの作成による計画図を点検したのち数日間現地調査を行い，1879（明治12）年1月詳細な計画書を内務省石井省一郎土木局長へ提出した。その計画において特記すべき点について，"明治以後・本邦土木と外人"（土木学会編，1942，p.161）には次のように記されている。

　　「……此の設計に於いて氏が最も意を用ひたるは，古来此の水を利用し来りし，戸ノ口，布藤の両堰及び日橋川方面の農民の久しく占め来りし権益を侵害することなく，且つ湖水の自然水位に変更を来すことなくして，200立方尺の水を湖より如何に引水すべきかの一点なりしが，計画は見事に此等を解決したものなりき。」

開発計画はそれ自体，すぐれた成果を生み出せばよいというものではない。その開発計画のために，従来の権益，特に土地や水の権利を侵さないようにすることがきわめて重要である。しかし，計画実施側の権力が強い場合には，その原則が十分には貫かれない場合がしばしば生ずる。水利権を擁護する河川法も制定されていないこの時期には，強引に開発の効果をのみ発揮させて従来の権益を十分に認めなくとも事業遂行は可能であったと思われる。しかし，すでに述べたように，大久保の開発思想には，幕末から明治への移行時に生じた多数士族の不満排除が大きな比重を占めており，会津士族の従来の権利保護は重要な柱であった。ドールンは大久保の遺志をよく体していたといえる。安積疏水事業が明治前半を

代表する開発成功例と称されるゆえんは，その水利事業の大きな成果はもちろんであるが，この開発思想に在ったといわねばならない。

　政府はドールン計画に基づき，安積疏水事業を1879（明治12）年10月起工，1882（明治15）年10月竣工し，安積疏水の水は，安積・岩瀬の二郡にわたり，新田開発4,000ha余，古田へのかんがい補給は3,800haに及んだ。会津はもちろん遠く九州・四国からも士族400戸以上がこの地に移住して殖産興業の実を挙げた。ドールンは1880（明治13）年2月，疏水の完成を見ずして帰国したが，1907（明治40）年ここを訪れた仙石貢は，ファン・ドールンの命に従って数十年間の湖水位記録が観測し保存されているのを見て，ドールンの偉業とその技術精神に心を打たれた。ドールンは安積疏水によって従来の水利権が侵されないことをチェックする目的を含めて，記録の観測，保存を命令したのである。しかも，その記録があったればこそ，猪苗代水力電気会社を興しても湖の水量が安心して使えることが確かめられたのである。仙石は1931（昭和6）年に至り東京電灯株式会社と諮って，日橋川の十六橋橋頭にドールンの銅像を建ててその功績を後世に遺すこととした。第二次世界大戦中，日本国内の多くの銅像は周辺の鎖などとともに武器のための金属供出命令で撤去を求められた。ドールン銅像も例外ではなかったが，地元農民はドールンへの感謝と敬慕の念強く，足元から切断した銅像を土中に隠したという。戦後それを掘り出し再び旧の台座に接続して建てた。したがって，現在昂然と立っているドールン像の足元には接着の跡が残っている。戦時中，軍の命令をごまかすのは容易ではなかったと推測される。真の勇気と確固たる考えがなければできないことだ。それだけドールンが地元から敬愛されていた証左でもあり，それを守った地元民の態度も立派である。

　前述の大久保の七大プロジェクト構想のうち，宮城県の野蒜港は惨憺たる失敗に終わった。大久保の命を受けたファン・ドールンがその調査設計を担当した。安積疏水の場合と同じように，1876（明治9）年6月，明治天皇の東北巡幸に先立ち野蒜村を訪ねた大久保は，ここに築港して主として対米貿易の基地とすることを考えた。同年9月，ドールンを現地に出張させ，以後半年に及ぶ調査の末，ここを適地と認め立案を進めた。ドールンの計画は，第一期工事として野蒜より松島湾に至る東名運河，野蒜より北上川に通じる北上運河の開削，ならびに鳴瀬川河口部の内港建設であった。第二期工事として本格的な外港建設を計画した。

第一期工事は1878（明治11）年7月着工，1882年10月竣工した．両運河の開削はほとんど人力によったが，底部掘削には本邦最初といわれる蒸気浚渫船が使用された．浚渫能力毎時40tであった．第一期工事は順調に完了し，港も背後市街地も発展しつつあったが，1884（明治17）年秋の台風はこの事業に徹底的打撃を加えた．激浪は港口の東側突堤の大部分を決壊させ，港口は閉塞されて船舶の出入は不可能となった．山県有朋内務卿は，直ちに技術者を派遣してその対策を検討させたが，抜本策は長大な防波堤を含む工事のため，長年月と巨費を要するとともに，技術的に万全を期し得ない面もあって，1885（明治18）年，政府は野蒜築港の中止命令を出した．

　大久保は野蒜築港第一期工事着工2か月前に凶刃に倒れているが，大久保の大構想の一端は一場の夢と化してしまった．以後，野蒜港は永久に放棄され，いまはその名残の碑のみ寂しく立っている．野蒜のように，外洋に面し急勾配で海底に至る海岸地形においては，台風時などの激浪に対して長大防波堤などによる築港は，当時の技術をもってしては容易ならぬことであった．また，台風や漂砂などに関する長年の観測資料が欠如していたことも，この計画立案に当たって困難を加えたと考えられる．

　ドールンは1880（明治13）年2月オランダに帰国したので，安積疏水の成功も野蒜築港の失敗も見ることができなかった．帰国後もオランダで活躍を続けたドールンは，特に植民省による海外の港湾，鉄道などの計画に尽力し，鉄筋コンクリート会社の重役になるなど，1906（明治39）年アムステルダムで世を去るまで実り多き土木技術者の生活を送った．

　ここには土木関係のお雇い外国人のうち，特に著名な数名を紹介したにすぎないが，明治初期におけるお雇い外国人の果たした役割は大きかった．これら外国人に指導されて多くの日本人技術者が育ち，あるいは次項で紹介する留学生たちが帰国して日本の指導者となるに及び，明治10年代半ば以降，お雇い外国人に頼らなくとも多くの土木事業は遂行できるようになり，土木技術も多くの部門で自立できるようになったのである．

　換言すれば，お雇い外国人の使命はほぼ十数年で終わったことになる．その段階では，部分的には後述するようにオランダ人技術者は一時非難を浴び，あるいは野蒜築港の工事失敗例もあり，必ずしも十分に評価されない面もあった．しか

し大局的に見れば，明治の草創期において，日本が暗中模索的に近代技術に接していたとき，その基本的考えを日本の国土と技術者たちに授け，その後の日本近代化の基盤としての国土開発技術確立に資した彼らの役割はまことに大きかったといわねばならない。特に彼らの多くが日本が一日も早く技術自立できるよう配慮し，いくたの手を打つことを勧めた識見には敬意を表したい。とかく先進国が技術指導などを行う場合，将来とも自国が優位を保つことを狙って途上国の技術自立をむしろ妨げるような方策をめぐらすことさえ珍しくはない。それを思えば，明治初期われわれはすぐれた外国人指導者を得たといえるし，またそれにこたえて努力した結果が，速やかなる技術自立を成し遂げさせたといえる。特に当時の先達的技術者が十分にそれを自覚し，いち早くお雇い外国人に代わり得る資質を磨いたことに注目しなければなるまい。

ヨハネス・デレーケ（Johannis de Rijke）は，ドールンから1年遅れて1873（明治6）年9月，ドールンの命で来日し，以後1901（明治34）年まで29年間滞日して日本の河川・港湾・砂防・下水道など，あらゆる利水治水事業を指導した功績は至大である。おそらく土木関係のお雇い外国人のなかで最も長く滞日したと思われる。しかも来日は彼の31歳の時であり，離日は60歳であることを思えば，彼は技術者生活をほとんど日本で過ごしたことになり，その一生はほとんど日本の水工技術発展に捧げられたといっても過言ではない。

図3.5 デレーケ（1873年ころ）
（建設省木曽川下流工事事務所提供）

彼は最初，主として淀川の治水計画を命ぜられ，併せて支川上流部，大阪築港の調査計画立案に携わり，ドールン帰国後東京に移り，全国の河川計画を指導する立場となる。ドールン帰国のころ，他のオランダ人技師も次々と帰国し，デレーケとムルデルのみが日本に残った。彼の数々の業績からその治水の考え方と，日本の治水技術に与えた影響は次のようにまとめることができよう。その考察によって，日本に最も長く滞在したデレーケを例に，西欧技術の日本への導入と日本の自然特性の関係を探る具体例ともなると考えられる。

その第一は治山重視である。最初に手がけた淀川調査のころから，その上流山

地の荒廃と大量の流出土砂は彼を驚かし，治山重視へと向かわせたのであろう。その成果は1875（明治8）年淀川水系木津川支流不動川に着手した近代的砂防工事に端的に現れているが，その後の木曽川計画においても十分に治山重視思想が披瀝されている。彼はどの川の視察に行っても上流水源地を重視し，それぞれ歴史の古い日本の川に加えられてきた治山治水技術とその蓄積に強い関心を持ち，その検討から，木曽川や吉野川計画における治山対策を展開したと推測される。

彼の治水観の第二の特徴は，おそらく第一の特徴とも関係するが，河川の上流から下流まで一貫してとらえる考え方である。その思想を彼はおそらくオランダにおける教育において修得していたと思われるが，淀川での経験が彼にその観念を強く植えつけたのであろう。それ以後，どの川の計画を立てる際にも，この観念を強く通している。特に明治20年代になると，彼の日本河川への経験も深くなり，日本河川での上下流一体感を強く認識するようになり，それは1891（明治24）年大水害で訪れた常願寺川の治水計画にも明瞭に示されている。

彼の治水観の第三の特徴は，その計画の基礎につねに近代科学の合理精神が貫かれていた点である。今日でこそきわめて常識的な考え方ではあるが，明治初期までの土木事業の計画は，ほとんど経験を頼りにしていたことを思えば，水位記録の重視，測量の徹底，水理計算の指導など，河川計画に合理性を与えた意義は大きい。

図 3.6　デレーケによるオランダ堰堤（淀川水系，木津川支流の不動川）

彼の治水観の第四の特徴として経済的観念の重視を挙げたい。それは彼の多くの書簡，談話，復命書の所々に明確にうかがわれる。彼はしばしば砂防工事を重視したが，それに要する費用をつねに念頭に置いて，なるべく少ない費用で可能な限りの効果を挙げる代替案を用意することを忘れなかった。技術者としては重要な視点である。

以上の彼の治水観は，日本の治水や河川行政に，あるいは河川技術者にどのような影響を与えたかを考えてみたい。まず，彼の治山重視思想は水源涵養林となって現れ，さらには年月がかかったとはいえ，1897（明治30）年の森林法，砂防法制定の動機となって具現したといえよう。しかし，それよりも維新以来乱伐がちな森林行政に警告を発し，それが傾斜地などの土地利用，特に焼畑耕作への強い批判として現れた点は評価に値するであろう。

彼によって具体的に示された計画の合理性，計画への近代科学の導入は，明治の日本の治水計画に大きな影響を与えたといえる。彼の河川一体思想もその後の治水計画に影響を与えたとはいえ，彼の帰国のころより日本の河川をめぐる行政の条件は著しく変わり，行政の分業が育っていくなかで，河川一体感はむしろ薄れる傾向をたどった。

彼の治水経済的観念は，彼の西欧的生活感覚と，西欧の技術者教育の所産としては常識的なものであったといえる。しかし，その考え方がその後の治水計画に十分根を下ろしたとはいい難い。河川一体感とともにこの点が日本の河川技術に十全には引き継がれなかったのは，河川行政が一本化されなかったことに大きな原因がある。治水と利水，利水も各種利水がそれぞれ別々の行政管轄となり，砂防もまた農商務省と内務省との権限争いが続いた。

とまれ，彼ほど日本の各河川の現場を視察し，それに基づいて近代的河川計画立案に献身的努力を捧げた技術者はいない。彼の滞日の後半においては，一方においてオランダ技術への批判が高まっていく。ほとんどのオランダ人技術者の帰国のなかで，オランダ技術への批判を彼が一身に背負う形となった。たしかに，デレーケはオランダにおいて技術の基礎教育を受けたが，彼が31歳から60歳まで日本で技術者生活を送ったことを考えると，彼はその技術をむしろ日本の川の現実から学びとり，オランダで播いた技術の芽を日本において育てたというべきであろう。彼の1884（明治17）年の吉野川治水計画以後の計画には，日本の現実を

踏まえた読みの探さが認められる。それまでの淀川と木曽川などの10年を超える日本河川での経験がそれを可能たらしめたのである。もし1887（明治20）年前後，新たにオランダ技術者を招いたとしても，決してデレーケの立案のような日本の河川を理解した計画は樹立し得なかったであろう。その場合はおそらく純オランダ技術に近い計画や施工法を日本河川に推進させようとしたと思われ，それはデレーケが実際に立てた計画とはかなり異なったものとなったであろう。

　すなわち，1884（明治17）年以降の彼の治水計画は，デレーケその人の計画であって，オランダ的技術計画とはいい難い。また，彼が指導した近代的合理的手法もまたオランダ的というよりはむしろ，西欧的つまり当時の先進国において普遍化していた科学的方法である。いわゆるオランダ工法というのは，彼の滞日初期の段階で，粗朶沈床などを中心とする護岸水制工法であって，デレーケが滞日約30年間に行ったすべての河川計画手法を一括してオランダ式と総称するのは当たらない。

　明治10年代後半から20年代にかけて，全国各地に大水害が頻発するようになった。その原因として，当時オランダ技術に対する非難がまき起こり，その状況下デレーケは一時苦しい立場にもあったようである。しかし，前述のようにデレーケの長年にわたる河川技術指導は，オランダ技術をそのまま日本河川に適用したのではなく，日本河川の特性を理解し多くの経験を経て日本河川に適合させたものであり，少なくともデレーケに向けられた非難は見当外れといえる。

　たとえ欧米技術を導入するにしても，欧米の進歩していた技術を単にそのまま日本の国土に適用するわけにはいかない。特に土木技術のなかの河川港湾，農業水利などは，国土のそれぞれの地域特性，および従来の社会と技術との相互関係への理解が最も強く要望される面である。すなわち，これら技術の駆使に当たっては，水文，気象，地形および地質などをめぐる地域特性，および開発の社会史への深い洞察が必須なのである。水利関係の事業を委ねられたオランダ人技術者にとっては，故国とはきわめて異なる自然条件に対して，しかも短年月の滞日の間に，調査，計画，施工の事業を成し遂げなければならなかったのであるから，厳しい条件下の仕事であったといってよい。

　土木技術に関するお雇い外国人の評価に際しても，その滞在期間，事業の内容，時代の推移により，それぞれ異なっていると考えられる。

図 3.7　品川灯台（博物館明治村提供）

　横浜，神戸などの開港とともに港への接近を容易にするため，洋式灯台の建設が急がれた。1866（慶応 2 ）年，幕府と英米蘭仏 4 国との間で締結された"改税約書"第10条には"日本政府ニテ外国貿易ヲ開キタル諸港ニ於テ船舶ノ航路ヲ安全ナラシメンカ為，灯台及ヒ礁標浮標ヲ各所ニ設置スヘシ"とあり，これに基づいて，幕府は灯台設置を義務づけられ，横浜の居留地計画などにも活躍したブラントン（Richard Henry Brunton）が1868年に招聘されたのである。最も緊急を要した横浜近辺の観音崎，野島崎，城ヶ島，品川の 4 灯台は，横須賀製鉄所（のちの横須賀海軍工廠）を建設中のベルニー（François Léonce Verny, 1837～1908）指揮のフランス人技術者たちによって建設された。

　ブラントン来日後，灯台は工部省所管となり，国家的事業として強力にその建設が進んだ。ブラントンは全国的な灯台設置計画を委嘱され，静岡県の御前崎や三重県鳥羽港沖の菅島の灯台などは彼自らの設計である。同じく彼が設計した菅島灯台付属官舎は現在，品川灯台とともに博物館明治村に保存されている。ブラントンは灯台建設のため，無人の島や岬などを含め東奔西走，灯台以外のことでも当時の土木技術の新知識を，依頼に応じ欣然と引き受けた。横浜伊勢佐木町の吉田橋の架け替えを委嘱された際には，鉄材をイギリス本国に求め，1869年11月，永久橋として完成した。"横浜かねの橋"と親しまれ，その前年長崎に本木昌造が架けた"てつの橋"とともに東西の橋の新名所となった。東京の銀座煉瓦街建設に際して意見を求められ，彼は地震，火災に対する考慮を強調し，材料などについて，具体的提案を行っている。さらに，大阪港，横浜港，新潟港などの築港計画にも詳細な報告書を提出し，また灯台寮内にのちの工部大学校の前身修技校を設けて工学教育を始めてもいる。1876年ブラントン帰国後は，藤倉見達，石橋絢

彦 (1879年工部大学校卒) らが灯台建設を受け継いだ。

1871年来日したアメリカのケプロン (Harace Capron, 1804〜85) は,北海道開拓使の最高顧問として,北海道の開拓事業全般に,黒田清隆開発次官の右腕となって全力を傾倒した。1875年離日に際しては,明治天皇は特に謁見して功績を嘉している。北海道開拓使のお雇い外国人は総数78人であったが,内48人はアメリカからで,彼らはすべてケプロンのすぐれた統率のもと一致協力,北海道開拓史上,不滅の成果を挙げたのである。1878年,同じく開拓使顧問として招かれたクロフォード (Joseph U. Crawford, 1842〜1924) は北海道最初の鉄道 (手宮―幌内間) を完成させるなど,北海道の鉄道建設に尽力した。手宮駅頭には,トランシットを前にした彼の立像があり,"Shoulder to Shoulder to open a way" の碑銘が彼の開拓者魂をよく表明している。

その他,多くのお雇い外国人の活躍については,多くの調査,文献があるのでそれらに譲るが,若干の紹介を以下に追加する。

ドールンとともに来日したリンドウ (I. H. Lindow, 1872〜75在日) の利根川,信濃川調査,水準原標の設置,バルトン (William K. Burton, 1855〜99) の衛生工学 (工科大学教授),および東京その他の水道計画の指導,パーマー (Henry Spencer Palmer, 1838〜93) の横浜市水道などへの貢献,エッシャー (Geurge Arnold Escher, 1843〜1939) の淀川,千代川,三国港,新潟港改修計画などへの貢献など,枚挙にいとまがない。

3.2 明治期における土木工学の成立と土木技術の近代化

3.2.1 土木行政の確立

お雇い外国人の指導によって,近代土木技術へのスタートを切った明治政府は,技術自立への布石を次々と打つ。まず国土開発に関する行政組織の整備が試みられた。1870 (明治3) 年12月,いくたの変遷を経て工部省が殖産興業政策の行政府として発足した。ここで鉄道や鉱山についての開発政策も扱われた。1873 (明治6) 年11月,内務省が設置され,創設の発議者であった大久保利通が初代内務卿に就任し,翌1874年1月省内に土木寮が置かれ,それが1877年土木局と改められ,以後1947 (昭和22) 年の内務省廃止まで土木行政の中枢として最も主要

な行政機関となる。ここで1896（明治29）年の河川法をはじめ，土木の重要な法や制度が確立された。

一方，鉄道を中心とする運輸交通体系は，1871年工部省に置かれた鉄道掛によって推進された。それまで鉄道掛は民部大蔵省，民部省と配属が転々としたが，結局，工部省所管となり，初代鉄道頭には井上勝（1843〜1910）が任ぜられた。その後，1892年鉄道敷設法，1906年鉄道国有法を境に制度上はいくたの変

図3.8　井上　勝（交通博物館提供）

遷を遂げている。所管も1885年内閣鉄道局，1890年内務省鉄道庁，1892年逓信省鉄道庁，1893年同省鉄道局，1897年同省鉄道作業局，1907年には前述の鉄道国有法を受けて同省帝国鉄道庁，1908年内閣鉄道院，1920年鉄道省と目まぐるしく変わったが，鉄道界は土木技術者の一大勢力分野として着実な発展を遂げた。土木技術の発展においても，鉄道そのものはもちろん，トンネル，橋梁分野でも鉄道土木技術者が次々と先駆的開発を強力に推進したといえよう。鉄道はまた，土木技術のなかでも特に規格化，標準化に徹し，それを根拠にして技術を磨き，鉄道事業を効率的に推進させたと考えられる。具体的には，1893年の土木定規，1894年の隧道定規，鋼板桁定規，1898年の建築定規，1900年の停車場定規，鉄道建設規定などである。

3.2.2　トンネル技術の自立

　工部省鉄道掛によって進められた日本の鉄道建設は，明治期を通して政府が最も重点を置いた土木事業となる。その技術自立も鉄道部門において最も進んだといえる。それをトンネルについて追ってみよう。

　日本最初の鉄道トンネルは大阪・神戸間の石屋川トンネルであり，1870（明治3）年10月着工，1871年9月に完成した。長さ61m，幅4.6m，高さ4.6m，単線式の河底トンネルであった。大阪・神戸間には小河川が多く，石屋川トンネルのほか，住吉川，芦屋川も河底トンネルとなった。これら河川は上流からの土砂流出が多く天井川となっており，橋梁建設には相当量の土盛りを要し，むしろ河底

にトンネルを掘る方が有利と判断されたのであった．このトンネル工事にはのちに三代目のお雇い建築師長となったイギリス人技師ジョン・イングランド（John England）が指導に当たった．

"鉄道の父"と称され，明治の鉄道建設の総指揮者であった井上勝は，早くから技術自立を強く提唱していた．それをまず京都・大津間の逢坂山トンネル工事に実現しようと考えた井上は，新橋・横浜間鉄道が開通するや否や大阪・神戸間の建設工事の指揮をとることとなった．1877（明治10）年2月，京都・大津間の起工が定まったが，西南戦争のため着工は遅れ，ようやく1878年8月着工となった．井上は鉄道の中央行政機関である鉄道寮を一時関西に移し，鉄道頭として陣頭指揮をとった．鉄道寮の関西移転や，日本人だけでのトンネル建設には政府首脳にも反対が多かったが，彼は断固その主張を崩さなかった．

京都・大津間18.2kmの間には比叡山などの湖西山脈が走っており，さらに"逢坂の関"があり，当時としては山岳地帯通過の難所であった．井上の提案によって1877（明治10）年に工技生養成所が唯一の職員養成学校として大阪停車場内に設けられた．ここでは所長飯田俊徳（1847〜1923），イギリス人教師を抱え，鉄道とその基礎理工学を教えていた．1882（明治15）年閉所までに24人の卒業生を輩出し，いずれもその後の鉄道建設の中心となった技術者である．井上は京都・大津間の現場にこの養成所卒業生6人を登用した．いずれも一騎当千の強者であった．逢坂山トンネルの区間を担当した国沢能長（1848〜1908）は高知出身，語学はジョン万次郎に学び，藩の留学生に選ばれた秀才であり，槍にもすぐれ，まさに文武両道の達人であった．

逢坂山トンネル工事は1878（明治11）年11月に始まった．トンネル断面は馬蹄形，高さ472.4cm，幅426.7cm，全長664.8m，地質は水分多い微塵石であり，トンネル掘削には良好とはいえなかった．工事は当時のこととてもちろん人手掘りで，頂設導坑式であった．この掘削方式はトンネル断面の一番上部の頂設部をまず掘り，図3.9のように逐次下部に掘り進む方法で，日本式掘削とベンチ式掘削とがある．畳築には堺の煉瓦工場で，外国人の指導を受けて焼いた煉瓦を使用し，坑内の石材は小豆島と絵島から船で運んだ．削岩機も2台備えたと記録されているが実際には使わなかったらしい．照明はカンテラで坑内はかなり暗かったに違いない．坑夫は生野銀山から呼び集めた．

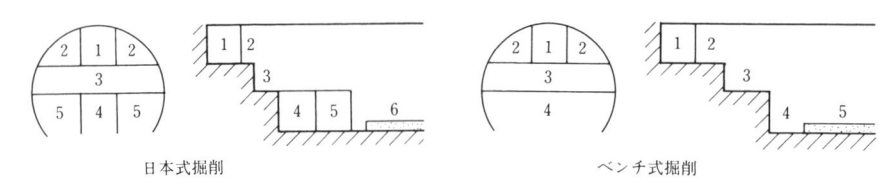

図 3.9　トンネル掘削の方式（日本式とベンチ式）

　国沢は荒くれ坑夫と起居を共にし，技術書と首っ引で現場の指導に心血を注いだ。井上鉄道局長もしばしば現場に来て一緒にツルハシを握って指揮したという。起工からわずか11か月，1879（明治12）年9月，トンネルの導坑貫通，翌1880年6月トンネル竣工，日本人のみによる大トンネル完成は，これ以後の鉄道事業に限りない自信を与えたのである。

　この工事で注目に値するのは，指導者たちがヨーロッパの新しい技術と日本の伝来の技術を巧みに融合させた点である。日本のトンネル技術は，江戸時代に佐渡・生野・別子などの鉱山，箱根用水などにおいて，すでに相当高度な測量術ならびに掘削技術を持っていた。逢坂山トンネル工事に従事した生野銀山の坑夫たちは，坑道掘りの経験を持っており，その技術がこの工事に著しく貢献したといわれる。

　日本のような山岳国で鉄道や道路を縦横に完備させようとすれば，おびただしい数のトンネルを掘らねばならない。いち早く自立した鉄道トンネルによって，明治時代における鉄道の飛躍的発展の道が開けたといえる。逢坂山トンネルを含む大津―京都間の全線開通によって，日本の鉄道技術者は大いなる自信を持ち，引き続いて長浜―敦賀間，横浜―米原間，高崎―直江津間などの幹線を矢つぎ早に完成させていく。トンネルでは，柳ヶ瀬，アプト式の碓氷峠，中央線最大の難工事の笹子トンネル（1902年開通）などを次々と克服し，日本人技術者の自信は確固たるものになったといえる。特に笹子トンネル工事は古川阪次郎の設計，監督のもと，初めて自家水力電気が利用され，坑内に電灯や電話が設備され，電気雷管の使用，ダンプカーと架空式電気機関車による運搬，20秒読みのトランシットによる三角測量など，画期的技術革新が随所に見られ，トンネル工事現場は面目を一新するに至った。途中，北清事変（1900年）のために，工事を一時中断したが，わずか6年間で完成させた（図3.11）。延長4,656mは1931（昭和6）年清水

図 3.10　石屋川トンネル（土木学会提供） 　　　　逢坂山トンネル（土木学会提供）

図 3.11　笹子トンネル（土木学会提供）

トンネル完成まで，わが国最長のトンネルであった。

　明治の鉄道はまた，文明開化の象徴でもあり，鉄道は文化普及の先導でもあったといえる。民衆は鉄道に新しい時代の到来を感じとり，その普及が国威の宣揚でさえあった。政府による鉄道への重点投資もあり，技術自立に意気揚がる鉄道技術陣は，明治の土木技術の花形であった。

3.2.3　近代都市の成立──特に近代的水道の普及

　明治の開国とともに，欧米先進国型の近代都市の建設が始まった。その先頭を

切ったのは，長崎・横浜・神戸などの開港都市であった．1853（嘉永6）年，ペリー提督の率いる4隻の黒船が浦賀に現れて以来，港町は日本の近代化の窓口として，日本の興隆の最先端となったといえよう．港の施設整備とともにその港町はもちろん，その後背地が発展し，さらにその影響が広範な地域に及ぶという関係が成立したのである．

一方，主要港町には多くの外国人が居留し，本国の都市計画の再現を要求し，これにこたえて最も早く近代都市の社会基盤が整備されることとなった．すなわち，街区割り，道路舗装，歩車道分離，街路照明，街路樹，公園，上下水道，ガス供給などが，次々と備わっていく．

横浜は，ペリー来航のころは戸数が100戸に満たない半農半漁の寒村で，海岸近くまで山が迫り狭い土地しかなかった．ここに新たに出島を造って新都市建設が始まった．ブラントン（Richard Henry Brunton）設計による外国人居留地と，全国各地から集まった新しい市民の日本人町に区分し，西欧文明と新風俗の入口となり，ガス灯，洋式競馬場などすべて当時の流行の先端となった．開港に向けて運河や道路が整備される一方，前節で述べたモレルらの努力による1872年の新橋—横浜間の鉄道開通は横浜の港町としての価値をいっそう不動のものとした．

1887（明治20）年，日本最初の近代的水道が，パーマーを監督とし，三田善太郎らの努力により，横浜に建設された．水源は遠く相模川上流部の山梨県道志村からであり，計画したパーマーの先見性を示している．1889年開始された，横浜の近代的築港もパーマーに計画と工事監督を依頼して実施され，1896年竣工した，わが国最初の近代的大築港であり，東防波堤と北防波堤により港を囲み，この中に大桟橋を設けた．これら施設は，日清戦争（1894～95）後，外国貿易が伸びたこの時代に，とりわけ生糸輸出などに活躍し，横浜はわが国貿易の中心として確固たる地位を確立した．

図3.12　パーマー
　　　（横浜開港記念館提供）

神戸もまた，黒船が大阪湾に押し掛けたのを契機に，1868年兵庫港として開港し，1870～72年にかけて開港に伴う新しい市街地づくりが始まった。ここでも外国人居留地の建設が必要となり，イギリス人技師ハート（J. W. Hart）がその設計に当たった。横浜におけるブラントンによる居留地設計とともに，イギリス流の市街地づくりの模範がここに建設され，以後，日本の都市設計に与えた影響は大きかった。この居留地は，南北8本，東西5本の広い道路，生田川沿いや海岸通りの公園などの都市計画は現在なおその町並みを残している。治水対策として生田川の流路を変更して旧生田川には10間（18m）道路を建設し，神戸―大阪間の鉄道は1874年に開通し，神戸は開港に伴う街づくりによって一新するに至った。

明治中期になるが，1900年4月に給水を開始した神戸市水道用に生田川に築かれた布引ダム（別名，五本松ダム）は，日本のダム技術史上画期的であった（図3.13）。このダムは堤高33.3m，堤長110.3m，日本最初のコンクリート重力ダムであり，佐野藤次郎による設計であった。その設計に際しては，1895年決壊したフランスのブーゼイダムの教訓を生かし，新しい設計法をとり入れている。ブーゼイダムの崩壊は，ダム上流側に働く引張り応力によりダムに水平方向のひび割れが生じ，ここに貯水池の水が浸透してダムに揚圧力を及ぼしたためである。布引ダム設計においては，堤体内に多数の小孔をうがった鍛鉄製の径1.5インチ管

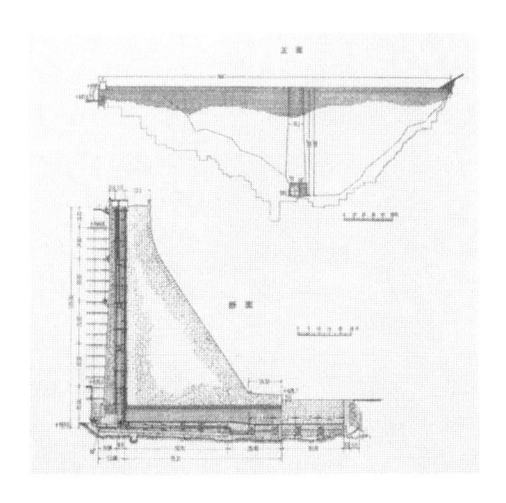

図3.13 神戸市水道用の布引ダム（神戸市水道局提供）

を157本設置して浸透水を排除するようにし，ダムの基礎に貯水池の水が浸透しないように，ダム基底部から貯水池内への粘土を含む断層を石灰コンクリートで置き換えるなど，当時としては配慮の行き届いた設計であったといえよう。

長崎は江戸時代以来，出島を設けてオランダ人が居留していた唯一の都市であり，1854年の日米和親条約調印によって函館・神奈川とともにいち早く開港し，新しい都市づくりが始まった。営業用ではなかったが日本最初の蒸気機関車も大浦海岸を1865年に走っている。この先駆的都市は水道事業においても画期的成果を挙げた。横浜，函館に次いで水道を完成させた長崎は，1889年，本河内高部水源池を着工，1891年竣工，その下流の本河内低部および西山高部水源地は1900年着工，1904年竣工した。横浜も函館も河川からの取水であったが，長崎では初めて土堰堤（堤長126m，堤高17m）を築造しての貯水池式であった。弱冠26歳の吉村長策の設計であったが，竣工までには多大の難関を越えねばならなかった。多額の費用がかかるとして，まだ水道については十分理解のなかった住民の猛反対に遭った吉村は，パーマーに教えを乞いに行ったが断られ，やむなく工部大学校時代の水道の教科書と首っ引きで設計をまとめている。セメントは当時輸入されてはいたが，高価なためモルタルのみを使うというありさまであった。

近代上水道建設の引き金となったのは，外国からの伝染病，特にコレラの多発であり，重要港町での水道建設が緊急であったのである。1822（文政5）年と1858（安政5）年の2回の大流行は恐怖の極みであった。特に1858〜60年にかけては江戸に患者が多発，死者28万6,000人といわれている。1877（明治10）年には長崎来港のイギリス商船からコレラが伝染し，全国に流行して死者約8,000人，1879年には愛媛県に発生し全国に流行して死者10万人を超え，1882年は横浜に発生，死者3万4,000人，1885年にはまたも長崎に発生，死者8,000人，1886年に死者11万人以上という猛威を振るっている。

なお，長崎水道落成直後に火災があり，消火栓より噴出する水道の威力に火事はたちまち消え，水道工事に対する市民の評価は一挙に高まったという。続いて建設された本河内低部，西山高部の両水源池はいずれも重力式コンクリートダムであり，このころわが国のセメント生産は漸く軌道に乗っていた。

わが国の水道事業を行政面でも技術面でも推進した功労者は長与専斎（1838〜

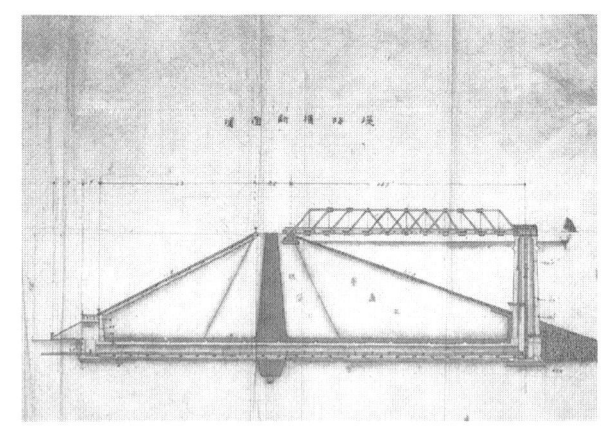

図 3.14 長崎市水道用の本河内高部堰堤（岡林隆敏氏提供）

1902）である。彼は福沢諭吉を継いで大阪の適塾の塾頭を務め，緒方洪庵のすすめによって長崎海軍伝習所でオランダ人医師ポンペ（Pompe van Meerdervoort, 1829～1908）に学び，1868年，日本最初の病院といわれる精得館の医師頭取となるや，これを改革して長崎医学校とし学頭となり，1871年上京する。岩倉具視の欧米視察団の一員として医学視察に派遣され，帰国後，1873年文部省初代医務局長となり，わが国の衛生行政，上下水道の普及に貢献する。1890年公布の水道条例において，"水道ハ市町村其公費ヲ以テスルニ非サレハ，之ヲ布設スルコトヲ得ス"（第2条）の原則を樹立した功績も大きい。さらに医術開業試験の実施，地方衛生会の設立，伝染病研究所の設立，帝国大学教授として，イギリス人バルト

ン（William K. Burton, 1855～99）を招き，東京はじめ各大都市の上下水道の計画設計の指導に当たらせるなど，その活躍は広範にわたっている。

　しかし，日本の上下水道を実質的に全面的に推進した功労者は，バルトンを継いで1896年帝国大学教授となった中島鋭治（1858～1925）である。東京市の上水道建設のため1890年欧州留学から帰国した中島は，帝大の講義を英語から日本語にし，1898年からは東京市技師長ともなった。パーマーやバルトンによる東京の上下水道案を相当に修正しそれを実行に移した。バルトンによる下水道分流式案を合流式に変えたのも中島である。1911年技師長辞任後は顧問技術者として朝鮮半島，中国東北地方（旧満州）の諸都市など，44都市の上水道設計，17都市の下水道設計を指導し，さらに内務省による全国の上下水道の審査など超人的活躍であった。中島によって，わが国の衛生工学は，外国人技術者依存から自立し，上下水道事業もまた長足の進歩を遂げた。多くの他の明治の指導的技術者と同じく，中島は仕事一途に専念し，謹厳にして泰然自若，ひたすら上下水道を通して日本の自立発展に身をささげた。

3.2.4　軍事土木

　前述，ベルニーらに委嘱された横須賀製鉄所は明治初期におけるわが国最大の軍需工場であった。なかでも最大の土木工事であった石造乾ドックは，1867年着工，1871年その第1号ドックが完成した。全長122.5m，渠口幅25m，渠口深8.4mであった。ベルニーが所内に設けた技術教育機関から育った恒川柳作は，その後わが国ドック建設の第一人者となり，横須賀，呉，佐世保，舞鶴の各海軍ドックをはじめ，民間の石造ドックをも指導した。

　海軍土木の大型ドックに対し，陸軍土木では砲台建設が急務であった。まず東京湾防衛のため，1879年，湾口の観音崎砲台工事を竣工したのをはじめ，全国的に砲台建設が1881年より一斉に開始された。

3.2.5　帰国した留学生の活躍——古市公威を例として

　前節に述べたお雇い外国人の帰国のあと，そのバトンを受け継いだのは留学帰りの少壮エリート技術者たちであった。1870（明治3）年アメリカに渡った松本荘一郎，1875（明治8）年フランスへの古市公威，アメリカへの平井晴二郎，原

口要，1876（明治9）年フランスへの沖野忠雄，アメリカへの増田礼作がその先駆者であり，1878年には東京大学理学部から，最初の土木工学専攻の石黒五十二，仙石貢，三田善太郎の3名が卒業し，これら大先輩が明治の土木技術を指導し推進することとなった。明治以降の1世紀間に，日本の技術が目ざましい発展を遂げ，それが日本の近代化の成功の重要な一因となったことは周知の通りである。その技術発展を可能ならしめたものとして，欧米技術依存一辺倒からの速やかな自立を挙げるべきであろう。つまり，お雇い外国人から日本人への見事なバトンタッチである。その背景を以下に検討してみよう。

図3.15 古市公威（土木学会提供）

　前述の明治初期の日本からの留学生の想像を絶するほどの努力と自覚についてまず触れてみたい。これら留学生の留学先での徹底した勉学ぶりには，頭の下がる思いがする。中島鋭治より4歳年上の古市公威（1854〜1934）は1875（明治8）年7月18日横浜出帆，アメリカ経由で9月1日パリ着，以後満5年間フランスで勉学し，1880（明治13）年9月1日パリ発，同年10月21日横浜着で帰国したが，この5年間の勉学の成果は，東京大学工学部土木工学科古市文庫に現存している多数の講義ノートを見ても明らかである。それらは克明を極め，正確にして緻密，ひたむきで，すぐれた若き学徒にして初めて可能なノートである。古市に限らず明治の留学生の多くは，先進国である留学先で，自分が1時間でも勉学を怠れば，日本の発展はそれだけ遅れると考えて努力したようである。現時点で考えると自信過剰といった批判にもなろうが，当時のエリート青年は真剣にそのように考えていたであろうし，客観的に見ても決して大げさな表現ではなかったであろう。留学した青年たちは，エリート中のエリート，つまり，きわめて少数の選ばれた青年であり，当時の乏しい情報伝達度などを考えれば，彼らの勉学の度合はたしかに，帰国後の日本に影響するところが大きかったに違いない。しかも，留学から帰国したこれらエリートは，期待通りに日本の近代化の建設，国づくりに文字通り献身的に尽くした。彼らの能力と努力，それらを受け入れた日本の社

会的風土が相まって，欧米から導入された技術は日本の技術者によって日本の風土に根を下ろし，驚異的発展を遂げたといえる。

　第二次世界大戦後，独立した多くの開発途上国がそれぞれの国費で留学生を先進諸国に派遣しているが，それら留学生の状況は，前述の明治の日本人留学生とは大分異なるようである。これら開発途上国の首脳は，留学生たちが必ずしも期待に添ってくれないこと，甚だしきに至ってはそれぞれの留学先に落ち着いて帰国さえしないことに，落胆と失望に沈んでいる。思えば，日本の明治ほど，国民の昂揚意識が燃え盛っていた時代は世界史においてもまれだったと思われる。それに明治初期において，日本の知識人や労働者の質がすでに相当に高かったことも，新しい科学技術の普及を容易にし，それが明治以降の近代化成功の要因であったと思われる。江戸時代の鎖国政策のゆえに，その間に大きな飛躍を遂げた自然科学技術からは隔離されていたものの，土木技術の面では古来の伝統と経験を蓄積して，日本の風土に相応すべき錬磨が行われていた。明治における欧米技術導入の効率の良さを考える場合，これらのことを軽視してはならないであろう。

　土木事業は必然的に公共事業であり，またそれが駆使される場所から見ていわば"国土の技術"といえる性格を持っている。かつて独裁的帝王の存在した時代では，ピラミッド，万里の長城，ローマ帝国の諸事業に象徴されるように，土木技術は"帝王の技術"であり，その事業は帝王の権威の表現でもあった。近代国家における公共事業は政治と密接に結びついており，官僚によって計画され実施される。土木事業を支える土木技術もまた，官の果たす役割は大きく，それが土木事業および土木技術の際立った特徴といえる。したがって，土木技術者が，その持てる力をその時点において発揮しようとするならば，つねに政治や官僚勢力を無視するわけにはいかない。あるいはこれらと協調し，あるいは妥協し，あるいは修正を求めることによって，土木事業というきわめて現実的な局面を切り開かねばならない。その時点での判断によって，最も良く一般国民のためになり，その国土に最も適合した技術手段の実施でなければならない。その判断は，いうまでもなく透徹した技術思想に根ざすものであり，土木事業の成果が永く国土に刻まれる性格にかんがみても，歴史的視点をとらえたものでなければならないであろう。しかし，官僚技術者は当然，国策の中でしか，あるいは国策を導くものとして土木事業を行うことを余儀なくされるのであり，国策が"永遠の事業"と

しての土木事業とつねに完全にマッチするとは限らない。良心的な官僚技術者の最大の悩みはここにあるのではあるまいか。明治の土木官僚の頂点に立った古市公威を例に，これを考えてみたい。

　フランス留学から帰国後の古市の八面六臂の活躍は，土木行政，土木教育の面にとどまらず，むしろ国土開発行政，工学教育全般にわたっており，日本近代化の基盤づくりを行ったといえる。たとえば，1886（明治19）年に帝国大学工科大学の初代学長，1894（明治27）年には内務省の初代技監となり，それぞれ工学教育，土木行政を確立している。

　政治とのつながりに関しては，古市が山県有朋の絶大な信頼を得ていたことに注目したい。1888（明治21）年，内務大臣であった山県が，ヨーロッパに地方自治に関する調査に出掛けた際，古市は一時大学を休職して1年間，山県に随行している。山県は古市のおかげできわめて収穫のある調査旅行を行うことができた。このころから，山県は事あるごとに古市を実質上の技術顧問として開発行政の参考にしたと思われる。明治初期，大久保・ドールンのペアが開発行政に大きな力を持っていたように，明治20年代以降，山県・古市の連携が日本の開発行政に強い影響を持つに至った。

　1898（明治31）年，古市は44歳で内務省技監，工科大学学長を後進に譲るとして辞し，以後，内務省，大学へ戻ることはなかった。明治30年代には逓信次官，逓信省官房長，京釜鉄道総裁などを歴任，特に日露戦争直前に着手し，旅順陥落直前に完成した京釜鉄道における業績は著しく，山県の大陸政策のひとつの具現であったと見ることもできる。この鉄道は日露戦争を勝利に導くためには必須の事業であり，それがために古市は熱情をこめてこれに献身しそれを成し遂げたのであるが，さらに朝鮮統監府鉄道管理局長官として朝鮮鉄道管理の一元化に力を尽くし，大日本帝国の大陸政策の基盤づくりに貢献し，山県の信望をいよいよ篤いものにしていく。

　1914（大正3）年には，古市公威と沖野忠雄の還暦祝いの募金を両者が受け取らぬことから，その基金で土木学会が設立され，古市は初代会長として歴史に遺る会長記念講演を行ったことはあまりにも有名である。ここでも古市はフランスでの技術教育における総合性の重視をたたえ，土木技術者はすべからく総合技術の重要性を認識すべきことを強調した。

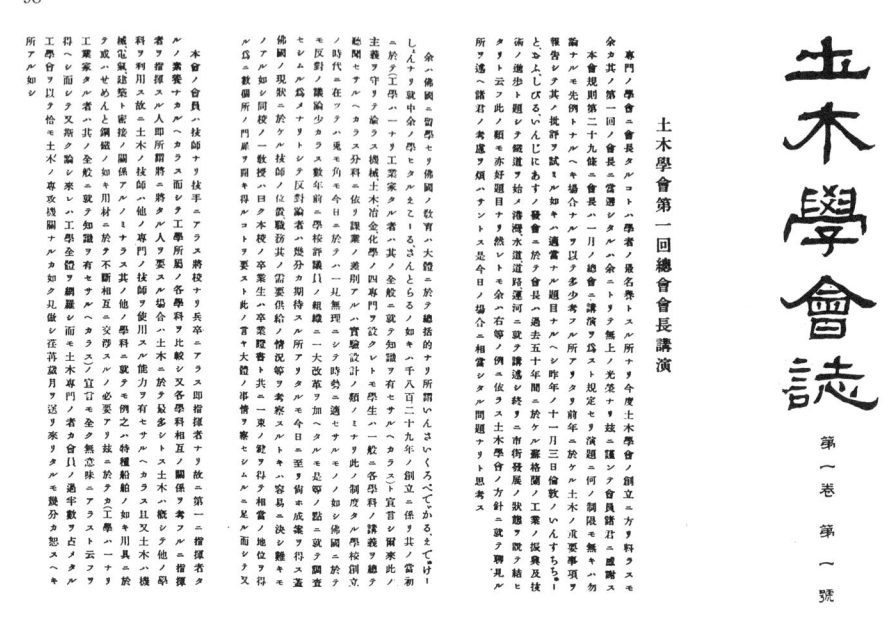

図 3.16　古市公威の会長講演を掲載した土木学会誌創刊号より抜粋

「余ノ学ビタル Ecole Centrale ノ如キハ, 1829年ノ創立ニ係リ, 其ノ当初ニ於テ「工学ハ一ナリ, 工業家タル者ハ, 其ノ全般ニ就テ知識ヲ有セザルベカラズ」ト宣言シ, 爾来此ノ主義ヲ守リテ渝ラズ。…………本会ノ会員ハ技師ナリ, 技手ニアラズ。将校ナリ, 兵卒ニアラズ。即指揮者ナリ, 故ニ第一ニ指揮者タルノ素養ナカルベカラズ。而シテ工学所属ノ各学科ヲ比較シ, 又各学科相互ノ関係ヲ考フルニ, 指揮者ヲ指揮スル人, 即チ所謂将ニ将タル人ヲ要スル場合ハ, 土木ニ於テ最多シトス。土木ハ概シテ他ノ学科ヲ利用ス。故ニ土木ノ技師ハ他ノ専門ノ技師ヲ使用スル能力ヲ有セザルベカラズ　　……」

一方, 明治後半から大正, 昭和初期にかけて, 1933 (昭和 8) 年80歳で世を去るまで, 学界, 官界の長老として幅広い活動を行った。工手学校 (現在の工学院大学) の創立, 理化学研究所所長, 日仏協会理事長, 東京地下鉄道会社社長をはじめ, 万国工業会議会長として, 1929 (昭和 4) 年東京にて国際会議を主催するなど枚挙にいとまがない。しかし特筆すべきことは, 国策が難路に当面した際, もしくは多くの利害が対立した難問に際して, その調停役として見事な役割を果たした点であろう。時には毅然として技術の方向性を明示し, 時には妥協の道を

開いて諸難事を切り抜けていった。彼の人格と識見が難問打開に貴重な役割を果たしたのである。1902（明治35）年，官営八幡製鉄所の高炉の火が消えてしまった事態に際し，農商務省は製鉄事業調査会を設立し，古市に委員長を委嘱した。各委員の激論をとりまとめ，官僚による技術の進め方を徹底して批判した報告書が，同年末提出された。この委員会の成果は，明治の技術行政上きわめてユニークにして画期的なものというべく，日本鉄鋼技術自立への道を開いたものといえよう。1897（明治30）年には，古市は足尾銅山鉱毒事件調査委員会の委員の一人となり，この委員会は足尾銅山に対し除毒防害施設を命じ水源地造林を命じたが，不徹底に終わったことも周知の通りである。

　古市は日本の工業近代化の基礎づくりに貢献した筆頭というに値しよう。と，同時に一生を通じ憂国の熱情に燃えた人でもあった。それは同時に明治の日本の国策を推進させるうえでも至大な貢献をしたといえる。彼にとっては，大日本帝国の栄光を願う情熱が，土木技術の主体性の主張と一体となっていたと見ることができる。明治の指導的技術者の典型であった。

3.2.6　琵琶湖疏水——土木技術自立への金字塔

　明治中期を代表する土木総合開発の金字塔として，琵琶湖疏水事業がある。琵琶湖の水を大津からトンネルで山科盆地に抜き，京都の蹴上で賀茂川に合わせる11.3kmの水路工事である。これによって京都と琵琶湖をつなぎ，東京遷都による京都の衰勢を挽回しようとするものでもあった。この大事業は青年田辺朔郎（1861〜1944）の計画設計によって行われ，外国人技術者によらず見事に完成したことは，日本の土木技術の自立のあかしといえる。工事は1885（明治18）年6月起工式を行い，1890年4月竣工した。この事業の最高責任者であった田辺は28歳であった。当時の国家予算約7,000万円の時代に，その約1.8％に当たる125万

図 3.17　田辺朔郎

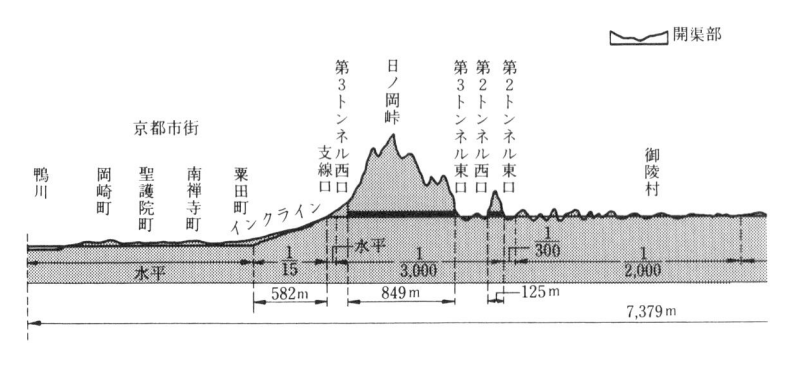

(a) 断面図

(b) 第1疏水第1トンネル入口

(c) 南禅寺を通過する水路橋

図 3.18　琵琶湖疏水（京都市水道局発行琵琶湖パンフレットより）

円という工事費のビッグ・プロジェクトであった。

　この計画の最大の特徴は，水運，かんがい，発電など，水の多目的利用などによる典型的総合開発であった点である。大津から山科盆地までの長等山の下を抜くトンネル工事だけでも当時としては画期的であった。その長さ2,436mは逢坂山トンネルの4倍にも相当する。この工事では，わが国では初めて竪坑による工

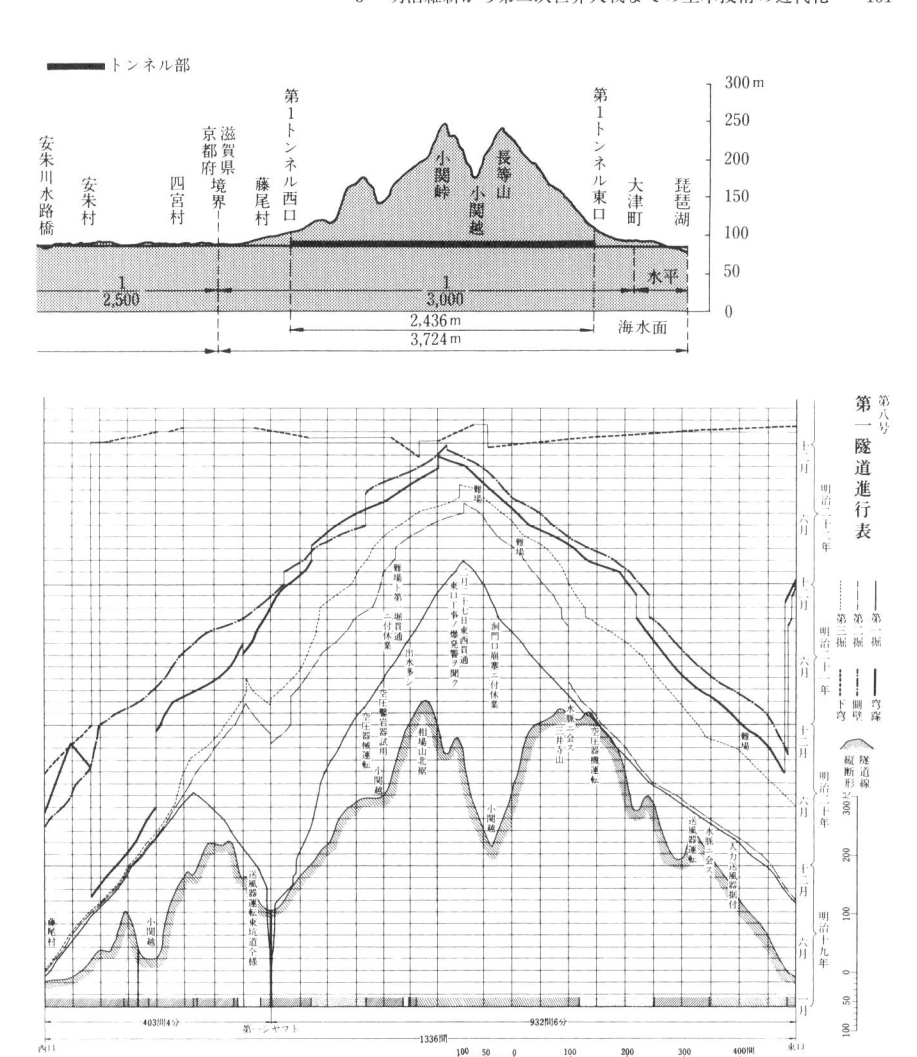

3　明治維新から第二次世界大戦までの土木技術の近代化　101

図 3.19　琵琶湖疏水第一隧道進行表
　　　　（田辺朔郎：琵琶湖疏水工事図譜，1891）

程のスピード化に成功したが，電灯も電話もなく，照明はすべてカンテラであり，セメントはまだ薬のような貴重品であった．湧水や粘土質に悩みながら，田辺は京都府知事北垣国道の期待にこたえて奮闘し，よくこの工事を完成させ，わが国トンネル技術の進歩にも貢献した．

　この工事で日本最初の大規模な公共用水力発電所を建設したこともまた特記に

値する。田辺は1888（明治21）年，アメリカのコロラド州アスペン鉱山の世界最初の水力発電所（150馬力）を視察した。当時ここではさらに800馬力水力発電所も建設中であった。田辺はそれよりはるかに大きい2,000馬力水力発電所を三条蹴上に建設し，その電力は1895（明治28）年日本最初の市内電車を京都にて走らせた。

　この計画を，田辺は1883（明治16）年工部大学校卒業に際しての論文としてまとめ卒業後京都府に就職し，それを基に計画を拡大し実行に移したのである。1894（明治27）年，イギリス土木学会が田辺のこのプロジェクトをたたえテルフォード賞を贈ったことは，この事業が国際的に高く評価されたことを物語っている。

　田辺は1896年まで帝国大学教授，次に北海道鉄道敷設部において，北海道全道の鉄道路線選定のため，交通不便であった北海道の山野を跋渉し，北海道開発の基礎を固めた。1900年開学3年目の京都帝国大学土木工学科の教授となり，1916年同工科大学長，1923年停年退官，この間，大学教育はもとより，全国各地の運河，水力発電の計画・設計，鉄道橋梁・軌道の試験法，関門トンネル調査などに業績を挙げた。さらに，"明治工業史"に引き続き，"明治以前日本土木史"（1936年，土木学会）の編集委員長としてこの不朽の大著を世に出した功績も大きい。

3.2.7　土木技術者教育機関の整備

　古市公威や田辺朔郎のみならず，明治初期に欧米に留学したエリートや，いち早く設立された技術者教育諸機関から卒業した青年たちは，ほとんど例外なく，あふれんばかりの熱情と自覚をもって国土開発に従事した。

　古市は東京開成学校から1875（明治8）年フランスへ留学したが，その東京開成学校と東京医学校が1877（明治10）年合併して東京大学となる。土木技術者教育はその理学部工学科で行われた。工学科は最後の学年である4年で，土木工学と機械工学専攻に分かれていた。1885（明治18）年に理学部から工学関係が分離し新たに工芸学部が設けられ，その5学科のなかに土木工学科が設けられた。一方，1877（明治10）年に工部省に工部大学校が設置されたが，これは1871（明治4）年に設立された工学寮を改名し充実したものである。工学寮は高級技術者を養成する目的で，伊藤博文，山尾庸三らの発案で誕生し，土木，機械，電信，造

図 3.20 東京大学理科大学

家，実地化学，鎔鋳・鉱山の6学科より成っており，それは工部大学校においてもそのまま踏襲された。ここでは6年間の学習期間中，最初の2年間のみ学内で講義を受け，次の2年間は6か月ごとに実地修業し，最後の2年間は現場とか工場で実地修業に専念させた。ここではイギリスの技術者教育に範をとり，実学を重視する教育が行われた。

　1886（明治19）年，東京大学は帝国大学となり，東京大学工芸学部と工部大学校が合併して帝国大学工科大学となり，古市公威が工科大学初代学長となったのである。1897（明治30）年に京都帝国大学が設立されるとともに帝国大学は東京帝国大学と呼ばれるようになった。

　1872（明治5）年には，開拓使仮学校が東京に開設され，北海道開拓に従事する専門技術者育成を目指した。1876（明治9）年札幌農学校と改称，札幌にて開校しクラーク（W. S. Clark, 1826～86）を教頭として迎える。なお，土木関係の外国人教師としては，東京大学においてはチャプリン（Winfield S. Chaplin），ワデル（John Alexander Low Waddel）がおり，工部大学校にはランキン（W. J. M. Rankine, 1820～72）の推薦により，ダイエル（H. Dyer, 1848～1918）が1873（明治6）年，イギリスより来日し，日本における土木工学，機械工学教育の基礎づくりをした。東京大学理学部工学科土木工学専攻は1878（明治11）年に，第1回卒業生3人を出して以後工部大学校との合併までに計30人の理学士を輩出した。工部大学校は1879（明治12）年に石橋絢彦，南清の2人の第1回卒業生を出し，以後東京大学理学部との合併までに41人の工学士を世に送った。その中に1883（明治16）年卒業の田辺朔郎がいた。札幌農学校においては，最終学年の4年に土木工学が講義として用意されていたが，1887（明治20）年に土木工学を主体とする工学科

が設置されるに至った。

　1910年には九州帝国大学工科大学が開設され，東京帝大，京都帝大とほぼ同じく，鉄道工学，橋梁工学，河海工学の3講座が設置された。東京帝大の同じ3講座は1893年に講座制が定められた時点で衛生工学，材料および構造強弱学（1901年から応用力学）とともに設置され，京都帝大においても1897年の設立とともに橋梁，鉄道，衛生工学の3講座，1902年に構造強弱学，1909年に河海工学の諸講座が開設されている。

　大学土木教育とともに，1886年には攻玉社において土木教育が始まっており，1888年の工手学校，1897年の岩倉鉄道学校，1901年以後は岡山工業学校など続々と工業学校が設立された。さらに官立の高等工業教育として，1897年に土木工学科が設立された前述の札幌農学校はもとより，1905年に名古屋高等工業学校，翌1906年に熊本高等工業学校，仙台高等工業学校が設立され，それぞれ土木工学の高等教育が全国に普及していった。

3.2.8　明治の土木技術者の思想と生き方──廣井勇を例として

　1881（明治14）年札幌農学校を卒業した廣井勇（1862～1928）は，開拓使鉄路課に勤務し北海道最初の鉄道である小樽―幌内間の工事に従事，開拓使が廃止されるや工部省に勤務後，アメリカにて土木技師としてミシシッピ川工事に従事し，帰国した1887（明治20）年札幌農学校助教授となり，ドイツへ留学し，1889年札幌農学校教授となり，同時に北海道庁に勤務，小樽築港などのすぐれた事業を行い，1899（明治32）年東京帝国大学教授となり，明治土木界の重鎮として日本の土木工学の確立に至大なる貢献をした。廣井勇は明治における近代土木工学確立の礎を築いた代表的な大学教授といえる。それは単に学術の高さ，創始者としての偉大さにとどまらず，その生き方の尊さにある。

　廣井が技術者として脂の乗り切っていた30代後半に精魂込めて築いた小樽港は，港として傑作であるのみならず，その防波堤ひとつを見てもまさに入魂のたたずまいというにふさわしい。その築港工事中（1897～1908），彼は毎朝誰よりも早く現場に赴き，夜もまた最も遅くまで働いていたという。現場では半ズボン姿でコンクリートを自ら練っていた。コンクリート供試体の強度試験は，100年後まで強度をテストするように用意し，それは現在もなお，毎年その強度が測定

されている。彼は実学を殊のほか重視し，「設計だけする人はいくらでもおり必ずしもそれほど難しいことではないが，完全に仕事を遂行する人は少ない。設計よりは施工，工程管理などのまとめの方が大切だ」と主張し，実践性を尊重する技術観に徹していた。技術者の生き方として，筋の通った厳しさを堅持し，特に官僚の立身出世主義には強く批判的であり，「技術者としての自分の真の実力をつねに錬磨し，技術を通して文明の基礎づくりに努力すべきだ」とし，"生きている限りは働く"信念を終生守り通した。晩年の談話として「もし工学が唯に人生を繁雑にするのみならば何の意味もない。これによって数日を要するところを数時間の距離に短縮し，一日の労役を一時間に止め，それによって得られた時間で静かに人生を思惟し，反省し，神に帰るの余裕を与えることにならなければ，われらの工学には全く意味を見出すことはできない」と常に述べていたといわれる。

図 3.21　廣井　勇

　札幌農学校在学中，ホイーラー（William Wheeler）という良き師に恵まれた廣井は，クラークの築いた学の精神をも体して，1881（明治14）年に卒業した。ここでは教える者と教えられる者との人間的な信頼が強固に築かれており，日本の国土開発による社会への寄与という共通の目標にひたむきに真摯に立ち向かう燃焼があった。明治という，昂揚の精神がみなぎっていた特殊な時代において，良き師，ひたむきな学生が，新興の厳しき風土の北海道において，理想的な学のムードに浸り，切磋琢磨したのである。

　1928（昭和3）年10月4日，廣井勇の告別式における，札幌農学校同級生であった内村鑑三の弔辞の一節を紹介する。

　「……廣井君在りて明治大正の日本は清きエンジニアを持ちました。……日本の工学界に廣井君ありと聞いて，私共はその将来につき大なる希望を懐いて可なりと信じます。……廣井勇君にその事業の始めより鋭い工学の良心があったのであります。そしてその良心が君の全生涯を通して強く働いたのであります。わが作りし橋，わが築きし防波堤がすべての抵抗に堪え得るや，その深い

心配がつねにあり，その良心その心配が君の工学をして世の多くの工学の上に一頭地を抽んでしめたのであります。君の工学は君自身を益せずして国家と社会と民衆とを永久に益したのであります。廣井君の工学はキリスト教的紳士の工学でありました。君の生涯の事業はそれが故に貴いのであります。……君は毎朝毎夜，戸を閉じて，夜は灯を消して祈禱に従事しました。……この隠れたる信仰，一時は福音の戦士たらんとまで決心せしこの神に対する信仰が，君が成し遂げしすべての大事業を聖めたのであります。君は言葉を以てする伝道を断念して事業を以てする伝道を行われたのであります。小樽の港に出入りする船舶は，かの堅固なる防波堤によって永久に君の信仰を見るのであります。廣井勇君の信仰は私の信仰のごとくに書物には現れませんでしたが，それにもはるかに勝りて，多くの強固なる橋梁，安全なる港に現れています。

　しかしながら，人は事業ではありません，性格であります。……廣井君が工学に成功したのは君の天与の才能を利用したにすぎません。しかしながら，いかなる精神を以て才能を利用せしか，人の価値はこれによって定まるのであります。世の人は事業によって人を評しますが，神と神による人とは，人によって事業を評します。廣井君の事業よりも廣井君自身が偉かったのであります。日本の土木学界における君の地位はこれがために貴かったのであります。廣井君は君の人となりを君の天与の才能なる工学を以て現したのであります。……君の貴きはここにあるとして，君の事業の貴きゆえんもまたここにあるのであります。事業のための事業にあらず，『この貧乏国の民に教を伝うる前にまず食物を与えん』との精神のもとに始められた事業でありました。それがゆえに異彩を放ち，一種独特の永久性のある事業であったのであります……」(廣井勇傳より)

　廣井が1905（明治38）年に発表した『The Statically Indeterminate Stresses in Frames Commonly used for Bridges』はニューヨークの Van Nostrand 社より出版され，橋梁工学，構造力学に画期的進歩をもたらし，国際的にも高く評価されている。1927（昭和2）年出版の『日本築港史』（丸善）は，世を去る1年前，築港を通して技術の発展の跡を正確緻密に技術史的に披瀝した名著である。

　1921年，中国上海港改良技術会議に日本代表として出席した廣井は，英米仏など6か国から派遣された委員の作成した浚渫計画案の欠陥を，自ら慎重な調査デ

ータを根拠にして鋭く指摘し，ついに原案の実行を保留させたという。

　"生きている限りは働く"ことをモットーとしていた廣井は，東大在職中に提案された定年制に反対したが，教授会では多数決で満60歳定年が決定した。定められた年にあと3年を残していたが，廣井は自己の主張が容れられなかったこともあり，1919（大正8）年6月満57歳に達せずして東大を辞し，1928（昭和3）年10月世を去った。翌1929年10月除幕式を行った廣井勇の胸像は，小樽公園の丘から永久にその傑作「小樽港」を見守っている。

3.2.9　鉄道が文明を全国に運んだ明治

　明治時代において，最も重視された土木公共事業は鉄道建設であった。他の公共事業との対比においてその投資額を比較しても図3.1に示したように，鉄道普及にいかに力を入れていたかが分かる。1872（明治5）年，新橋―横浜間開通によって呱々の声をあげた日本の鉄道は，わずか約30年で日本列島の背骨とでもいうべき幹線をほとんど完成させている。

　図3.22に開業以来の日本の鉄道の発展ぶりを，その輸送量（旅客，貨物），列車速度の変遷について示してある。鉄道が明治時代に急速な発展を見せたことは明瞭であるが，それは反面道路の発展を遅らせたともいえ，わが国の陸上交通は鉄道に重点を置いた発展をたどることとなった。東海道線が1889（明治22）年に完成，東北線は1891（明治24）年，さらに山陽線が1901（明治34）年に開通して本州は青森から下関まで鉄路で結ばれた。それは明治の近代文明を国の隅々まで浸透させる先達となった。と同時に，西南の役以来鉄道の発展に熱心になった陸軍はその後も鉄道の軍事的価値を高く評価し，日清日露両戦争に鉄道の果たした役割は大きかった。明治の鉄道発展史はそのまま文明開化史であり，富国強兵の具現史でもあったといえよう。

　明治においては，すべての土木事業が一斉に推進され，前述のように鉄道に最重点が置かれたが，これに次いで治水事業にも明治政府は非常な努力を傾けた。わが国は台風・梅雨時の豪雨に毎年のように悩まされてきた。特に富国強兵を目標としていた明治政府にとって，増大する人口に対する自給自足体制の確保は重要な国是であった。米の増産にとっての最大の敵は水害であり，水害防除と水田開発のための河川改修が急務であり，政府は1896（明治29）年河川法を制定し

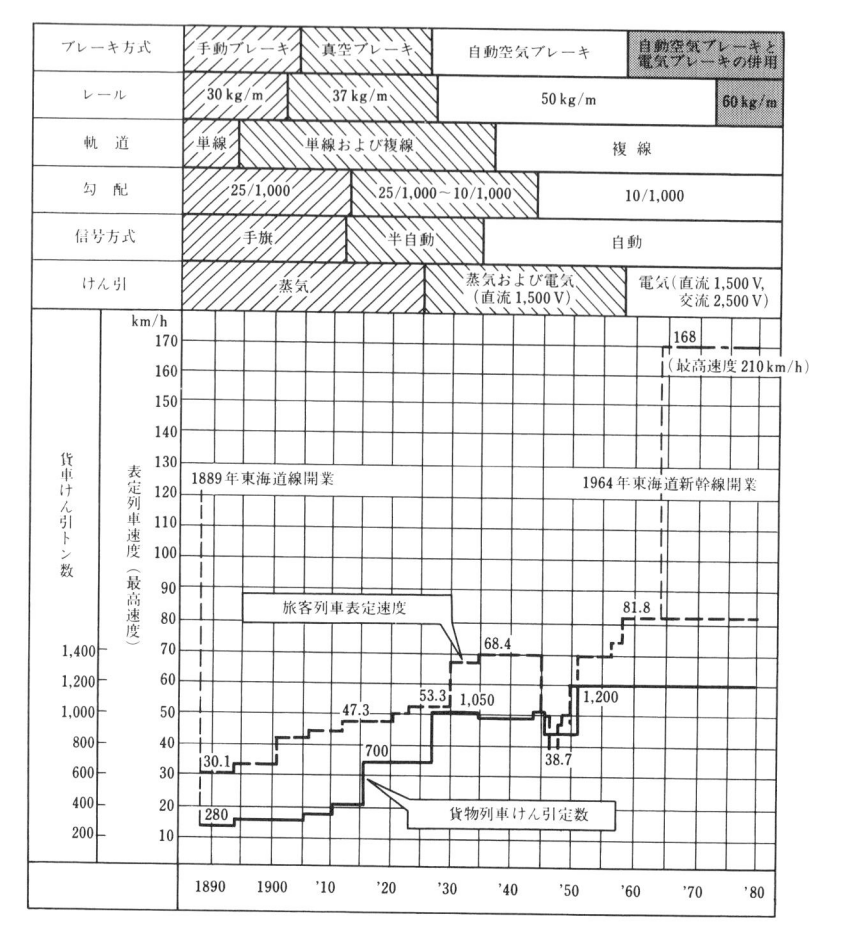

図 3.22 鉄道輸送量・列車速度の変遷
(滝山　養：日本国鉄の技術の発展と社会的背景，鉄道技術研究所報告，1980.3, No.1, 143, p.8)

て，河川改修に積極的に乗り出した．河川法制定以後，重要河川を次々に内務省直轄に指定し，それら河川に対し築堤，浚渫を主体とする大規模改修が進められた．水田を浸水から守るために，平野部河川には堤防が連続的に築かれ，河道屈曲部を短縮するショートカット工事や，あるいは海へ洪水を直接流出させる放水路計画も実施に移された．つまり，より安全に，より生産性の高い国土を目指す，"明治の国づくり"の一環としての河川改修は，漸く若干機械化された施工の進歩をも武器として，全国の主要河川で営々と進められ，それらは明治中期から大正，昭和にかけて，えんえんと行われた．

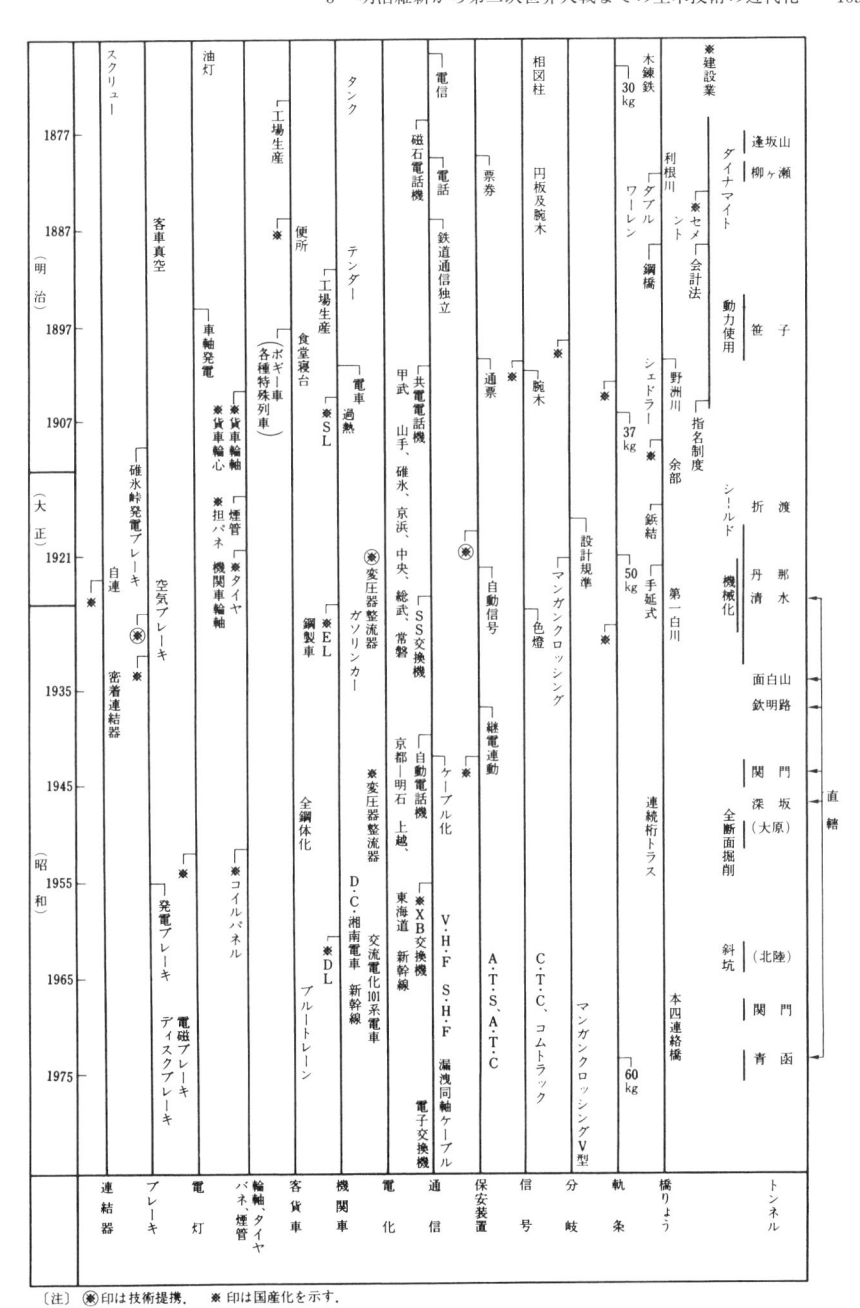

3 明治維新から第二次世界大戦までの土木技術の近代化　109

図 3.23　日本の国鉄技術を造り出した明治の時代
　　　　（滝山　養：近代土木技術の黎明期，土木学会，1982，p.136）

〔注〕 ⓧ印は技術提携， ※印は国産化を示す．

3.3 大正と昭和初期における土木技術と土木事業の発展

3.3.1 大正から昭和へ——土木学会の誕生

3.2.5に述べたように，1914（大正3）年に土木学会が誕生した．工学の他の学会はおおむね明治時代に設立されたのに比べ，土木学会の設立は遅れていた．その理由は，土木工学者は1879（明治12）年設立された日本工学会において学会活動を行っていたからである．日本工学会はそもそも工部大学校第1回卒業生によって設けられ，以後，工学に関する学会活動を行っていたが，工業および工学の発展分化とともに，それぞれの専門ごとに学会が設立され，工学会から離れていった．たとえば，1885（明治18）年日本鉱業会，1886（明治19）年造家学会（1897年に建築学会と改称），1888（明治21）年日本電気学会，1897（明治30）年造船学会，日本機械学会，1898（明治31）年工業化学会，さらに同年帝国鉄道協会が，それぞれ工学会から分離する形で設立された．こうして，結果的には日本工学会メンバーの中では土木学会が最後に設置されたことになる．

土木学会設立時の事情は前項の通りであるが，設立当時の会員は443人，現在（2004年4月）は37,774人であり，この75年間の会員数の変遷は図3.24の通りである．土木学会の設立が，明治の土木を開拓した古市公威と沖野忠雄の還暦祝に関連していたことは，この設立が土木界に一時期を画したことを意味するとみて

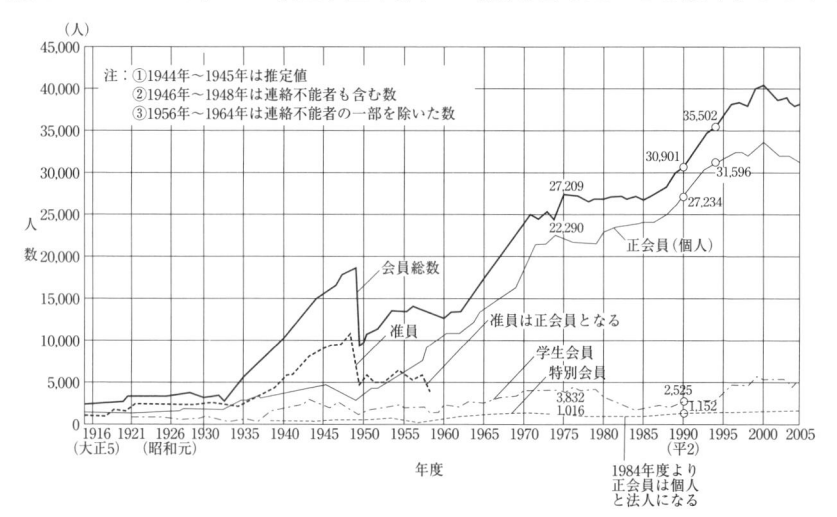

図3.24 土木学会会員数の推移（1916（大正5）年～2005（平成17）年）（土木学会提供）

よいであろう。というのは，明治開国に際し，まずお雇い外国人の指導によって蓋を開けた明治の土木が，留学先から帰国した古市，沖野あるいは石黒五十二らによって交代し，これらの邦人の指導によって技術自立の道を邁進し，明治45年間の約半世紀の爆発的ともいうべき国土開発の先頭に立っていた古市らが元老格となり，学会設立を機に後事を託すに足る技術者たちが第一線に立ち，かつ次々と後進が育つ素地ができた証左と考えられるからである。換言すれば，土木学会の設立をもって日本の近代土木技術は，欧米技術を一応消化し自立宣言したと解釈することができよう。つまり，明治以降の日本土木史が第二段階に入ったといえる。

大正から昭和20年まで（1912～1945）の約30年は，わが国が大正デモクラシーから軍国主義国家へと突き進み，ついに第二次世界大戦に敗北するまでの波乱の年月であった。3.2に述べたように，明治時代における開国以降，土木技術は大きな進歩を遂げ，国土開発も着実に進み，日本の社会基盤が漸く整い始めたといえよう。特に鉄道，治水，港湾などに巨額の投資が注がれその成果は挙がっていたが，下水道などの生活基盤は欧米先進国には遠く及ばない状況であった。

鉄道や治水事業が活発に行われたといっても，鉄道は主として主要幹線のみであり，それも多くの改良点を含んでいた。一方，欧米先進国とは基本的に異なる自然条件にあるわが国の治水事業は到底10年や20年で完成するものではなく，明治時代は治水の大方針が定められ，どの河川もその大事業が端緒につき，本番はこれからという状況であった。

こうして迎えた大正時代は，治水事業の本格化，鉄道事業の充実などを柱に，明治以来の諸種の土木事業を着実に継承しなければならなかった。大正時代における重要事件は1923（大正12）年9月1日の関東大震災であった。これは日本にとって重大な社会事件であったが，土木界にとっても重要な意味を持っている。土木技術面では水力発電事業とダム技術の進歩を挙げるべきであろう。その進歩は昭和に引き継がれていくが，大正時代にその萌芽が着実に育成されたといえよう。

昭和前期の20年間は，大震災復興事業が着実に進み，それを契機として都市計画行政の推進，橋梁や地下鉄などの技術革新が目立つ一方，大正時代から継続している大事業が次々と完成していく。たとえば，鉄道では丹那トンネル，関門海

底トンネルの貫通であり，信濃川，利根川など重要河川の大改修事業の竣工であり，帝都復興事業などであった．しかし，第二次世界大戦の進行とともに物資，労力の不足によって，多くの土木事業は中断せざるを得なくなり，空襲により焦土と化した国土を抱えて1945年の敗戦に至る．

3.3.2　丹那トンネルの難工事

　鉄道建設は明治時代に主要幹線を敷設し終えたが，大正時代に入りその幹線の高度能率化，および幹線間を結ぶ新線や支線の建設が引き続き活発に行われた．前者を代表するものとして丹那トンネル工事を挙げることができる．明治に建設された東海道線は現在の御殿場線を通って箱根を越えていたが，その山路は25/1000という急勾配であった．これを丹那ルートによってトンネルで越すことができれば，距離においても時間においても東海道線の輸送効率を一挙に上げることができるのであった．

　前述の笹子トンネルにおいて施工法も機械化して，トンネル技術は転機を迎えた．その後も次々と難関のトンネルを掘削していたが，懸案の丹那トンネルは1918年に着工された．この工事は，軟弱地盤と湧水によって難航し，世界のトンネル史上でも超難工事として記録されている．その間，欧米諸国の地質やトンネル専門家にも診断を仰いだが，多くの専門家も匙を投げ，むしろ断念した方がよいという忠告も聞こえてくるほどであった．

　この工事中，1922年には，上越線の延長9,704mの清水トンネルが，1931年には欽明路トンネルがそれぞれ鉄道省の直轄工事として着工，さらに1934年に延長5,361mの面白山トンネルも着工，これら3トンネルは岩石トンネルの技術発展の基礎となった．しかし，丹那トンネルは，軟弱地盤に加えて高圧湧水と取り組まざるを得ず，難関にぶつかるごとに新技術を開発しながら16年の歳月を要し1934年ようやく完成したことは，その後着工した関門鉄道海底トンネルの施工に偉大なる教訓となった．

　丹那トンネルについては，1909年以降，調査が続けられていたが，1912年丹那盆地の下に複線型長大トンネルを掘るルートが決定された．地質調査やその方法の水準も決して高くはなかったので，それほどの難工事になるとは予測できず，7か年計画で1918年，熱海口，三島口とも着工された．

図 3.25　丹那トンネルの位置と東口工事現場
（土木学会提供）

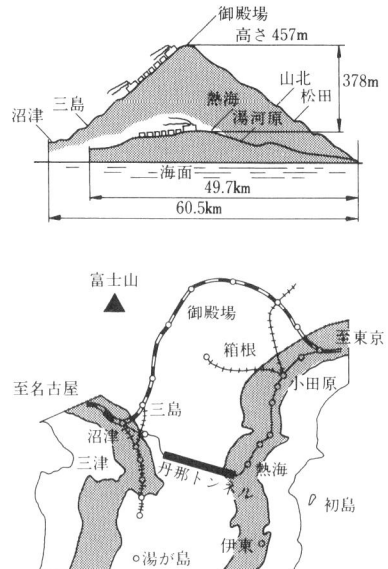

　最初の難関は西口から4,950ft（1,510m）付近の悪地質であった。安山岩および集塊岩の互層に複雑な断層と多量の高圧湧水であった。導坑は10mにわたり崩壊，90m³の土砂が噴出した。迂回坑，水抜坑を施工し，わが国では初めての水平ボーリングによって地質を確認しつつ断層は突破したものの，断層破砕帯の強大な土圧に抵抗できず，湧水とともに3,600m³の大量土砂が流出し，導坑を400mも埋めてしまった。坑内にいた16人の作業員は全員溺死という惨事であった。この復旧には，トンネル工事では初めてのセメント注入工法と，水ガラスと塩化カルシウムの薬液注入によって導坑だけは突破できたが，切広げにはのちに丹那式と呼ばれる新工法を採用した。すなわち，トンネルのアーチ部分の外側に坑道を次々に掘削し，1本の坑道掘削が終わるごとに直ちにコンクリートプレッサーによりコンクリートを坑道全体に満たし，そのコンクリートでアーチを形成してからその中を掘削する方法である。この20m区間を突破するのに14か月を要した。
　東口9,000ft（2,745m）付近では，温泉余土と大断層突破が容易でなかった。温泉余土とは，温泉・噴気の通路に当たった岩石が変質し軟化あるいは泥化した土をいい，膨潤性（水を吸って体積が拡大する性質）を帯びることがある。ここでも水抜迂回坑などを施工したが，鉄製セグメントを使用したシールド工法によっ

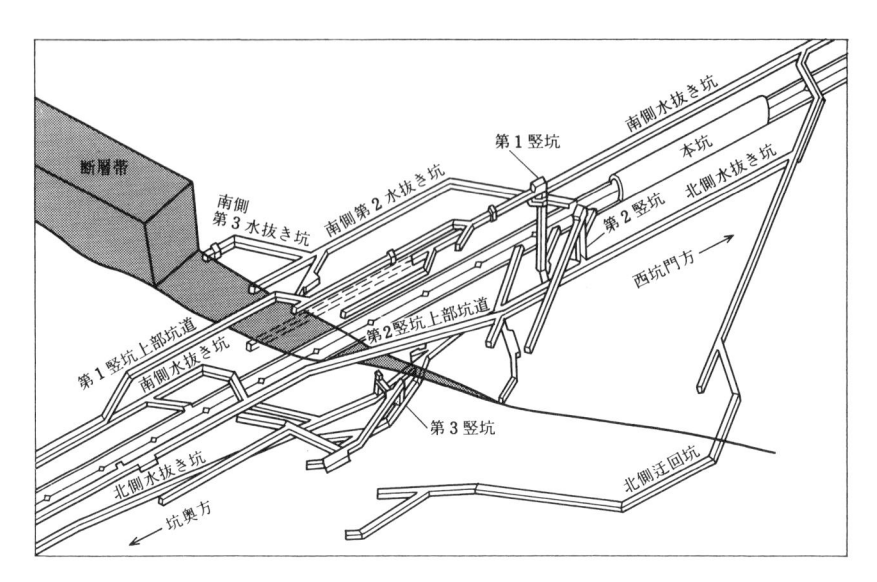

図 3.26 丹那トンネルの水抜き抗

て膨張性の温泉余土に対坑した。これ以前に羽越本線の折渡トンネルでシールド工法を採用した例はあるが，成功しなかった。ここでも安山岩層に入ると湧水が多く，坑内気圧を人体が耐え得る限界まで上げたが湧水は止まらず，シールドの切羽より，毎分 8 m³以上の湧水とともに土砂崩壊してしまった。シールドに角落しを造って切羽をふさぎセメント注入その他の対策を講じたが，次々と土砂崩壊し，シールド工法は86mにて断念した。この苦い経験はのちに関門海底トンネル工事において，本格的シールド工法に成功する足がかりとなったのである。丹那トンネルではシールド工法はあきらめ，種々の注入工事を試み，新しい高圧のプランジャーポンプの開発を生んだ。

　西口7,000～8,000ft（2,135～2,440m）では火山荒砂層の含水地帯の掘進が困難を極めた。導坑切羽の爆破とともに大量の湧水があり，その量は実に毎分205m³にも及んだ。この対策としては，わが国最初の圧気工法が採用された。水圧を完全に押さえるまで気圧を上げることはできなかったが，ある程度湧水を止めることに成功した。仮巻コンクリート側壁に多数の孔をあけ，坑内を排気後，地下水を抜き地下水位を下げることができた。この圧気工法も関門トンネルで本格的に採用され，その先鞭となった。

このような種々の新工法を生み出して完成にこぎつけた丹那トンネルではあったが，犠牲者は67人にも及ぶ希有の難工事となった。

しかし重要なことは，この工事にて考案された各種工法は，のちの関門海底トンネルをはじめ第二次世界大戦後のいくたのトンネル工事に貴重な教訓として生かされたことであり，日本の鉄道トンネル技術者は，これによっていかなる難地質でも掘り抜き得るという自信を得た点であろう。

3.3.3 信濃川の大河津分水

明治中期から活発に行われていた河川改修工事は，いずれも遠大な計画であり，それぞれの河川で大正から昭和初期にかけて完成した。それらのなかで大正時代におけるハイライトは，信濃川放水路の大河津分水である。信濃川改修計画の眼目は，日本の穀倉である越後平野を洪水から守ることであった。その抜本策として，江戸時代中期以降大河津から日本海へ向けての放水路開削が提案されていた。しかし，そのルートに山地が在ることや新潟市などの反対によってその実現は容易ではなかった。

1909（明治42）年，この大河津分水路工事は，大河津における分岐点の旧川，新川両堰の建設から始まり，1922（大正11）年に放水路通水，1927（昭和2）年に一応の竣工を見た。その間に1915（大正4）年に地すべり発生，1927年6月竣工直後の放水路入口の流量調節の自在堰の陥没事故などいくたの困難に遭遇した。

図3.27　上流側から見た大河津分水（建設省長岡工事事務所提供）

図 3.28 大河津分水記念碑

　その復旧の役割を担って，青山士（1878〜1963）が新潟土木出張所長に任ぜられ，大河津の現場所長宮本武之輔（1892〜1941）とともにこれを復旧，1931（昭和6）年最終的完成にこぎつけた。大正年間を通して，前後に明治と昭和にまたがり，この現場にはすぐれた技術者，多数の労務者，大容量のイギリス製スチームショベルなどの大型土木機械が集まり，全国で最も繁盛を極めた壮大な工事が展開された。

　1931年，事故の復旧も完成して青山は大河津に記念碑を建てて次のように，日本語とエスペラント語で刻んだ。「萬象ニ天意ヲ覚ル者ハ幸ナリ，人類ノ為メ，国ノ為メ」。そこには彼の名は記されていない。名は記さずともその事業は永遠に遺り，それに従事した技術者の努力は必ず報いられるとの自信がそこにはみなぎっている。1903（明治36）年東京帝大を卒業，恩師廣井勇の紹介状一通を携えてアメリカへ渡り，パナマ運河工事に参加した青山は，一高時代から内村鑑三の教えを受け，自分は人類のために何をなすべきか，と悩み続けた。それは治水工事をすることだとの結論に達し，土木工学科に進み，卒業するや否やパナマを目指したのであった。帰国後荒川放水路工事を成就し，次いで世紀の信濃川大治水事業を完成させた青山は，まさに万象に天意を覚った幸いなる技術者であったといえよう。

　大河津の現場で陥没事故の自在堰に代わって可動堰を設計，すべての復旧工事を完成させた宮本武之輔の技術と熱意もまた比類ない業績であった。宮本は広い教養と包容力のある人柄で，専門を異にする多分野の人々と親しく交流し，労務者，地元の人々と話し合えるコトバを持っていた。彼は一生を技術者の地位向上

のために尽くした偉才であった。

　大河津分水の完成により，越後平野の大水害は根絶できたといえる。その成果はまさに予期通り絶大であったといってよい。しかし，第二次世界大戦後の昭和20年代，この放水路完成が遠因となって，新潟海岸欠壊，大河津下流旧川の河床上昇とそれによる排水不良など，旧川，放水路とその周辺流域にいくたの異変が生じた。これに対処するため旧川河状整理事業，海岸欠壊防止工事，大排水機場設置などが行われ，それらを克服して現在に至っている。

　放水路工事という，いわば大手術を経験した信濃川とその流域への副作用とでもいうべきであろう。まことに"川は生きている"とか，"川は一個の有機体"といわれるゆえんである。

3.3.4　関東大震災とその復興

　1923（大正12）年9月1日の関東大震災は，明治・大正・昭和を通じ，日本での最悪の災害である。マグニチュード7.9，死者は東京，横浜で約10万，震害よりもそれら都市の下町区域の大火災が被害を深刻なものとした。焼失面積は総面積に対し，東京では46％，横浜で28％にも達した。

　同年9月27日に設置された帝都復興院は内閣に直属し，東京，横浜の関東大震災地域に土地区画整理を中心として，街路橋梁の新設改築，公園の新設，河川運河工事など，両都市大改造の計画を樹立した。1923年から8か年計画の継続事業として行われた"帝都復興事業"においては，中心となる土地区画整理の施行のために，震災復興特別都市計画法が制定された。すでに1920年に制定されていた都市計画法があったが，この法は耕地整理法を準用して土地区画整理に当たるもので，大規模な市街地整理の法としては不十分であった。この新法によって，東京で約3,000ha，横浜で約2,000haの区画整理が実行された。市区改正事業は道路建設に重点が置かれたが，復興事業は都市施設の整備と街区形態の近代化を含めて進められたため，この新法による事業によって，東京，横浜は漸く近代都市としての体裁を整えたといえる。既成市街地に，これほど広大な面積の土地区画整理を行った例は諸外国においても例がなかった。

　特に街路網の整備に最も主眼が置かれ，52路線，114kmに及ぶ幹線街路（幅員22m以上）を含め，道路整備は総延長253km，道路面積約526haにも達した。施

工区域における道路率は，区画街路を含めれば，14%から26.1%に上昇し，漸く欧米水準の街路率に達した．

震災復興事業では，橋詰広場の設置とその大きさが法令によって定められた．橋の総数は，内閣復興局と東京市によるものを合わせて425橋，一つの橋には四つの橋詰広場が設けられたので，1,700か所の橋詰広場が生まれた．

公園事業としては，復興局による隅田，浜町，錦糸の3公園と東京市による52か所の復興小公園が造られた．

震災復興事業は，土地区画整理に伴う新建築が復興橋梁と相まって新しい近代都市の景観を出現させた．それが多彩なPRとともに，一般市民の都市計画への関心をおおいにかき立てた．また，この復興事業で経験を積んだ技術者が全国に広がって，橋梁や都市計画などの土木技術の普及と発展に効果を発揮した．たとえば，隅田川の永代橋で使われたニューマチック・ケーソン工法は，正子重三らによって，新潟の万代橋や大阪の十三大橋，愛知県の尾張大橋に使われ，その他"復興様式"と呼ばれた橋のデザインなどが全国に流行し，昭和初期には各地に多くの名橋が建設されている．

ただし，当時の東京市長後藤新平は，はるかに雄大な復興構想を描いていた．震災以前から後藤の招きで来日していたビアード（Charles Austin Beard, 1874～1948）は，抜本的都市計画の必要性を説いていたが，震災後来日した際には，後藤市長に対し，"市長は罹災地をすべて買い上げ，思い切った都市計画を断行すべきである"また"一切の大建築物などは後回しにして，まず大街路，公園，運河計画を優先せよ"と提言している．しかし，これに基づいた後藤構想は財政難その他の理由でほとんど実現しなかった．

なお，関東大震災を契機として，主として建築構造物を中心に耐震構造への必要性が高まり，日本の耐震工学発展の基礎づくりが，震災復興事業計画のなかから生まれてきたことを付記しておこう．

震災復興事業で注目すべきものに隅田川橋梁群の建設がある．隅田川の橋梁も新大橋を除いてすべて崩壊もしくは焼失した．川の方向に並んだ2基の井筒基礎が別々に振動したため，2基の上端を結ぶ橋台やつなぎ材にひび割れ，切断，座屈を生じたものが見られた．橋上交通を途絶させ多くの人命を奪ったのは橋の火事であった．

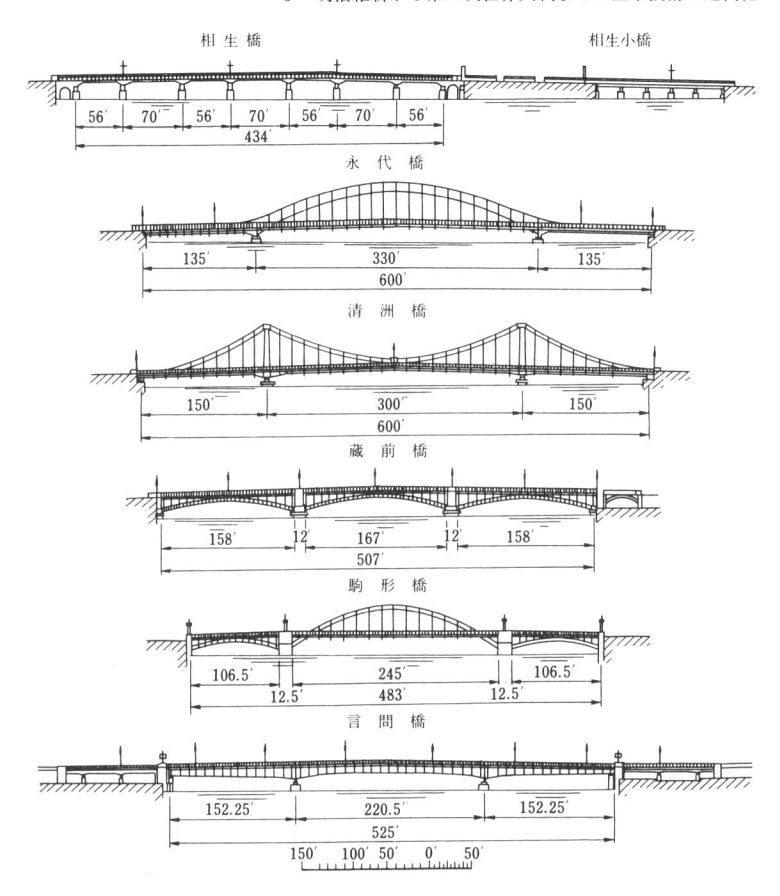

図 3.29 隅田川橋梁群
（土木学会：日本の土木技術—近代土木発展の流れ—, 1975, p.389）

　東京市土木部長太田円三（1881～1926）が雄大な構想によって全土木事業を指揮したが，復興局施工による 6 大橋（相生橋，永代橋，清洲橋，蔵前橋，駒形橋，言問橋）は，特に念入りな計画を実行した．すなわち，在来の井筒基礎工を廃し，本格的ニューマチック潜函基礎を永代橋と清洲橋に施工することを指示，橋梁課長田中豊（1888～1964），隅田川出張所長釘宮磐（1888～1961）らと協議し，ニューヨーク基礎会社から 3 技師を招き正子重三とともに施工を担当した．

　蔵前橋，駒形橋の橋台橋脚水中締切工には，初めて鋼矢板が採用され，引抜きの困難な矢板にはフランス製ガス吹管で水中火炎切断を行った．永代橋のアーチのつなぎ材および清洲橋のアイバーケーブルには断面積の過大を避けるため，田

図 3.30　永代橋（上）と清洲橋（下）（土木学会提供）

中豊の提唱によって海軍が研究中であった高張力のデュコール鋼を用いた。これはイギリス海軍がデビッド・コルビル社と協力して開発した構造用低マンガン鋼に属する。

　隅田川橋梁群はその1橋ごとに当時の新技術が駆使されているが、その配置計画にしても一定の思想のもとにデザインされている。まず一つとして同じ型式の橋はない。ほぼ同じ長さの、それぞれ異なった一流の橋梁を建設して、橋梁群全体としての橋梁美を示そうとしたのであって、これらをひとまとめにして高く評価すべきであろう。

　永代橋は河口に位置し、太古の恐竜が大川を渡るがごとくであるのに対し、その上流の清洲橋は女性的な吊橋の美を水に映す。蔵前橋、吾妻橋、言問橋ではアプローチを高めることができたので、全長にわたって上路型式として眺望が良いようにしている。駒形橋は左右側径間の上路形扁平アーチと、中央径間は下路形アーチとの水平推力の釣合いと美観に特別な配慮が見られる。

隅田川のみならず，東京下町のすべての橋梁群に一貫したデザイン計画が実行された点も高く評価したい．すなわち，隅田川を境に右岸には主としてアーチ橋，左岸にはトラス橋を多用し，橋のタイプによるマクロの地域性を生み出し，河川ごと，地域ごとに橋のタイプを統一してミクロの地域性を演出している．一方，皇居を中心として橋のデザインヒエラルキーを創出し，下町の重層性を明瞭にしようともしている．

3.3.5 大ダム時代への胎動と水力発電事業の推進

　河川技術の進歩は，大河津分水のような放水路，あるいは多くの屈曲河道に行われた捷水路などに加え，やがて河川上流部に大ダムが築かれていく．その前触れとして，大正時代にさかんになった流れ込み式水力発電所の建設ブームがある．3.2.6にも紹介したように，すでに明治中期において田辺朔郎が水力発電所を琵琶湖疏水事業の一環として完成させていたが，明治時代の発電の主力は火力であった．しかし，日本の河川上流部での豊富な渇水流量は，流れ込み式水力発電には好条件となっており，明治末期より水力発電事業が活気を帯びてきた．明治時代においては，水力発電は電灯と電車，鉱山や工場での小規模な自家発電に限られていた．しかし日露戦争後の明治末期には，水力発電の大規模化が始まった．1907（明治40）年完成の桂川の駒橋発電所は出力2万kW強，1912（明治45）年の同じく桂川の5万kW弱の八沢発電所は当時としては画期的なものであり，大規模化への第一歩といえる．

　大正時代に入り，第一次世界大戦による工業の興隆もあり，電力需要は急速に増大し，これに呼応して水力発電事業は急成長した．1912（大正3）年に全国の水力発電施設の最大出力は23.3万kWであり，それが1926（大正15）年には197.6万kWと8.5倍にも増加した．さらに大正末期には，流れ込み式水力発電所のみならず，貯水池式水力発電が始まり，水力発電はさらに大きな飛躍を遂げるに至った．すなわち，1924（大正13）年に木曽川水系に大井ダム（堤高53m，堤長276m，総貯水容量2,940万m^3，最大出力4.8万kW）が完成し，大ダム時代が始まった．すなわち，従来の水力発電は河川上流部に小規模な堰を築いて渇水流量を発電に利用し，それ以上の流量は発電には利用できずに放流していたのであるが，大ダムによる貯水池を出現させれば，渇水流量よりはるかに大きい流量を貯水させて

図 3.31 完成間近の大井ダム（土木学会提供）

図 3.32 建設中洪水で破壊された大井ダム（土木学会提供）

利用できるわけである。

一方，1926（大正15）年，欧米視察から帰国した物部長穂が，洪水調節用の大ダム建設を提唱したのも，ダム建設に拍車をかけることになったといってよい。もっとも，この提唱を受けて1926年計画された鬼怒川の五十里（いかり）ダムは，ダム断面を横断する大断層のため，1933（昭和8）年に放棄せざるを得なかったことは，当時のダム施工技術のひとつの限界をも示すものであった。昭和に入り発電専用のダムは，1929（昭和4）年に庄川の小牧ダム（堤高80m），1931年高梁川水系帝釈（たいしゃく）川ダム（堤高62m），1938年の耳川の塚原ダム（堤高87m），1939年の太田川の立岩ダム（堤高67m），1943年の木曽川水系の三浦ダム（堤高83m）と相次いで大ダム

図 3.33　水豊ダム（日本工営提供）

が出現し，水力発電事業とダム施工技術はきわめて順調な発展を示した。

　さらに特記すべきは，日本のダムの技術が目ざましい成果を挙げたのは，むしろ朝鮮半島，中国東北地方（旧満州）においてであったことである。特に鴨緑江水系において，ダム建設に有利な地形をも巧みに利用して，赴戦江ダム（堤高72.8m）は最大出力12.96万 kW の発電を伴い1930（昭和5）年に完成，水豊ダム（堤高107m，総貯水容量116.5億 m^3）は最大出力実に70万 kW で，1943年に完成した。その他，長津江，虚川江にも次々と重力式大ダムが建設され，これらは当時アメリカにおいて建設されたコロンビア川のグランド・クーリー・ダム，コロラド川のフーバー・ダムなどに匹敵する規模の大ダムであった。

　これら大ダム工事は，主として久保田豊（1890～1986）が，それらの計画から工事を指導した。久保田は，同郷の先輩野口遵が社長を勤める日本窒素の資金を得て，これら世界的大規模水力発電工事を次々と完成させた。第二次世界大戦後の1946年新興電業（1973年に日本工営と改名したコンサルタント会社）を設立して社長となり，ベトナム，ミャンマー，インドネシア，ラオスなどで水力発電を中心に多くのプロジェクトを竣工させ，日本の高い技術によって，それぞれの国々の風土，歴史，文化をよく理解し，それらの国々の発展と利益に多大な貢献をした。

　これら大ダム建設の経験を通して，日本のダム施工技術は世界一流となり，それが第二次世界大戦後の復興と成長期のダムブームを支えることとなる。

3.3.6 台湾に身を捧げた浜野弥四郎と八田與一

1895年，日清戦争後の講和条約によって，日本の領土となった台湾において，さまざまなインフラ整備が行われた。特に浜野弥四郎（1869～1932）による水道事業と，八田與一（1886～1942）による大規模農業用水開発の烏山頭ダム事業は特に偉大な成果であった。

浜野は1896年帝大卒業後，直ちに，お雇い土木技師バルトン（W. K. Burton）とともに台湾総督府につとめ，20年余りにわたって当時台湾にまったくなかった水道事業を始め，ほとんどの水道事業を手掛けた。

八田も1910年東京帝大卒業後，直ちに台湾に渡り，まず水道工事の計画，設計を行ったのち，台湾最大の10万 ha の平野である嘉南平野の農民が，水害，渇水，塩害に苦しめられ，不毛の地となっていた状況を救うため，嘉南平野への農業用水を開発のため烏山頭ダムを建設した。曾文渓支流の官田渓に築かれたこのダムは1920（大正9）年から1930（昭和5）年にかけて施工され，ダムの長さ1,273m，高さ56m，貯水容量1億5,000万 m^3，東洋一の規模であり，大型土木機械を駆使し，当時のダム先進国アメリカでも数例しかないセミ・ハイドロリックフィル工法によって完成した。この工法はコンクリートをダム本体の中心部に用い，その上を粘土で固め，さらに大量の土砂をその上に盛る。そして水を強く浴びせ，細かい土砂を下に落ち着かせて土堰堤を築き上げた。アメリカの土木学会は，そのすぐれた技術を評価し，八田ダムと命名した。

このダムによって，救われた嘉南平野の農民は，八田を嘉南大圳の父と呼んで敬愛し，ダムの傍に銅像を建てた。八田は1942年5月8日，フィリピンのかんがい計画指導に向かう大洋丸が長崎県五島列島沖でアメリカ潜水艦の魚雷攻撃で沈没，船と運命を共にした。

地元の人々はそれを悲しみ，銅像の傍に戦争直後，ダムに身を投げた外代樹夫人とともに墓をつくり，以後今日に至るまで，毎年5月8日の命日には墓前において慰霊祭が行われている。

3.3.7 南満州鉄道の建設

外地での特筆すべき事業としては，さらに中国東北地方（旧満州）における鉄道建設がある。この地方の鉄道建設には，帝政ロシアとイギリスが勢力拡張の場

図 3.34　満鉄アジア号（交通博物館提供）

として意欲を燃やしていた。日本はロシアとの関係が風雲急を告げるや，まず京釜鉄道株式会社を設立し，1903（明治36）年古市公威を総裁に任命，京城（ソウル）―釜山間の全線開通を計画した。日露戦争が予想以上に早く始まったため，工期は何回か繰り上げが命令され，1904（明治37）年11月にこの京釜鉄道は竣工し，旅順攻略，奉天会戦への兵員武器輸送に果たした役割は大きい。東北（旧満州）地方では日露戦争勃発とともに軍用鉄道として安奉線（安東～奉天），新奉線（新民屯～奉天），約300kmを直ちに建設している。日露戦争後は，ロシアから東清鉄道南満州支線を受け継ぎ，1907（明治40）年南満州鉄道株式会社（通称満鉄）を創立，後藤新平が初代総裁に就任し，ここに画期的な鉄道技術が展開された。特に満州事変の1931（昭和6）年以後，満州内の一切の鉄道の経営，新線建設，付帯事業を引き受けた満鉄は，1938（昭和13）年以降の新線建設着手のみで約5,500kmに及ぶ。満鉄は敗戦直前の1944（昭和19）年，30万の従業員，営業キロ11,479km，輸送人員1.7億人にも達する膨大な規模になっていた。1934（昭和9）年には大連・ハルビン間にアジア号が当時の世界最高時速110kmで豪華に走り，鉄道以外にもさまざまな事業を行い，満州経営の中心をなしていた。

　第二次世界大戦突入の1941（昭和16）年以後には，東京―シンガポール線を企画し，路線選定までほとんど定められていた。日本の鉄道技術陣の自信のほどを示すものといえよう。

3.3.8 関門海底トンネルの開通

　第二次世界大戦終了までの昭和前期の土木界のハイライトは，戦争末期，資材も労力も不足であった1944年9月，上下線とも開通した世界最初に海底を貫いた関門鉄道トンネルである。

　本州と九州を鉄道で結ぶ構想は，明治末ごろから検討され，橋梁かトンネルかの論争が熱っぽく行われた。しかし，軍事的見地からトンネル案が昭和になって次のように決定された。すなわち，①単線型トンネル2本，②最急勾配は20/1,000，③トンネル内は電気運転，④施工法は通常の掘削工法とするが，海底地質によっては圧縮空気およびシールド工法を採用，と定められ，1936年10月，下り線から着工され，引き続き上り線も着工された。本線トンネルに先立って，海底部に試掘坑道を掘削し，海底地質調査用ならびに工事中の排水，材料運搬用などに備えた。下関方は山岳トンネル方式とはいえ海底部には断層および破砕帯があるので，丹那トンネルの経験を生かして慎重に行われ，門司方は地質が軟弱であるため，アプローチの一部は開削方式，続いて潜函方式，圧気方式，海底部軟弱地帯にはシールド方式とした。

　1939年4月に試掘坑道が貫通し，引き続いて下り線，さらに上り線と本トンネル着工，1944年9月，試掘坑道着工から8か年弱で完成できたのは，丹那トンネ

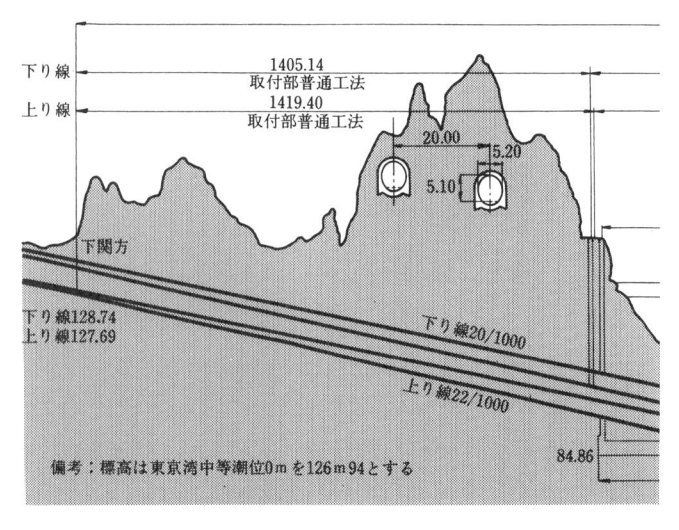

図 3.35　関門トンネル断面図

ルにおける潜函，圧気，シールド工法の経験によるところが大であった．下関方の海底部の第三紀層地帯では，試掘坑道で崩壊が発生し，それを突破するのに5,000tのセメント注入により1年を要する難工事であった．本線下り線トンネルの場合は，より大きな断面で海底面までの土かぶりはわずか約12mであり，同じく入念なセメント注入工法により，19か所の隔壁と試掘坑道から7,500tのセメントが注入された．また部分的には坑道をコンクリートで埋め戻す工法も採用され，26か月を要して260mの難所を突破した．上り線掘削においては，下り線の経験を生かし，下り勾配を20/1,000から22/1,000とし，海底面までの土かぶりを4.5m厚くして安全を期し，15か月で難地盤を突破した．

鋼アーチ支保工の採用もわが国では初めてであった．この当時，トンネル支保工は松丸太か松板との組合せであったが，この海底部では後光梁支保工の外側は，形鋼を多角形に組み立てた鋼アーチ支保工を重ね合わせた．海底部における水頭40mの水圧による漏水防止は特に苦労した点であり，鋼アーチ支保工に防水布を取り付け，コンクリートの水密性を持たせる配合にし，アーチ，側壁のコンクリートの施工は，ジョイントからの漏水防止に特別に留意し，覆工完成後，漏水防止のためトンネル1m当り3.2tのセメントが注入された．

門司方海底部の最難関はシールド工法の採用によってのみ突破可能であったと

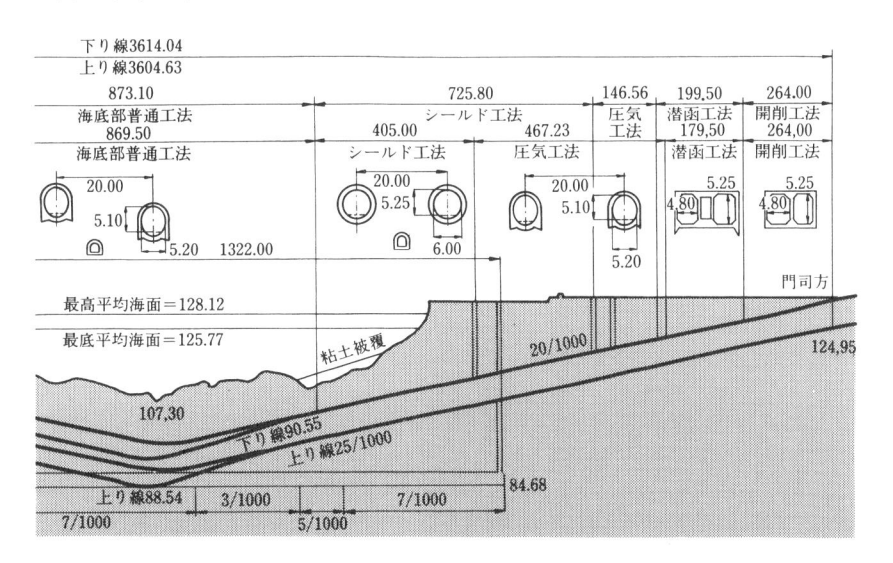

いってよい。門司方では上下線とも単線シールドで，下り線は直径7,182mm，シールドの長さは上半部5,910mm，下半部5,110mm，シールドジャッキは200tを上半円に11本，下半円に13本，上り線もシールドの大きさはほぼ同じであり，シールドジャッキは全円周等間隔に22本であった。

圧気工法もまた随所で威力を発揮した。下り線では141mの区間で，隣接する潜函工法のケーソンを基礎としてそれに圧気をかけて掘進し，上り線でも387mの区間を一部はケーソンを基地とし，大部分は竪坑を下ろしてそこから掘進した。風化花崗岩の地質で地下水位も高かったが，圧気によってそれを押さえ掘進を順調に進めることができた。

このようないくつかの工法とその組合せは，丹那トンネルの経験の賜といってよく，この大事業を成し遂げた重要な原因であり，このトンネルの成功が，やがて第二次世界大戦後の高度成長期にいくたの長大トンネルを掘り，やがては青函トンネル開通へと導く技術的基礎となったのである。

このように，大正から昭和初期，第二次世界大戦終結までの34年間は，土木学会の誕生から，第一次世界大戦，関東大震災，経済恐慌，中国との長期戦争などを経験しつつ，日本の土木技術が堅実に自立の基礎を固めていった時代である。戦争拡大と軍事勢力範囲の増大に伴って，大規模土木事業が大陸を中心に展開されたのも，この時代の思潮を反映する特徴と考えられる。それらは日本の植民地政策を支えるものとして企画されたが，それら遺産のいくつかは第二次世界大戦後独立した国々に財産として渡され利用されていることは，土木技術者としてはむしろ望外の幸いというべきであろう。またそこで練られた技術は，戦後日本の復興に，あるいはダム建設として，あるいは新幹線建設の基礎として伝えられたことも記憶されるべきことであろう。

3.3.9　秀でた学問的業績

明治以後のわが国の土木技術および土木工学の発展は，欧米特にヨーロッパから学ぶ点が多かったことは，すでにお雇い外国人や欧米への日本人留学生の活躍を通して，ここまでに紹介した通りである。しかしながら，日本の土木技術者や土木工学者の素養と努力が，土木工学を今日のレベルにまで高めた原動力であっ

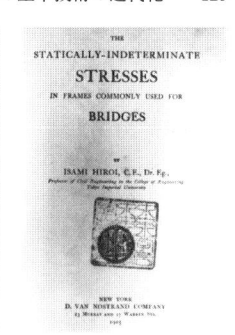

図 3.36 廣井 勇著 The Statically Indeterminate Stresses in Frames Commonly used for Bridges

たことも認めなければならない。ここで1945年までのわが国の土木工学者の顕著な独創的および国際的評価に値する研究例の一端を主として学術著書を例に披露しておく。

Hiroi, I（廣井 勇）：Plate Girder Construction, 1888, The Van Nostland Sci-ence Series No. 95 The Van Nostland Pub., New York

廣井勇が27歳の札幌農学校助教授時代の最初の著作であり，大学教科書向けのプレートガーダー設計法の名著であり，アメリカで広く教科書として採用された。橋梁工学の基本であったプレートガーダーの設計を解説した本書は，設計実例，図面が豊富であり実用性の高い設計指針として，当時名著の名をほしいままにした。

Hiroi, I：The Statically Indeterminate Stresses in Frames Commonly used for Bridges, 1905, The Van Nostland Pub., New York, 1915, 第2版

本書は廣井教授の東京帝大における講義に基づき，橋梁設計に画期的進歩を与えた独創的名著として国際的にも高く評価された。当時，"Engineering News Record"誌は，"その内容，その文章，米国人の著書にもかつて見られない名著"と激賞している。

日比忠彦：鉄筋混凝土の理論及其応用（上，中，下），1916, 1918, 1922, 丸善

1902年ドイツに留学した日比忠彦は，鉄筋コンクリートについての研究を重ね，帰国して京都帝大にて，ドイツでの研究に帰国後の研究と多数の文献を参考にして上中下3巻の鉄筋コンクリートに関する総合的大著をまとめた。理論，設計計算，実験はもとより，橋梁，河海構造物への設計理論をも詳述した当時の宝典である。当時はドイツにおいてもこの部門の著作は少なく，ベルリン工科大学

でも鉄筋コンクリート講座が新設されたのは，1904年のことであった．

Hayashi, Keiichi（林　桂一）: Theorie des Trägers auf elastischer Unterlage und ihre Anwendung auf den Tiefbau, 1921, Springer, Berlin

九州帝大教授であった林桂一による"弾性床上の梁の理論とその応用"は当時学界の研究の焦点であったこのテーマに対し，簡便な解析手法を提示し国際的に注目を浴びた．巻末に円および双曲線函数表があり，これが後述の高等函数表への素地となる．

鷹部屋福平：架橋所論，1928，岩波書店

当時，関東大震災後において耐震構造への社会的要望も高く，それに呼応して鉄筋コンクリート構造および鉄骨構造の理論と設計も著しい進歩を遂げた．しかし，鉄筋構造の構法の強剛性は，必然的に不静定応力の計算を伴うものであった．撓角撓度法による解決は難解ではあったが，研究者の強い関心の的であった．北海道帝大教授であった鷹部屋福平は，その撓角撓度法による解法と，著者の提案による機械的作表法による解法を解説し，単一荷重による応力計算を基礎とする解法をも含めてまとめ上げた．当時の要望にこたえ，かつ力学の先端を行く解法の提案の学問的意義はきわめて大きい．

Takabeya, Fukuhei : Rahmentafeln, 1930, Springer, Berlin

ラーメンについての理論が漸く発展段階であった当時，鷹部屋が，その具体的解法を国際的に披瀝した快著である．

妹沢克惟：振動学，1932，岩波書店

弾性力学の権威であった妹沢は，東大地震研究所彙報をはじめ，"Nature"など欧米諸国の学術雑誌に，240篇に上る欧文論文を発表し，国際的にその業績は高く評価されていたが，著書は本書が唯一であり，1944年若くして急逝したのは惜しまれる．本書は振動学に関する先駆的名著であり，第二次世界大戦後，金井清らの努力によって再版された．戦後版では航空機関係の章は削除されているが，振動の一般理論から始まり，一般弾性体，建物，土地などごとにその振動を扱った広汎な理論書であるとともに，個々の豊富な実例はきわめて実用的な文献である．土木関連の重要な業績として敢て紹介する．

物部長穂：水理学，1933，岩波書店

昭和初期の段階で，水理学に関する内外の重要文献を読破整理し，自らの多数

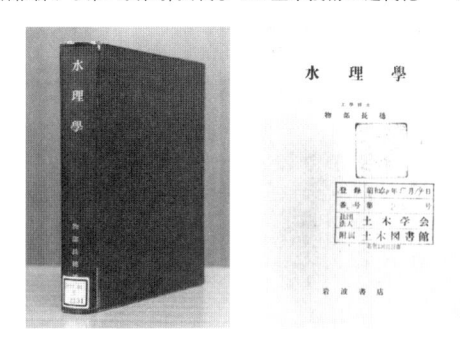

図 3.37 物部長穂著 水理学

の研究成果を適宜挿入し，広汎にして壮大な水理学像を打ち立てた。戦前の日本における水理学の決定版ともいえる大著。本書は1930年代から40年代にかけ，土木工学のバイブルとさえいわれた大作である。もし英訳されていれば，欧米からも高い評価を受けたと思われる。

なお，物部は同じ年に常磐書房から，"土木耐震学"をも世に問うている。本書は著者の1917年以来の耐震学についての多数の研究論文に基づいて，地震時の土圧，地盤，擁壁，堰堤，橋梁の耐震，柱状構造物，橋桁の振動について集録した土木に関する耐震学の事始めともいえる貴重な成果である。

林　桂一：高等函数表，1941，岩波書店

すでに前著"弾性床上の梁の理論"はじめ多数の画期的業績を挙げていた林が，コンピューター無き時代に，円および双曲線函数，Gamma および球函数，Bessel 函数，楕円函数などの数表を計算してまとめ上げた超労作である。本表が1940年代以降の数学界はもとより，これら数表の世話になる工学界で高く評価されたのはもちろん，多種の函数を広く細かい範囲まで扱った点では，英，独の2，3の函数表に引けを取らぬ重要な成果である。

上述の学術著作は，いうまでもなく数多くの研究論文に支えられ，その集大成ともいえるものである。これら以外にも国内向けにはすぐれた研究や著作があることはもちろんであり，わが国の土木工学はいくたの輝かしい世界第一級の業績を示しながら着実に進歩し，日本の土木技術を向上させていた。

参考文献

村松貞次郎：お雇い外国人と日本の土木技術，土木学会誌，61巻13号，pp. 9～16，1976
高橋　裕ほか：土木工学概説，第1章土木小史，土木工学大系第1巻，彰国社，1982
村松・高橋編：日本の技術100年，第6巻　建築・土木，筑摩書房，1989
工学博士廣井　勇傳：工事畫報社，1930

4　第二次世界大戦後の土木事業の発展

　1945年8月15日，日本は敗戦を迎えた。戦死者および国内での空襲など戦争による死者は約310万人であった。第二次世界大戦は全世界では約5,000万人，アジアで約2,000万人の死者を出している。経済安定本部の推算によれば，国家財産の約4分の1（当時の価格で約6,500億円）が失われ，植民地をすべて失い，国民は失意と絶望の淵に喘いでいた。特に沖縄は悲惨な戦場となり多大の犠牲を払っている。国土もまた空襲によって主要都市はほとんど焼失し，開発や保全の事業もほとんど停滞していたため，荒廃に任せられていた。

　国土を荒廃から救い，再建への社会基盤を築くことは，土木技術者に委ねられた重要かつ緊急の任務であった。とはいえ，その日その日の衣食住もままならぬ状況下での国土復興は困難を極めた。しかし，日本の全国民の英知と努力によって，日本は敗戦のどん底からはい上がり，復興はもとより，世界第一級の工業技術などを基礎に，今日では世界一の生活水準を誇るまでの経済大国といわれるに至った。この間の社会基盤，生活基盤整備に果たした土木事業と，それを支えた土木技術，それに従事した人々の奮闘の経過が，そのまま戦後土木史である。ただし，その間の目まぐるしい社会と経済の変化のもと，その歴史はもとより平坦なものではなかった。

　この変転激しかった第二次世界大戦後の45年間を，土木界の推移の観点から次の3期に分けられよう。第1の時代は，敗戦の混乱から脱し立ち直りを見せるまでの15年間（1945～59）である。"もはや戦後ではない"と経済白書が述べたのは1956年であり，戦後の打ち続く水害のなかでも悲劇的な伊勢湾台風の襲来が1959年であった。このころから日本の高度経済成長が始まる。第2の時代は，その高度経済成長が世界を驚かしていた時代であり，オイル・ショック前年までの13年間（1960～72）とする。この間，日本の経済成長は世界一の伸び率を示し，ＧＮＰ（国民総生産）は先進諸国を次々と追い抜いていった。この高度成長を支えた土木事業もまた，次々と技術革新を遂げつつ空前の活況を呈し，"土木黄金時代"

といわれる．しかし，1973年のオイル・ショックは，石油の99％を海外に依存していた日本にとって特に打撃は大きく，ここでさしもの高度成長も終りを告げた．第3の時代はオイル・ショック以後今日に至るまでである（1973～）．この時代は高度成長から安定成長の時代となる一方，環境問題，住民運動の活発化に伴い，土木事業は新しい困難な課題に直面することとなる．土木事業が環境に与える影響，その事業の意義の一般への周知徹底が重要となってきた時代である．この3期の時代区分にしたがって，それぞれの時代における土木技術の特質，土木事業の発展の経緯を，若干の事例を掲げつつ述べることとする．

4.1 戦後の混乱から復興へ（1945～59）

4.1.1 戦後の経済危機―食糧危機の克服

敗戦直後の日本経済は疲弊し切っており，混乱状態にあった．その理由の第1は，戦時中のアメリカ軍の爆撃により，産業設備は破壊し尽くされ，軍需工場はもとより，諸都市の工場や一般住宅も廃虚と化し，原材料の輸入は全くなく，設備の残った工場も十分に操業することはできなかったからである．第2に海外からの復員軍人，帰国者により人口は急速に増加していた．第3にインフレーションの急速な進行である．第4は食糧危機であった．大都市住民は飢餓状態に近く，外国特派員の中には，"日本では数百万の餓死者が出るであろう"と報道する者もいたほどである．

このような混乱の状況下，食糧の確保と農地開拓は緊急の課題であった．1945年11月，"緊急開拓事業実施要領"による農地開発改良事業が"食糧の自給化"と"帰農促進"を目的として閣議決定された．1947年10月には"開拓事業実施要領"に改訂され，"帰農促進"の目的は"人口収容力の安定的増大"と変わり，干拓目標は半減し，農業水利事業が追加されている．当時，帰国者に家と食糧と職を準備することは不可能であり，入植者として開拓地に送り込む以外の有効な方法がなかったのである．

しかし，これら開拓計画においては事前調査の余裕もなく，計画は次々と縮小するなど混乱を避け得なかった．当初，5か年に155万町歩の開拓，帰農戸数100万戸の目標は，1947年10月には，入植戸数34.6万戸に縮小せざるを得なかった．

1951年3月まで開墾面積は約43.6万haで目標の35％にすぎなかった。開拓入植戸数の実績は約21万戸で目標を大幅に下回り，入植の離脱率は30％に達していた。事業投資額について見ると，土地改良事業費（客土，機械排水，耕地整理など）が開拓・干拓事業費を上回り，前者はさらに著しい伸び率を示していた。食糧増産対策としては，前者の方がはるかに速効性があったからである。

1954年ころには，食糧事情は世界的にも緩和され，アメリカ合衆国との間で余剰農産物の買付協定が締結された。1955年には全国の水稲収量は1,200万tと史上最高が記録され，米の自給がほぼ達成される見通しとなり，戦後の食糧危機からようやく脱却することができた。この間における米作栽培技術の進歩はもとより，土地改良事業はじめ農業土木事業の果たした役割は大きい。

この段階で開拓事業については再検討されることとなった。1955年に農地開発機械公団が設立され，人・畜力による開墾から機械施工による機械開発方式への転換が図られ，1958年3月に"開拓事業実施要綱"が制定された。さらに1961年8月には農業基本法が成立し，それまでの開拓事業実施方式に代わって"開拓パイロット事業制度"が発足し，ここに戦後重要な役割を担っていた"開墾事業"は終りを告げた。

1949年に制定された土地改良法によって，わが国の統一的な土地改良制度が確立した。すなわち，これに伴って従来の耕地整理法，北海道土功組合法は廃止され，水利組合法は水害予防組合法に改正され，普通水利組合に関する部分は削除された。この法の成立は，戦後の農地改革に即し，土地改良の事業と組織を，所有者中心主義から耕作者中心主義に改め，大規模な用排水事業のような国営事業の根拠となる法の整備を目指すものであり，戦後の農地拡大政策が減退するのに対し，食糧増産政策が既耕地の改良へと向かった政策転換を意味していた。

以後，土地改良事業は躍進期といわれる1950年から53年にかけて予算は急増し，1952年から発足した"食糧増産5か年計画"を推進させた。特筆すべきは1950年代には戦後の土地改良事業を代表する愛知用水事業，北海道篠津地域泥炭地開発事業，八郎潟干拓事業などの大規模プロジェクト事業が開始されたことである。

4.1.2 愛知用水事業

当時のわが国は，大規模プロジェクトを行う資金が十分にはなく，これらは，いずれも世界銀行を通じて外資導入によった。その最初は1951年愛知用水事業の資金調達に際してであった。愛知用水公団方式と呼ばれるこの事業の進め方は，事業の一貫施工体制の確立，大規模な畑地かんがい，本格的機械化施工など，それ以後の土地改良事業や制度に大きな影響を与えた。

愛知用水事業は，1950年公布の国土総合開発法によって指定された木曽川特定地域の主要事業であり，その事業主体として1955年に愛知用水公団が設立された。以後，世界銀行からの借款を含め423億円をかけて1961年に通水完成した大規模水利開発である。この開発の完成は，土木技術の進歩，財源の裏付けとともに，水利権の調整ができたからにほかならない。わが国ではいかなる河川開発を行うに際しても，既得水利権との調整がつねに必要であり，それがしばしば容易ではない。木曽川下流には既存の宮田，木津（こっつ），羽島の農業用水があり，愛知用水事業の場合も，それら取水地点より上流から取水するので，これら既存用水との

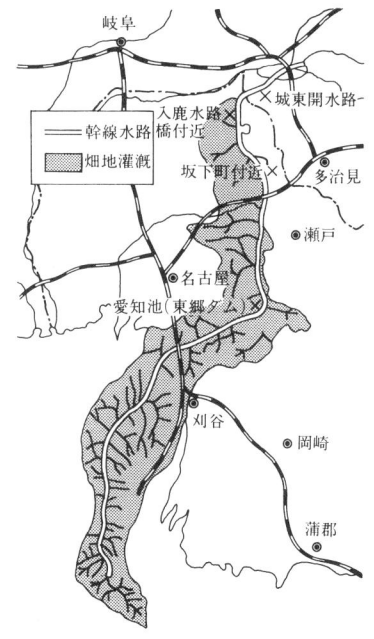

図 4.1　愛知用水（村松・高橋編：ビジュアル版日本の技術100年　6 建築・土木，1989，筑摩書房より）

調整が不可避であった。したがって，犬山に頭首工を設けて，3用水を合口する濃尾用水事業が施工された。

同事業は，愛知県および岐阜県の一部に，当初はもっぱら農業用水を供給する計画であった。農林省で戦後最大の総合開発計画として立案されていた段階では食糧増産が最も重要な課題だったからである。そのため，木曽川の支流王滝川に牧尾ダム（ロックフィルダム，堤高105m，有効貯水量6,800万 m^3，堤体積261.5万 m^3）を建設し，電力の増強1.3億 kWh，農業用水を岐阜県可児郡の一部，名古屋市東方の丘陵地帯，従来水不足に悩んでいた知多半島一帯の3万 ha，上水と工業用水を名古屋市周辺，臨海工業地帯へ当初計画$1.7m^3/s$を供給する計画であった。

工事期間中に，日本の産業構造は急速に変化していった。特にこの受益地の名古屋とその周辺は急激な都市化，工業化により水需要が急増した。一方，すでに述べたように，日本の食糧事情は好転し自給体制が整っていく。そこで3 m^3/sの農業用水が上水道と工業用水に転用されることが工事中に定まり，その後も徐々に転用が進んだ。農業受益面積は完成時から10数年後には半分以下になる一方，都市用水への供給量は当初計画の7倍に達した。ちょうどこの時期に，日本は高度成長期に突入し，農業開発から工業開発へと地域開発政策が転換したのである。

4.1.3 打ち続く災害

敗戦で打ちのめされた日本の国土に，追打ちをかけるかのように，次々と自然の猛威が襲った。1945年9月枕崎台風，同10月阿久根台風，1946年12月南海地震，1947年9月カスリン台風，1948年6月福井地震，同9月アイオン台風，1950年9月ジェーン台風，1953年6月西日本水害，同7月紀伊半島水害，同9月台風13号，1954年9月洞爺丸台風など枚挙にいとまがない。

このように大型台風，激烈な梅雨前線豪雨，大地震が相次ぎ，まさに，"国破れて山河また荒廃"の感であった。これらが戦後の食糧危機に拍車をかけ，人心に不安をあおることとなった。元来，わが国は台風，地震，噴火などの天災につねに脅かされる宿命にあるとはいえ，敗戦直後のこの時代に特に集中的に発生したのは不運であった。しかも敗戦の痛手から立ち直っておらず，防災体制も不十分であったため，日本の国土と住民に与えた損害もまた大きかった。図4.3に明

図 4.2 カスリン台風による利根川決壊（1947年9月）
（旧建設省利根川上流工事事務所提供）

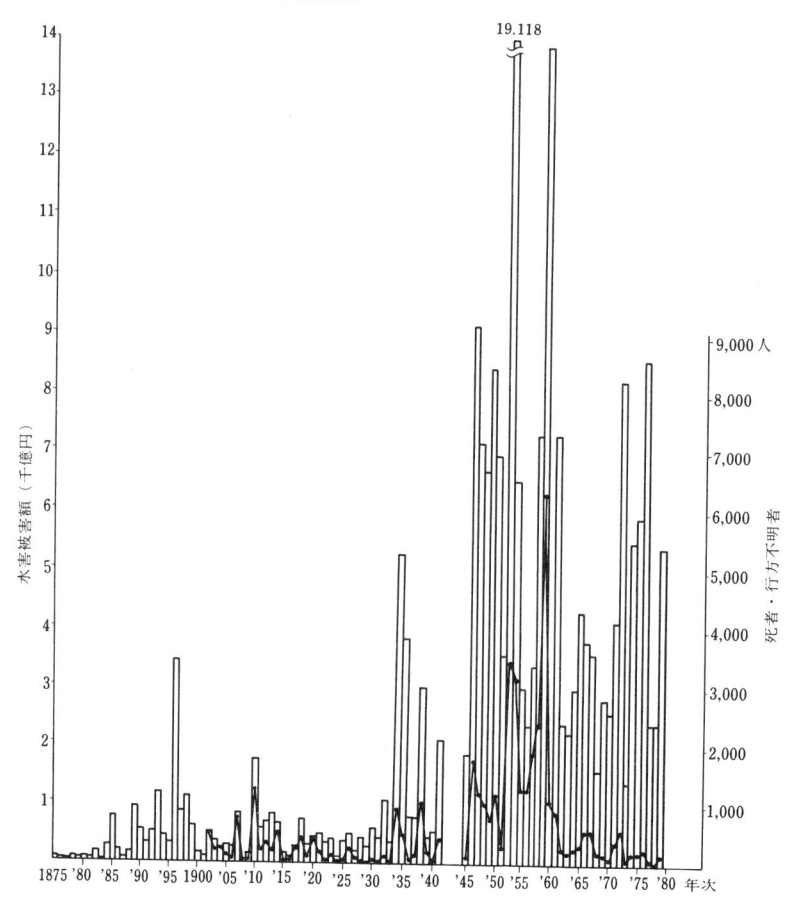

図 4.3 風水害死者数と被害額の変遷（1975年価額）

治以降の風水害による死者数と被害額は図4.3に見る通り，この百数十年間でも，1945〜59年の15年間が，とりわけ死者数も被害額も大きいことが明瞭である．したがって，この時代における土木事業への強い要望は，前項に述べた食糧増産のための農業土木事業とともに，戦災復興と災害復旧であった．

戦時中の例であるが，1944年12月7日には熊野灘に震央を持つ東南海地震が，死者998人，全壊2.6万戸という大被害を出しているが，戦時中のため，その報道は制限されていた．紀伊半島・東海地方の重工業地帯に与えた影響は大きく，戦争遂行にも大きな支障となった．

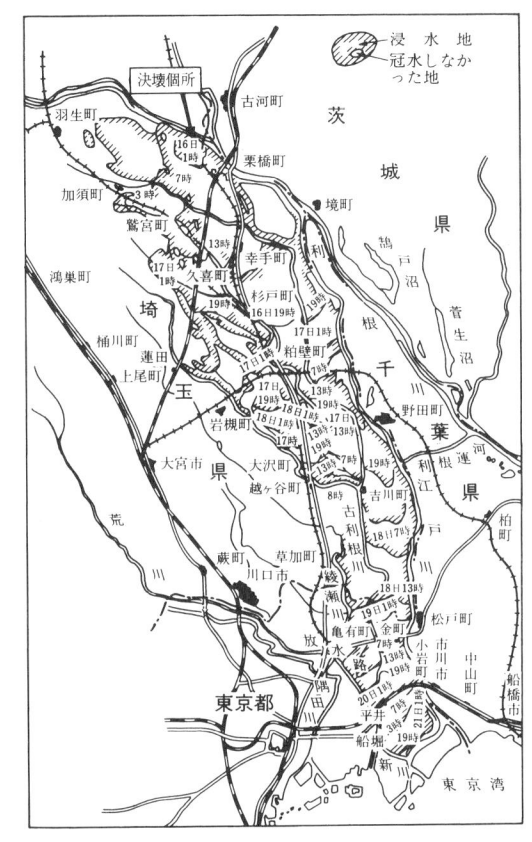

図4.4 カスリン台風による利根川の氾濫状況
（建設省利根川上流工事事務所資料による）

　1945年9月17日，薩摩半島南端の枕崎に上陸した台風は，戦後の日本を激しく襲った最初の天災であった．枕崎上陸時の最低気圧916.6hPaは，1934年の室戸台風上陸時の911.9hPaに次いで史上第2位であった．この枕崎台風は九州を横断した後，広島付近を通過して山陰に抜けた．特に原爆による破壊からひと月余の広島市を中心とする被害は悲惨を極め，全国の死者行方不明3,756人のうち，広島県のみで2,012人の犠牲者を出している．ちょうどこの日，東京ではマッカーサーが占領軍総司令部の執務を始めており，東京の街には至るところに瓦礫の山が放置されている状況であった．続いて10月10〜13日にかけ，上陸地点によって命名された阿久根台風も死者行方不明451人を出し，この両台風はこの年の食

糧危機をさらに深め，米作は1902年以来の大凶作となり，単に直接被害者のみならず，全国民にも影響を与えたことになる．

1946年12月21日には潮岬南々西にマグニチュード8.1の南海地震が発生し，津波被害を含め中部地方以西に死者行方不明1,432人，全壊1.1万戸，浸水3.3万戸の被害が出た．特に高知，和歌山，徳島各県の被害が甚大であった．

1947年9月16日未明，利根川堤防が栗橋の上流側右岸で決壊し，その氾濫流は5日後に東京東部地域を水没させる大災害となった．紀伊半島沖から北上し房総半島をかすめ，三陸沖に抜けたカスリン台風は，関東，東北の利根川・荒川と北上川流域を中心に大暴れした．群馬・栃木両県では赤城山と足尾山地からの土石流によって多数の犠牲者を出している．この水害による死者行方不明は1,930人であり，群馬県の703人が群を抜いている．この大水害以後，戦時中の治山治水事業の遅れもその原因とされ，利根川，北上川の上流にダム群建設を含む洪水対策の構想が生まれた．

1948年6月28日の福井地震もまた，福井市に震央を持つマグニチュード7.3の大地震となり，福井県で3,728人，石川県で41人の死者を出す悲惨な災害となった．北陸本線は2か月にわたって不通となり，ビルの倒壊も多く，土木建築関係者にとって大きな試練となった．被害の激しかったのは，ほとんど沖積層地帯であり，地震被害と地盤構造の関係が改めて問題とされた地震でもあった．この教

図4.5　福井地震による被害

訓が1950年制定の建築基準法に生かされている。

　1948年9月のアイオン台風も，カスリン台風とほぼ同じ経路をたどり，関東，東北にまたもや大きな災害をもたらした。岩手県一関市は北上川支流の磐井川の破堤により2年続けてその中心街が水没する悲運に見舞われた。

　1949年8月のキティ台風は，小田原付近に上陸し佐渡を通った。東京湾では1917年以来の高潮水位を記録し，横浜港では停泊中の90隻の船舶のうち，26隻が沈没し開港以来の大災害を起こしたほか，相模平野深く塩風害が発生した。

　1950年9月のジェーン台風は四国東岸から淡路島，若狭湾へと向かい，大阪湾および瀬戸内海東部に高潮が発生し，1934年の室戸台風以来，第二次世界大戦後最大の被害をこの地域に与えた。犠牲者は大阪府の256人を含み全国で508人に及んだ。大阪市の西部低地帯は室戸台風の際より1.0〜1.5m地盤沈下していたことが浸水範囲を広げ被害を大きくした。

　キティ，ジェーン両台風は，関東，関西とも高潮被害は地盤沈下地帯に激しく，その原因が地下水の過剰揚水であることが指摘された。大阪府および市では，この台風後，工業用水道事業の促進と地下水使用の規制が進められた。

　1951年10月のルース台風は鹿児島県阿久根に上陸して米子を通り，新潟から石巻へ抜け，全国に災害をもたらし，死者行方不明は943人，鹿児島，山口両県の被害が最も大きく山口県北河内村は山津波で1集落が全滅したのをはじめ，シラス地帯やマサ地帯の崩壊災害が激しかった。

　1953年6月末には西日本において梅雨前線豪雨により，白川，筑後川などが未曾有の大水害を受け，門司の土石流，国鉄関門トンネルの水没なども招き，7月中旬には紀伊半島を梅雨豪雨が襲い，それぞれ1,000人以上の死者を出し，9月末には台風13号が東海地方を中心に猛威を振るった。この年の連続大水害を契機として，内閣に治山治水対策協議会が設立，治山治水対策要綱が樹立され，洪水調節を含む多目的ダム構想を推進する治水計画が取り上げられた。

　1954年9月26日，青函連絡船洞爺丸が函館港外において転覆し，1,139人の死者行方不明を出す悲劇が発生した。洞爺丸台風と呼ばれるこの台風は，日本海を北上する間に発達し猛烈なスピードで北海道を襲った。函館港内に仮泊中の連絡船3隻，貨車連絡船十勝丸も函館港外で沈没した。この台風による死者行方不明は1,761人，船舶被害は5,581隻であった。烈風のため，石狩川流域の倒木被害も

図 4.6 伊勢湾台風による名古屋市南部の氾濫状況と流木の氾濫
(伊勢湾台風30年事業実行委員会編:伊勢湾台風より)

激しく,岩内町では火事によって全町の8割が灰燼に帰した。世界海難史上でも最大の犠牲者を出したこの災害は,海難審判にかけられ,警報発令下の連絡船の運航は慎重に行うようになり,青函トンネル計画の契機ともなった。

　1957年7月末には,梅雨末期の豪雨が長崎県諫早市を中心に暴れ回り,翌1958年9月には狩野川台風が伊豆半島狩野川流域および関東で暴れ,東京,横浜には新型のいわゆる都市水害が発生した。このころ東京の人口は急増しつつあった。急造の新興住宅地は河川沿いの低湿地など水害に弱い箇所に集中しやすい。しかも,日本の場合,低平地の水田などが宅地となることが多い。豪雨時に遊水地的役割を果たしている水田の宅地化が,新型の水害を生むのである。狩野川台風を最初の典型例として,以後この種の都市水害が,全国的な都市化の波を追うかのように全国の都市に蔓延していく。

　1959年9月末の伊勢湾台風は,明治以降の台風災害史における最悪最大の被害を日本列島にもたらした。潮岬西方に上陸した時の気圧929.5hPaは史上3位であり,この超大型台風の風速25m/s以上の暴風圏は本土上陸前後においても直径500kmに及び平均最大風速は50m/sであった。名古屋港では5.81mという検潮開始以来最高の潮位を記録した。死者行方不明5,041人は日本の台風災害史上,

シーボルト台風の約1万人に次ぐ。特に被害が甚大であった名古屋市南部は，高潮，河川氾濫，内水が複合して大きな破壊力となり，貯木場の決壊による数十万石の木材流出が災害を激甚化し，この地帯の地盤沈下が進んでいたことは，さらに災害を拡大化した。

政府は臨時国会を召集し，高潮対策事業などに関する特別措置法などが可決されたのをはじめ，災害対策基本法の制定，文部省は災害科学総合研究の研究費補助を定め，以後の継続的災害科学研究の発足となった。

幸いにして，1960年以後は，上述の15年間に次々国土を襲ったような大型台風や激烈な梅雨期の豪雨もまれにしか訪れなくなった。まことに悪夢の連続としかいいようのない敗戦後の15年間であった。

4.1.4　工業の復興のための水力開発

すでに"4.1.2　愛知用水事業"の項でも述べたように，1950年代後半には，わが国の工業は飛躍的発展を遂げつつあり，それを支えるための土地，水，エネルギー開発が緊急を要する土木事業であった。

そのため，まず石炭の増産に力が注がれ，やがて水力開発の要望が高まっていく。すでに戦前において相当の水準に達していたダム技術を基礎として，戦後の強い要請としての洪水調節，農業水利，発電水力などを同時に受け持つ，いわゆる多目的ダムが，電力専用ダムなどとともに脚光を浴びるようになった。

行政の対応として注目すべきは建設省の設立と日本国有鉄道公社の誕生である。建設省は1948年に設立され，建設行政を担う中心機関として，土木技術者の地位確立を伴って活動を開始した。鉄道行政は日本国有鉄道が公社組織として1949年新しく誕生し，アメリカのTVA（テネシー川開発公社）の組織を参考として，官民の組織の長所を兼ね備えるものとしての期待を担い戦後の鉄道再建に乗り出した。

1950年，国土総合開発法が北海道総合開発法とともに公布，さらに1952年には電源開発促進法が公布され，それとの関連で電源開発株式会社が設立された。前者は戦後の一連の国土開発の第一歩となったものであり，後者を契機として水力開発が活況を呈するに至った。国土総合開発法に基づいて全国から19の特定地域が指定され，それら地域を重点的に開発しようとする計画であった。北上川流域

もそのひとつに選ばれ，治水に重点を置きつつも，本流に1，支流に7の多目的ダム建設を軸とする農業開発，電力開発などTVAを模範とする河川総合開発を意図していた。北上川流域はカスリン台風，アイオン台風により一関市などをはじめ，大水害を受けたことが，この総合開発のひとつの契機となった。

電源開発促進法制定後は電力専用の巨大ダムが次々と造られ，前述の北上川の場合のような多目的ダムの建設とも相まって，昭和20年代後半から30年代にかけて，ダム建設ブームが到来した。前節にも述べたように，すでに戦前，世界一級ともいえるダムの計画および施工技術に達していたわが国は，戦後のこの時代において十分にその威力を発揮したといってよい。すでに1939年から全国のいくつかの河川においては，河水統制事業の名のもとに，実質的には多目的ダムの建設が始まっていた。しかし，これらの多くは第二次世界大戦突入とともに中断された。たとえば，相模川河水統制事業の中核をなす相模ダムもその完成は1947年のことであった。また，水道専用ダムとしては世界一の高さといわれた東京都の小河内ダムも，その計画はすでに1931年に発表されたが，地元や下流水利権者の反対でその折衝に難渋し，着工は1938年であったが，戦時中中断のやむなきに至り，1957年に至って漸く完成した。すなわち，ダムブームを支える技術的素地はすでに戦前に芽生えていたが，戦後の日本経済立ち直りの時機にそれらが一気に開花したといえる。

この時代のダムブームの幕開けともいうべきひとつのピークは天竜川の佐久間ダム建設であった。この計画は電源開発株式会社により1953年4月着工，次々と種々の建設記録を作りながら，1955年8月早くも全堤体が完成，その間わずか2年4か月という，当時としては想像を絶するスピード工事であった。ダムの高さは150mであり，わが国で初めて100mを超す高ダムであった。それまでは木曽川の丸山ダムの88mが日本最高であったから，一挙に従来の記録の2倍近い高さの巨大ダムを，しかも前述のようなスピードで建設したのである。それを可能ならしめた重要な要因のひとつは，アメリカから輸入した大型土木機械による最新式機械化施工の成功であった。

佐久間ダム工事において初めて使用した機械の実例を述べれば，まず大規模な排水ポンプである。仮排水路は1,000m^3/sの通水能力を有し，これを超える洪水

図4.7 佐久間ダムの建設（土木学会提供）

に備え，揚程36mの立軸ディープウェル・タービンポンプが使用された．このポンプのおかげで出水期の基礎掘削中，洪水が3回仮締切りを越流したが，掘削を中止したのはわずか12日にすぎなかった．

ダム地点の両岸は急峻であり掘削ずりはほとんど河床に落下する．その搬出に2 m^3のパワーショベル5台，15tのダンプトラック30台が投入された．トンネル掘削にはジャンボに16台の削岩機を据えつけ全断面掘削により，かつていかなるトンネル現場でも経験しなかった高能率掘削を可能にした．

こうして佐久間ダム建設現場は，従来のダムなどの工事現場とは全く異なる様相を呈し，大型土木機械の展示場のようであった．ここでの機械化施工の成功は，これ以後のダム工事のみならず，すべての大型土木プロジェクトの現場の風景を一変させたといってよい．したがって，佐久間ダムは単にダム工法に革新をもたらしたのみならず，日本における土木施工法全体に革命をもたらしたとさえ

いえよう。

　佐久間ダム地点での天竜川の流域面積は3,827km^{2}であり、わが国でこのような広大な流域面積の地点に高いダムを築いた前例は全くなかった。

　佐久間ダムによる貯水池の容量3.2億m^{3}は諏訪湖の容量にほぼ匹敵する。発電出力は35万kW、つまり100W電球ならば350万個に点灯できる。年間発生電力量は13億kWh、工事使用のセメント37.5万t、鋼材5.3万t（戦艦1隻分）、労務者延べ350万人であった。直径10.5m、長さ650mの仮排水路を11か月で掘り抜き、コンクリート打設も1日最大5,180m^{3}という当時の世界新記録を樹立しつつ、国鉄飯田線の付け替えなどの工事をも含み一気に完成させたが、犠牲者は87人の死者、2,000人近い重傷者を出している。現場の労務者にヘルメット着用を義務づけたのは、佐久間ダム工事が日本で最初であったといわれるが、当時労務者たちのなかには、その着用を潔しとせず抵抗する者もいたという。いろいろな面で当時としては型破り、すべてに大型な破天荒な工事であったといえる。その詳細な工事記録映画などによって、佐久間ダムは多くの日本人に感銘を与え、自信を奮い起こし、この映画を見て土木技術者を志した青年も少なくなかった。そしてこの機械化施工がやがて到来した高度成長時代における土木黄金時代の技術的基礎になったと評価することができよう。

4.1.5　新しい学問分野の勃興

　3.3.7で述べたように、第二次世界大戦までにも、世界に誇るいくつかの研究業績が発表されているものの、大部分の研究論文や著作、および大学教育は、欧米にて開拓された研究方法やその成果に則っていたといえよう。しかし、第二次世界大戦後に至って、著者独自の研究や技術経験によって書かれた学術書が数多く発表されるようになった。

　一方、戦前までの土木工学の基礎としての力学系、材料系に加えて、社会的ニーズとそれにこたえる方法論の開拓によって、かつては扱いにくかったテーマの学問が進展し、土木の現場で直面している現象を理解し対策を実施するための学問的基礎を培っている。新しく体系を整えてきた学問の例として海岸工学と水文学を紹介しておく。

　わが国で海岸工学を本間仁に引き続き推進した堀川清司によれば（1973）、海岸

工学 (coastal engineering) という言葉が公式に表明されたのは，1950年10月，アメリカ合衆国カリフォルニア州ロングビーチにおいて第1回海岸工学会議が開催された時であるという。もとより，海岸をめぐる多くの現象は港湾工学の一部として発展してはいたが，1940年代から海岸を舞台とする土木的課題が世界各国の海岸で続出したことが，海岸工学を独立させた有力な動機になったといえよう。

　第二次世界大戦中，アメリカ合衆国においては，敵前上陸作戦などの軍事目的から，科学者と技術者の協力によって，波浪の予報に関する研究が積み重ねられていた。戦後，これらの研究は海岸構造物の設計に利用され，ヨーロッパ各国や日本でも，急速にその研究成果が蓄積された。わが国では新潟海岸の欠壊が，40年代末から重大視され，その対策のためにも海岸工学への期待が高まっていた。その後，わが国では高度成長期を迎え，港湾の整備，臨海工業地帯の育成，それに加えて各地で発生し始めた海岸浸食への対処や，1953年台風13号による東海地方海岸の高潮被害により，海岸保全工事の実施が急務となり，1956年には海岸法が施行され，海岸工学の重要性が広く認識されるに至った。豊島修による離岸堤が全国各地の海岸浸食対策に効果を挙げているのも海岸工学の成果の一端である。

　海岸工学は土木工学の一部門として発展したが，関連隣接分野の海洋学，気象学，地理学などとの協力を必要とする学際的性格を持っている。これは後述の水文学などと同じく，第二次世界大戦後に発展した新しい学問の特徴ともいうことができる。すなわち，次々発生する新しい課題に対しては，それ以前の土木工学の枠内にのみ閉じこもっていては，学問としても現場への対応としても不十分ならざるを得なくなったのである。

　水文学もまた第二次世界大戦後，急速に発展した土木工学の一基礎部門ということができよう。もちろん，戦前からも河川工学の一部として，雨量と流出の関係究明を中核とする河川水文学の研究や洪水予報への応用は実施されてはいたが，体系立った研究が広く行われるようになったのは，1950年代以後のことである。

　河川水文学は1930年代から40年代にかけて，アメリカ合衆国において著しい発展を遂げた。1933年から開始されたＴＶＡ，すなわちテネシー川流域開発公社に

よる河川総合開発においては、20を超す多目的ダムが建設された。これらダム群の洪水調節のコントロールのためには、流域の雨量とダム地点への流量との関係が高い精度で求められなければならず、そのためには河川水文学のレベルアップが不可欠であった。

第二次世界大戦後のわが国においては、4.1.3にも述べたように毎年のように大洪水が発生し、的確な洪水予報などの治水対策が急務であった。その対策として日本でも多数の多目的ダムが、1950年の国土総合開発法、および1957年の特定多目的ダム法以降建設され、一方水力発電所用ダムも1952年の電源開発促進法以降、多数建設されたことは4.1.4にて触れた通りである。これらのダムの水位操作、洪水対策の学問的基礎として、河川水文学への要望はとみに高まり、その調査研究が活発に行われるようになった。

水文学もまた、海岸工学のように、隣接学問の気象学、地球物理学、地理学、地質学、農業工学、林学などとの交流を必要とする学際的色彩の濃いものであり、これも50年代以降の新しい学問分野の特徴ということができる。

土質力学もまた、戦後漸く急速に発展を遂げた土木工学の一分野である。土は自然の重要構成要因であると同時に重要な土木材料である。しかも、時と場所により土の性状はきわめて多様であるため、材料力学や構造力学、さらには流体力学的手法と同様には扱い難い素材であるといえる。したがって、その発展と現場への応用に関しては、多くを経験的手法に依存していたといえる。

第二次世界大戦後、漸くにして土質力学は国際的にも国内においても順調に発展するに至った。1948年、戦前の第1回から12年振りにオランダのロッテルダムで第2回国際土質基礎工学会議は開かれた。この会議に、日本は参加できなかったが、これに刺激され1949年に土質工学会の前身の土質基礎委員会が設立された。

土質工学もまた、建築、農業土木、地質などの分野と学際的協力を得て、以後着実に発展した。特に高度成長期に、日本特有の特殊土壌を克服しつつ多彩かつ大規模な土木施工を推進するに当たって、土質工学の果たした役割は大きかった。

第二次世界大戦後の新しい学問の傾向としては、ＯＲすなわちオペレーションズ・リサーチに代表される計画数学的手法の展開とそれが広く応用されたことを挙げねばならない。これらの手法は施工管理などを含む土木計画のさまざまな分野に適用され、計画や施工の合理化と能率向上に資するところが大きかった。やがて電子計算機の発達が、大量の数値計算を短時間に行い得るようになって、設計や解析の能率向上のみならず、従来は不可能視されたような、さまざまな条件下の解析が可能となったことなどは、いまさら贅言を要しないであろう。

4.2　高度成長を支えた旺盛な国土開発

4.2.1　高い経済成長率と産業構造の急変

　1956年の経済白書は"もはや戦後ではない"ことを表明し、日本経済が新たな段階に入ったことを認識している。前項に述べた佐久間ダム完成の1956年から大阪での万国博の1970年に至るころは、日本経済が毎年6～14％の実質経済成長率で伸展し、公共事業も活発に行われ、土木施工の機械化を軸として、各種の土木事業が、豊かな資金と、技術革新の成果を糧として急速に発展した。いわゆる土木黄金時代である。

　毎年10％で成長すれば、7年で2倍になる。日本経済も国民所得も、したがって日本人の生活水準も、この間の年平均経済成長率10％強を背景に急速に拡大向上したのである。土木事業もまた、その要請にこたえた土木技術の発展を得て、順調に施行され、それらの成果のなかには、かつて不可能視されていた画期的事業がいくつも含まれている。この約15年間に投じられた公共事業資金、この間の土木事業の総量は、おそらく有史以来高度成長期以前までわが国土に投じられた総工事量を上回るほどの桁外れのものであったであろう。

　この高度成長を可能にした要因については、いろいろな側面から各種の推測が可能であろう。ここでは土木事業とかかわりの深い面について若干の解説を加えておく。まず、第一に、この間に産業構造の変革が急速に行われたことである。図4.8に示すように、第二次世界大戦後約20年間における第一次産業から第二次および第三次産業への移動はすさまじいばかりの勢いである。農林漁業の第一次産業従事者は、1950年に45.2％、1960年に30.2％、1970年に17.2％と急速に減少

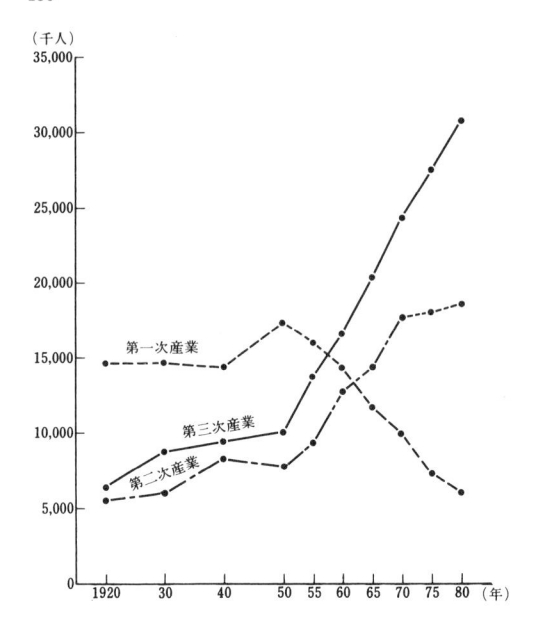

図 4.8 産業別就業者数の変遷

した。大部分の欧米諸国においては，農業人口が40％以下になったのは第一次世界大戦後であったが，日本では第二次世界大戦後であった。しかもわずか20年足らずの間に農業人口が40％から20％以下になり，これほど膨大な人口が大都市に集中した例は世界のどこにも前例がない。換言すれば，大量の若手労働者が農村から大都市へと移動したのである。第二次および第三次産業は，その発展の原動力である大量の若手労働力を短期間に獲得できたのであり，それが高度成長を可能にした重要な要因であった。それは必然的に人口の大移動を伴い，大都市における過密，農村における過疎を発生させ，都市の過密問題を生み出した。1950年に，都市人口は全国人口の約35％にすぎなかったが，1960年には64％，1970年には72％に増大した。1960年から70年までの10年間に，東京，大阪，名古屋の三大都市圏の人口は，3,700万から4,800万に増大したことは，1,100万の人口が，新たに三大都市圏に集中したことを意味する。この増加人口のみで，多くの国々，例えばベルギー，ポルトガル，ギリシアなどの一国の総人口を上回っている。当然，これら大都市において，交通，住宅，水などの社会資本が整備されなければ，爆発的に増大した人口を支え切れない。東京などの大都市において60年代には，たしかに交通地獄，水不足，住宅不足などの都市問題が発生したとはいえ，おおむねそれら難問を解決したことも，高度成長達成の要因であった。交通革命，エネルギー革命，情報革命などの技術革新が同時進行し，それらと共鳴するがごとく土木ビッグ・プロジェクトが完成されていった。

4.2.2　全国総合開発計画

　敗戦時における国土の荒廃と経済の混乱を救うために，国土全体を考えた総合開発の気運が盛り上がっていた。敗戦直後の1945年9月，内務省国土局は"国土計画基本方針"を作成し，経済再建の基本原則，各産業の指導原則，産業基盤条件の整備，文化厚生施設の配分，人口の地方分散と都市計画・地方計画の基本方針を示した。それらは1946年，"復興国土計画要綱"として公表された。

　戦後日本の再建は，国内資源の有効利用と，国土開発に頼らざるを得なくなり，そのための技術開発と国土の計画的開発が強く要望されていた。しかし，元来資源の乏しいわが国が，戦争による大きな痛手を受け，その再建を絶望視する観測さえあった。そのような状況下において，前述のような復興計画が作成されていたことは，当事者が並々ならぬ意欲と決意をもって国土再建に情熱を燃やしていたことを物語るものといえよう。日本を占領統治していた連合軍総司令部もまた国土開発のための基礎調査などを行っていた。アッカーマンは天然資源局にてこの問題に専念し，大著"日本の天然資源"を報告し，日本の国土再建案を提示したが，1946年の記者会見において，「資源の有効利用を図れば，日本が戦前（1934～36年）の工業水準に戻るのは可能である」と述べ，当時の日本では希望に満ちた朗報として受け止められた。ここでは，日本に恵まれた唯一の資源である水の開発が強調されたが，この場合の水は水力資源であった。工業を復興するにはまずエネルギーを開発しなければならない。ダム建設などによって水力開発を行えば，貴重なエネルギーが獲得でき，工業発展に十分寄与できるという案である。

　アッカーマンの推奨によって経済安定本部に資源調査会が設立され，復興のための資源政策についていくたの勧告が発表された。たとえば，初期の勧告の中には，利根川などの洪水予報組織の確立，鉄道電化，合成繊維工業の育成，排ガスの有効利用などがあり，いずれもその後所管行政機関によって実行に移され，日本の再建に貢献した。

　戦後日本はアメリカの影響を強く受け，多くの制度や政策がアメリカを先例として実施された。河川総合開発としては，ＴＶＡ（Tennessee Valley Authority，テネシー川流域開発公社）の地域開発が模範例とされ，大水害直後の北上川の総合開発計画もその例といえよう。すなわち，上流域に多くの多目的ダムを建設し，

洪水処理とともに，発電水力，農業用水などの水資源開発も行い，地域開発の実を挙げようとする計画であった。

　ＴＶＡは1933年からミシシッピ川の支流オハイオ川の支流のテネシー川に26の多目的ダムを建設し，水害を防止するとともに，巨大な電力，水資源，舟運などを開発し，アメリカでも最も疲弊していたといわれるテネシー川流域の地域開発に成功した例であり，20世紀前半を代表する総合開発として高く評価されている。この開発計画は，経済恐慌によって不況に陥っていたアメリカ経済を再建しようとする，ルーズベルト大統領のニュー・ディール政策の一環として実施された公社組織による公共事業であった。TVAに刺激されて，その後わが国でも多数の多目的ダムが全国に建設され多大の成果を挙げ，特に都市化に伴う電力や水需要にはこたえたが，ＴＶＡが本来目標としていた地元の草の根民主主義の具現としての地域開発に貢献できなかった例も少なくない。

　1950年の国土総合開発法は，上述の情勢下，日本の国土再建を目指す最初の国土計画の基本法として北海道総合開発法とともに制定された。この法律は，国土の総合的な利用，開発，保全を適正に行うための計画の立案，事業の調整などについて定めた，国土開発の基本法である。この法によれば，全国，地方，都府県，特定地域の4種の総合開発計画を作成することになっていたが，全国計画は直ちには策定されず，21の指定を受けた特定地域の総合開発計画が先行して実施された。これら指定特定地域には，北上川流域があり，五つの多目的ダム建設がその核となった。この時代における総合開発は農業用水の確保と農業生産の増大

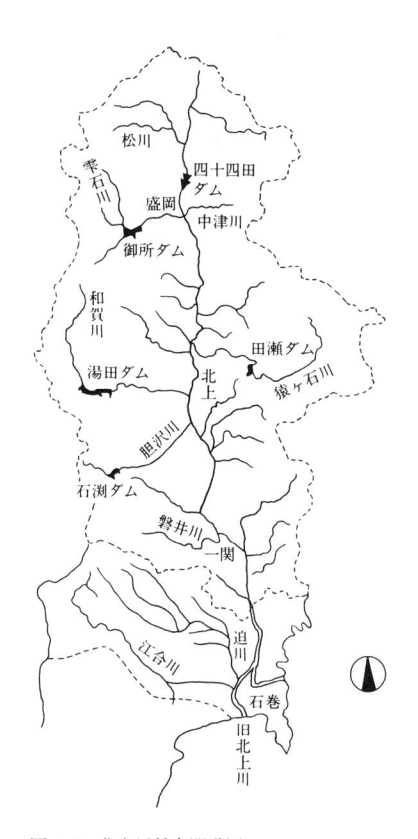

図 4.9　北上川総合開発図

が重要な目標であり，河川総合開発がその戦略として採用された例が多かった．

1950年代後半から，日本の経済成長率は急上昇し，いわゆる高度経済成長が始まる．好調となった経済成長を梃子として，経済計画が先行して国土計画を誘導し，さらに地域計画や都市開発計画へと波及する計画プロセスができ上がっていった．国民総生産（GNP）の成長率の目標に向け物的条件の計画を作成する経済計画方式が，地域計画や都市計画の方法を規定するようになった．それを具体化したのが，1957年の"新長期経済計画"であり，1959年の"国民所得倍増計画"であった．都市化が急速に進む過程で経済効率が重視され，地方の農村地域よりも臨海部の大都市への開発投資に重点が移っていった．

所得倍増計画を受けて，1962年に国土総合開発法に基づく全国総合開発計画が初めて策定された．当時，都市化が急速に進行し，大都市の過密が話題になりつつあったが，都市の集積の効果と工業の発展による経済効率の魅力は圧倒的であり，過密の弊害を取り除くことは容易ではなかった．全国総合開発計画の目標は，過大都市を抑制し地域間格差の是正を図り，工業発展のための拠点開発を狙っていた．全国を過密地域，整備地域，開発地域に3区分し，大規模開発拠点は，東京，大阪，名古屋などの既成大都市から離れた地域に立地し，それら相互間に機能的に特化した中規模拠点を配置しようとする計画であった．そのために，新たに新産業都市と工業整備特別地域を指定し，高度経済成長政策の拠点と考えた．この開発構想は工業開発拠点建設の面ではおおむね成功し，工業発展の実を挙げたが，地域格差の縮小を達成することはできず，人口の大都市集中による過密化と，農山漁村の過疎化現象はさらに進行した．

過密による都市の社会資本不足は，いわゆる都市問題を深刻化させ，交通に関しては通勤地獄，交通渋滞，交通事故の多発，住宅不足，水不足，さらには大気汚染，水質汚濁などの公害も深刻となってきた．一方，農山漁村においては若手労働力の不足や森林の荒廃などが徐々にこれら地域から活力を失わせる結果ともなりつつあった．

このような新しい事態に対処するため，政府は1969年，第二次全国総合開発計画（略称，新全総）を策定した．新全総では，1985（昭和60）年までの約20か年計画とし，拠点開発方式をさらに大規模開発プロジェクト方式に拡大し，大規模工業基地，食糧基地，レクリエーション基地などを定めて集中的建設をもくろん

だ。また，地域開発の基礎単位として全国を100～200地区に分け，広域生活圏の設定，情報化社会に即応した国土利用のための高速度交通網による新しいネットワークの整備が計画された。

しかし，新全総策定のころから，公害問題は深刻化し，やがて1970年の公害国会を迎えることとなった。あらゆる開発計画に対して環境重視の声が高くなる一方，1972年には田中内閣による日本列島改造論が発表されたが，地価の高騰を呼び，さらに1973年のオイルショックによる経済的混乱が生じ，社会と経済は激動の時代を迎え，新全総は目標年次を待たずして，次の第三次全国総合開発計画の策定を余儀なくされていく。

4.2.3 大ダム時代の到来

前節で述べた佐久間ダム工事を契機とするダム技術の進歩は，電力，水資源などの要請を受けて，50年代後半から60年代にかけて空前のダムブームを迎える。佐久間ダム以後に次々と建設された150m級の大型重力ダムの施工技術は，基本的には佐久間ダムの方法を継承し，それをコンクリート施工面で種々改善を加えていった。所要の強度，耐久性，水密性の得られる範囲で，使用するセメント量をできるだけ少なくして資材費を節約し，コンクリート硬化熱を少なくする努力が積み重ねられた。こうして，戦前においては三浦ダム（1943年竣工）や塚原ダム（1938年竣工）のようにコンクリート1m^{3}当り220kgのセメントを使用していたのが，佐久間ダムでは160kg，奥只見ダム（1961年竣工）ではセメント98kg，フライアッシュ42kg，合計140kgにしかすぎなかったことにも，コンクリート技術の進展が明確に示されている。つまり，ＡＥ剤，フライアッシュあるいは人工骨材などの新しい材料の開発がこの場合には技術の進歩を支えていた。

佐久間ダム完成の1956年ころまでの大型ダムは例外なくコンクリート重力ダムであったが，それ以後，アーチダム，中空重力式ダム，フィルタイプダムなど，さまざまな型式のダムが競い合うがごとく次々と登場し，ダムブーム時代に花を添える形となる。図4.10に示すように，ダム高の変遷，各種型式のダムの登場を見ると，1950年代後半以降に次々と新型の高ダムが一挙に建設されたことがうかがわれる。例えば，中空重力ダムは主にイタリアにて開発されたが，従来の重力ダムに比し10～25%のコンクリート量の節約ができる。1957年，中部電力が大井

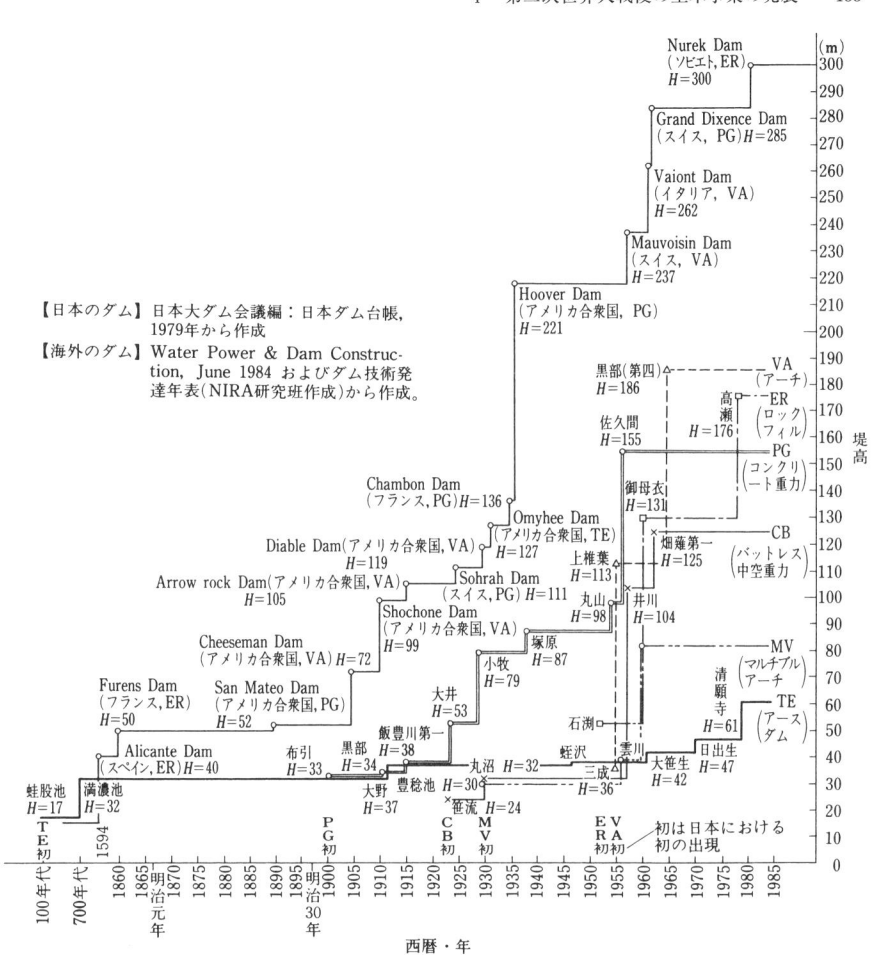

図 4.10 ダム堤高の歴史的変遷図
(高橋　裕：ダム―明治から今日に至る日本土木史の軌跡―, 土木学会誌, 70巻1号, 1985)

川の井川ダム（高さ103.6m）に日本最初の中空重力ダムを完成させ，この型式のダムが引き続き築かれた。アーチダムはフランスなどヨーロッパにおいてはすでに150m級の規模で多数建設されていたが，わが国では耐震性について未解決であったことが，アーチダムの出現を遅らせていた。しかし，ようやく九州電力が宮崎県耳川上流に高さ110mのアーチダム建設を計画し，耐震性に関してはダム地点での地震観測や過去の地震記録を検討する一方，模型実験によって固有周期振動が検討されダムの安定性を確かめ，実現に至った。1956年上椎葉アーチダム

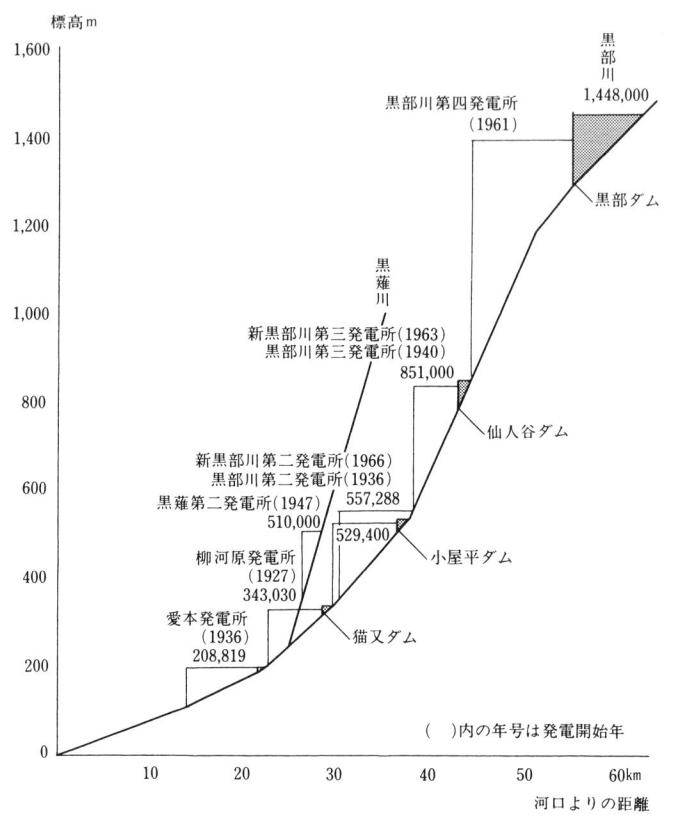

図4.11　黒部川水系河川縦断水力発電所位置図
　　　　(日本の技術100年, 1巻, 資源エネルギー, 筑摩書房, 1988, p.136)

完成以後，次々とアーチダムが築かれた。黒部川上流部の秘境に建設された黒部ダムは大容量の黒部川第四水力発電所を出現させた高さ186mのアーチダムである。この工事においては，基礎地盤が悪く6万m³にも達する不良岩盤のコンクリートによる置き換えなどの処置や，工事物資搬送の大町トンネルの大量湧水などを克服し，1963年完成し，アーチダムの金字塔を築き，世界に傑出したダム施工技術の成功とたたえられた。

　黒部川はすでに1927年に流れ込み式の柳河原発電所が建設されて以来，図4.11に示すように次々と調整式発電所が建設されてきた。この川の豊富な流量と急勾配が早くから電源河川として注目され開発されてきた。1940年完成した黒部川第三発電所建設の際のトンネル掘削に当たっては，いわゆる高熱隧道といわれる高

い地温に悩まされたことでも名高い。

　黒部ダムの完成により，中下流部の既設発電所もまた安定した流量増によって，発電量が増すため，発電設備を増設し，さらに自動化，遠方制御技術の向上と相まって水系一貫の効率的運用が可能となった。

　さらにこのころフィルタイプダムも次々と建設され始めた。アーチダムは地形地質条件が良ければ経済的であり技術的にも十分対応できるようになったが，基礎地盤が悪い場合には基礎処理量は大きくなり有利とはいえない。一方，土木機械はますます巨大化の傾向をたどり，短期間に大量の土石を掘削，運搬することが可能となるに及び，フィルタイプダムはにわかに，経済的にも技術的にも有利となる場合が多くなった。すでに建設省による北上川水系の石淵ダムがロックフィルダムとして1953年に完成していたが，この場合は山間部におけるセメント運搬が不便であったため，コンクリート表面遮水型によるロックフィルダムとして出現したのであった。大型土木機械の出現による最初の巨大なロックフィルダムは，1960年完成の庄川の御母衣ダムである。電源開発株式会社によるこのダムは，高さ131m，長さ405m，堤体積800万m³にも達する本格的巨大ロックフィルダムで，その後各地に建設されたこの種ダムの先駆となった。

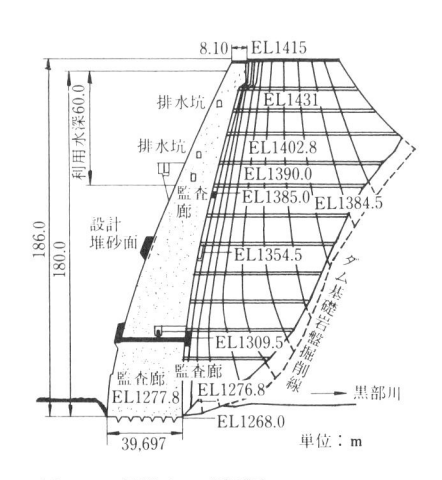

図4.12　黒部ダムの断面図

　このようにして，コンクリート重力ダムの佐久間ダム完成から約10年間にダム建設技術は飛躍的発展を遂げ，次々と難問を解決して全国至るところの河川上流部に巨大ダムを築いていった。表4.1（159頁）に現在に至るまでの日本のダム建設状況が示されているが，1950年以後いかに多くのダムが，電力用あるいは多目的ダムなどとして建設されてきたかが理解できよう。

　これらが，水力発電の確保，人口急増の大都市や工業地帯への水資源開発に果たした役割は大きい。

図 4.13　黒部ダム（土木学会提供）

図 4.14　御母衣ダム（土木学会提供）

表4.1 日本における各種ダムの竣工年別,目的別,ダム高別ダム数一覧

竣工年	目的	ダム高 (m)					合計	総計
		15〜30	31〜60	61〜100	101〜150	150<		
〜1930 (昭5)	I	701	4				705	
	S	17	8				25	781
	H	40	9	2			51	
1931〜1950 (昭6)(昭25)	I	253	9				262	
	S	11	6				17	
	C	1					1	376
	H	46	30	8			84	
	M	2	8	2			12	
1951〜1968 (昭26)(昭43)	I	175	33	2			210	
	S	21	8				29	
	C	23	12	1			36	586
	H	76	66	31	11	3	187	
	M	15	53	46	10		124	
1969〜1978 (昭44)(昭53)	I	55	38	1			94	
	S	18	12				30	
	C	19	35	1	1		56	317
	H	8	8	11	6	2	35	
	M	14	47	33	8		102	
総計		1,495	386	138	36	5	2,060	2,060

I:農業用水,S:都市用水,C:洪水調節,H:水力発電,M:多目的

(日本ダム台帳,日本大ダム会議,1979年,p.1)

　大ダムの出現によって水力発電事業が進捗する一方,水主火従から火主水従へのいわゆる"第2のエネルギー革命"が進行していた。1960年代にエネルギー源の主役が石炭から石油へと移った。かつて,18世紀のイギリスでの産業革命は,蒸気機関の発明によって引き起こされた。産業のエネルギーは薪から蒸気機関の動力である石炭へと転換し,エネルギー革命が起きたが,これに対し60年代のエネルギーの主役の交代を第2のエネルギー革命とも呼ばれる。

　このエネルギー革命が,発電方式を水主火従から火主水従へと変えたのである。水主火従とは,発電原価の安い水力で電力供給の大部分を賄い,朝夕の通勤ラッシュ時のような電力需要のピーク時とか,渇水期に十分な水力供給のできないときのみ火力発電所を運転して電力を補給する方式をいう。火主水従とはその逆で,常時火力発電によって電力を供給し,ピーク時の補給のときだけ,ダム湖の水位を下げて水力発電を供給する方式である。

図 4.15　総出力440万 kW の鹿島火力発電所は，100万 m^2 の鹿島臨海工業用地に1975年に完成

　電力需要は季節により，昼夜などの時間によりかなりの変動がある。一方，電力需要に備えて大量の電気を貯蔵することもできない。したがって，数種の電源を用意して，前述のような組合せを考える方が一般に効率が良い。火主水従に移行したのは，60年代になって大火力発電機の効率が飛躍的に向上し，石炭価格も下落し，火力発電原価が一挙に安くなったからであり，一方，水力発電は有利なダム地点から開発したため，ダム適地が徐々に少なくなり，高価にもなってきたためである。また，大規模火力発電所は，1日の需要変動に応じて燃料を加減するよりも，一定発電量で運転する方が効率が良い。したがってピーク時は水力で補う方式が有利となる。水力は従になったとはいえ電力需要量は工業生産の拡大，生活水準の向上による家庭電力需要増も加わり，特に大都市においては急上昇を続け，ピーク時のみの需要増も大きく，火主水従になったからといって，電力需要が伸びる限り水力開発を停滞させるわけにはいかない。

　火力発電所の燃料もまた，石油が低廉になったため，石炭から石油に変わっていった。この時代において，石油は輸送効率，燃焼効率，さらに生産や流通面においても，石炭よりはるかに有利になったのである。特に石油のほとんどすべてを輸入に依存していたわが国にとって，造船技術の革新によるマンモスタンカーの出現による輸送費の低減は，石油の使用にきわめて有利となった。さらに，石炭燃焼による大気汚染が社会問題化するに及んで，石炭はさらに後退を余儀なくされた。

しかし，やがて石油燃焼による大気汚染もまた社会問題化し，水力は公害を発生させないクリーンエネルギーとして見直されるようになる．また，大規模揚水発電の登場は，再びダムによる水力発電の価値を復活させたといえる．すなわち，ダムによる貯水池を2か所以上用意して上池と下池とする．一度発電して下池へ流れ下った水を，深夜などの余剰電力によって下池から上池へ揚水し水の位置エネルギーとして貯水し，昼間電力需要に備える方式である．

揚水発電所はすでに1919年に建設されていたが，その後長く普及しなかった．1960年代に入るや，大型火力発電所が次々と建設され，昼夜の電力消費量の格差の絶対量も増大し，従来の水力発電のみでは，ピーク時の補給にも事欠くに至った．1970年代には揚水発電機器の大型化も実現し，当時単機容量で世界最大の24万kW機器も登場し，大容量揚水発電所が次々と建設された．

1968年，信濃川上流の梓川に建設された東京電力の奈川渡ダム（アーチ式，堤高155m）は，その下流に水殿，稲核の両ダムと二つの下池を持ち，合計90万kWの揚水発電を可能とした．さらに1973年より運転を開始した沼原揚水発電所（栃木県）は深山湖との落差517mを利用し，最大出力67.5万kWを擁する．この場合は，河川の自流を利用する混合揚水式ではなく，上池に揚水専用のダムを建設する純揚水式である．さらに80年には，単段で800m，2段で1,500mの揚水発電機器が開発され，海水利用の揚水発電の試験も始まっている．

4.2.4　臨海工業地帯の造成

高度成長の生産基盤の主力は臨海工業地帯である．明治以来，日本の工業化は臨海工業地帯における生産にもっぱら依存してきた．第二次世界大戦までの日本の工業地帯は，四大工業地帯といわれる京浜，中京，阪神，北九州の臨海工業地帯であったが，第二次世界大戦後は，これら既成地帯の周辺にさらに土地造成を行って工業地帯も拡大強化したのみならず，東海，瀬戸内，さらには日本海沿岸など，従来あまり顧みられなかった臨海地帯にも工業立地を進め，日本の工業生産の繁栄を支えた．

臨海工業用地の造成が1960年代前半においていかに著しかったかは図4.16（162頁）に示す通りである．経済急成長を可能にした工業生産は，この時期に造成されたいわゆる石油コンビナート臨海工業地帯におけるものが主要であった．この

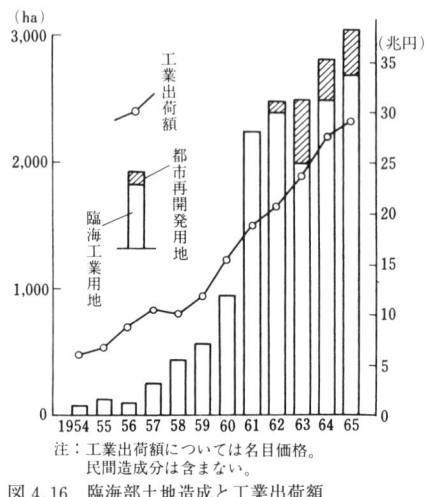

図 4.16　臨海部土地造成と工業出荷額
（土木学会：日本土木史（1941〜65年），1973, p.1, 318）

新工業用地の過半は海面埋立てであり，わが国が海に囲まれた島国であることを十二分に利用したものであった。かつてわが国は島国なるがゆえに軍事上有利な条件に立っていた。第二次世界大戦以後は，それを臨海工業地帯の育成によって巧みに利用したということができる。外国からの原材料を船から直接工業地帯に陸揚げし，製品を直ちに港から輸出できるわけである。したがって臨海工業地帯は大規模な港湾とセットになることによってその真価を発揮する。さらに従来の港湾とは全く異なる掘込港湾建設が可能になって，コンビナートの価値は一挙に拡大することとなった。従来十分に利用されていなかった内陸の荒地や平地を海岸から掘り込んでそこに港湾を立地し，その周辺にコンビナート工業地帯を造成する計画である。かつて港湾といえば，水深の十分な湾とか，河口に立地し，背後経済の成長を待って臨海工業地帯が形成されたのである。したがって，掘込港湾を要とする臨海工業地帯は，従来の自然条件優先の港湾計画から，経済的立地条件を優先させる立場に立つこととなり，経済効率的にきわめて有利な展開が可能になったといえる。

　初期における大規模掘込港湾としては，1951年工事着手した苫小牧港がある。12年後の1963年に開港に至ったこの計画においては，アイソトープを利用して漂砂を調査するなどの新しい方法を含みつつ，画期的プロジェクトを成功に導いた。田子浦，新潟東港，富山新港，金沢，八戸などにおいて同様の型式の港湾が出現し，特に鹿島港とその臨海工業地帯の誕生によって頂点に達した感があった。

　茨城県南部の鹿島地域は，海陸の交通が不便であり，砂丘地帯であるため，農耕地としても生産性が低かった。しかし，この地域の豊かな土地資源と水資源に注目し，さらに掘込港湾という新技術を導入して，新型式の工業地帯を造成しようとする計画が，茨城県によって1960年に作成された。61年に事業化が決定，63年に新全総による工業整備特別地域に指定され，鹿島灘沿岸部の約200km^{2}を計

図 4.17 鹿島港港湾域(村松・高橋編:ビジュアル版日本の技術100年 6 建築・土木, 1989, 筑摩書房より)

画区域として，工業用地の造成と掘込港湾鹿島港建設を中核とする大規模な臨海工業地帯が開発された．

この鹿島港は，計画年間貨物取扱量約1億 t を目標とし，1963年着工，69年に開港した．75年には航路，防波堤，埠頭などの主要施設も整備された．海岸砂丘の掘込みを含め，掘削・浚渫土量は1.2億 m^3 にも及んだ．建設計画に当たっては，漂砂対策や洗掘防止などの課題，海象予測を導入した工程計画，浚渫の大量急速

施工法など，新技術を駆使しての建設であった。特にポンプ式浚渫船とベルトコンベヤーを組み合わせ，掘削から埋立てまでをベルトコンベヤーで一貫して連結させた，連続土工システムの採用は工事の能率化に著しく貢献した。

港湾周辺には火力発電所，石油精製工場を含む重化学工業を中心として立地され，工業集荷額は開港翌年の1970年には1,346億円，1980年には1.67兆円にも達している。

4.2.5 高速交通網の整備

この時期における交通路の整備もまた目ざましいものがあった。なかでも特筆に値するのは東海道新幹線と名神高速道路の開通である。前者は1959年起工，1964年東京オリンピック直前に開通した。わが国の面積は必ずしも大きくないとはいえ南北間の距離は長く，北海道から九州に至る陸上を結ぶ交通路の重要性はきわめて高い。そのなかでも東海道の持つ意義はここで述べるまでもあるまい。計画最高速度200km/h（表定速度160.4km/h）という世界最高時速，道路との完全立体交差化，ATC, CTCの採用などをはじめ数々の画期的手段を採用しつつ，500kmを超す東海道新幹線はわずか5年で計画通り完成させることができた。ATC (automatic train control，自動列車制御装置) とは，先に走っている列車に近

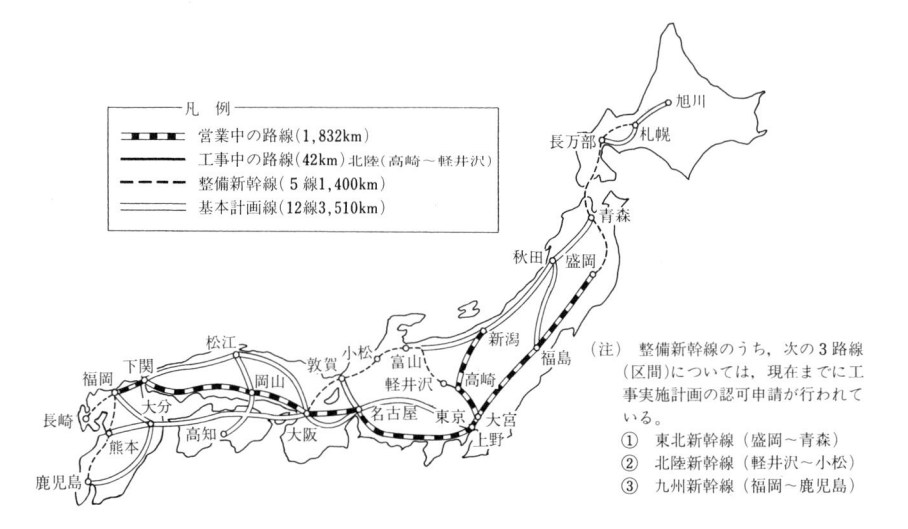

図 4.18 全国新幹線鉄道図（約7,000km）
（三菱総研：整備新幹線とは何か，1986, p.5）

づいたときや速度制限の区間に近づいたときなどには，つねに安全側になるように自動的にブレーキが作動する仕組みをいう．ＣＴＣ (centralized traffic contorl, 列車集中制御装置) とは，東京駅構内の新幹線総合指令所および東北・上越新幹線総合指令本部で安全に遠隔操作されている仕組みをいう．

　新幹線では，初めて標準軌道 (軌間1,435mm) を採用した．在来線では軌間は1,067mm であり，明治末以来，いわゆる広軌か狭軌かは度々議論されたが，漸く新幹線で広軌採用となり，車両の走行安定性ははるかに良く，スピードアップにも有利である．新幹線では１ｍ当り60kgという大型レールでしかも1,500 ｍのロングレールが採用され，レール継ぎ目には寒暖による伸縮自由な伸縮継ぎ目が採用されている．線路の保守には，コンピューターを導入した施設管理システムを採用し，電気軌道総合試験車と呼ばれる列車を走らせて，得られる軌道の狂いやぶれなどのデータをコンピューターに入力させ，それに基づいて夜間，大型機械によって線路保守が行われている．1964年９月開業以来，1990年３月に至るまでの25年半，乗客の人命にかかわる事故は皆無，1984年４月までに運んだ乗客は延べ20億人を超え，その成果はいまさら贅言を要しない．1970年には，新幹線鉄道網による高速輸送体系を全国に整備することを目的として"全国新幹線鉄道整備法"が制定され，既設線を含め約7,000kmに及ぶ新幹線網が計画された．

　しかし，新幹線の最も重要な技術史的意義は，世界の通説として斜陽化し，衰退もしくは局地化しつつあった鉄道に，復活蘇生の契機を与えた点である．東海道新幹線の技術的経済的成功は，各国に同様な計画立案を促し，国鉄技術陣はいまやその技術輸出に精力を傾けるまでに至っている．1981年９月には，フランスのTGVが最高時速260km，平均時速210kmで運転を開始し新幹線を超すに至ったが，日本の成功がその動機になったと思われる．

　1965年開通した名神高速道路もまた，自動車時代の到来を迎えたわが国が，従来の道路の遅れを一気に取り戻す最初の成果として評価すべきである．1956年来日したアメリカのワトキンス調査団が，その報告書の冒頭で"日本の道路は信じ難いほど悪い．工業国としてこれほどその道路網を閑却してきた国は日本のほかにはない"と述べたほど，当時の自動車のための日本の道路は著しく立ち遅れていた．その理由としては，わが国には馬車の時代がなく，本格的な道路整備に取り組んだことがなかったこと，そのころまで日本の自動車普及が遅れていたこ

図 4.19　高速道路（旧首都高速道路公団）

と，鉄道に力を入れてきた従来の陸上交通政策などが考えられる。高速自動車道路は欧米ではすでに多く建設されていたが，わが国においては1965年開通の名神高速道路からようやく高速道路建設が順調に進捗した。名神高速道路に次いで1969年には東名高速道路346.7km が完成し，鉄道と並んで東海道の交通軸が形成された。以後，日本全国に高速道路網が建設されていく。

　1954年に第一次道路整備5か年計画が発足し，すべての道路についての整備が急速に進み，1956年に日本道路公団が設立され，もっぱら高速道路建設に従事した。この道路整備の財源を支えたのが道路特定財源制度と有料道路制度である。前者は自動車利用者が負担する揮発油などの諸税を道路整備に特定するもので，後者は借入金により道路を建設し通行者からの料金で償還するもので，いずれも典型的な受益者負担の原則に基づいている。

　一方，東京都内，阪神地区などにおいても都市内交通にも自動車専用道路が建設され，高度成長時代は道路建設の時代でもあった。高速道路はまた，走行時間の短縮，走行費用の節減などの直接効果に加えて，沿道の開発，生産輸送の合理化，流通機構の円滑化などの間接効果もあり，陸上輸送に有史以来の変革をもたらしたといっても過言ではない。折からの高度成長に伴う生活水準の向上は，全国にハイウェイ時代の到来をもたらし，マイカーによるモータリゼーションは国

民生活を著しく変えたのである。

　わが国最初の空港は1929年，大阪府木津川河口に建設された大阪飛行場（水上および陸上機用）および福岡県名島の福岡飛行場（水上機専用）であり，1931年に東京飛行場が羽田に本格的空港として開港した。以来主として都市周辺の海岸や河口付近の埋立地などに建設されてきた。

　1960年の国民所得倍増計画においては，空港を現代都市における不可欠の施設と位置づけ，以来１県１空港を目標に空港建設が脚光を浴びた。こうして，1965年には，全国で48空港が建設され，空港網の骨格が整った。1967年度から第一次空港整備５か年計画が始まり，このころからジェット機の就航，機体の大型化が促進されるとともに，滑走路の拡幅と最短でも2,500mまでの延長，ターミナルビルなどの関連施設の拡充が各空港で急速に進んだ。わが国の空の玄関としての羽田空港も限界容量に達し，東京湾での拡張か，茨城県霞ヶ浦周辺か，千葉県富里町付近など候補地が転々とした後，1966年千葉県成田市郊外三里塚に新東京国際空港を建設することが決定された。しかし，用地取得の問題，騒音問題への懸念から，地元住民の12年間の激しい反対運動に遭い，その間，反対派，機動隊双方に多くの血が流れ，ようやく1978年になって第一期工事を終え開港に漕ぎつけた。

　成田での経験は，その決定に至るまでのプロセスに多くの問題点があったとはいえ，一般に国際線就航用の大型空港を内陸部に建設することの難しさを教えたといえよう。したがって，以来秋田や岡山新空港のように用地取得の比較的容易な丘陵地帯や海岸埋立地へのいわゆる沖合展開，さらには海上空港案が脚光を浴びるようになった。

4.2.6　都市基盤の整備

　すでに述べたように，高度成長は都市への大規模な人口集中によって可能であった反面，大都市における社会資本の不足が大きな問題となった。いわゆる都市問題である。交通渋滞，交通事故，通勤地獄，住宅不足，水不足，さらには大気汚染，水質汚濁，騒音，振動などの環境汚染が，解決を迫られる重要課題であった。その対策として都市高速道路，地下鉄をはじめとする通勤鉄道の整備，ニュータウン建設に象徴される住宅建設，都市用水のためのダム，上下水道など，

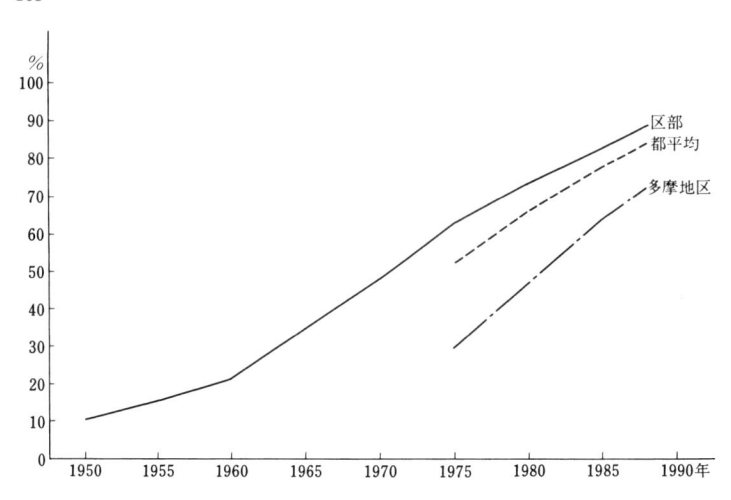

図 4.20　東京都における下水道普及率の変遷

　1960年代は都市土木事業もまた急ピッチに進められた時代である。64年の東京オリンピック，70年の大阪での万国博は都市の社会資本整備の格好の目標となり，東京，大阪の都市内外において都市土木事業がいやがうえにも繁栄を極めた。このなかでも，たとえばこの間の東京の地下鉄や下水道建設の工事量は世界一であり，他の大都市においても同様に活発であった。もっとも，特に下水道に至ってはそれまで欧米諸都市と比べあまりにも遅れていたため，この時期にそれに追いつこうとして工事量が集中したのであった。東京都23区の下水道普及率は図4.20に示すように1960年においてなお20％，全国の普及率は5％にすぎなかった。すでに欧米の代表的都市は第二次世界大戦前においてほとんど例外なく90％を超えていたことを思えば，わが国の下水道事業の後進性がうかがわれる。明治以降の公共土木事業は，少なくとも1945年までは当時の国是を反映して，産業基盤，軍事目的に連なるものが優先的に施工され，住民の日常生活に関係する公共土木事業が後回しにされたことは否めない。下水道普及が遅れたのは，この原因に加えて欧米と日本の生活慣習の相違，たとえばし尿が1950年ころまで農業用肥料として重要な資源であったことなどにもよる。しかし，高度成長期以後多くの都市においてその遅れを取り戻すために，急ピッチに下水道事業が行われている。

　さらには，大都市周辺のニュータウン建設（東京の多摩ニュータウン，名古屋の高蔵寺ニュータウン，大阪の千里ニュータウンなど），上水道施設の整備とその水源

としての多目的ダムの建設（たとえば首都圏の水源としての利根川・荒川水系の水資源開発，矢木沢，下久保，草木ダム，河口堰，利根大堰など），これらはいずれも大都市の社会基盤整備の基本であり，高度成長期においてさかんに施工された土木事業の一環である．

4.2.7　住民運動の台頭と環境問題の深刻化

　1960年代の高度成長下，土木黄金時代が唱えられているころ，筑後川の上流部では建設省のダム計画をめぐって新しい問題が発生していた．のちに"蜂の巣城紛争"とよばれたダム反対運動である．

　1953年6月末の梅雨前線豪雨により，九州北部，中部に大水害が発生した．この際，筑後川も未曾有の大洪水を経験し，そのため治水計画を全面的に改定する必要に迫られていた．この新計画，すなわち筑後川治水基本計画が1957（昭和32）年2月策定され，日田市長谷地点の計画高水流量を8,500 m³/s とし，そのうち2,500 m³/s を上流ダム群により調節し，下流河道には6,000 m³/s の計画流量を流下させることとなった．そのダム計画として大山川の下筌ならびに松原地点が候補に挙がり，このダム計画に対し，地元の室原知幸らが，それから13年余にわたって反対運動を展開した．

　当時としては，公共事業に対するこのような長期的かつ強烈な反対運動は珍しく，その紛争の内容にはさまざまな要因が織り込まれており，この抵抗は1960年代後半以降各地に発生した住民運動の先駆として歴史的意義をもっていると考えられる．この蜂の巣城紛争の特色は，長期的であったとともに，"暴には暴"，"法には法"とのスローガンのもと，反対者がダムサイトにいわゆる蜂の巣砦を構築し起業者に対し徹底的に抵抗したこと，また合計80件余に及ぶ法廷闘争を提起した点などにある．しかし，最終的段階では，室原知幸が「理に叶い，法に叶い，情に叶う」公共事業たるべきことを提唱し，起業者である九州地方建設局も「その幅広い意見と批判は，貴重な経験，教訓として今後の建設行政に生かしてゆく」ことを表明して，彼の死後1970年9月，和解が成立した．

　この紛争は，戦後における価値観の相克，法意識の混乱，行政に対する住民の不信感を種々の形において露呈したものであり，この事件を通して新憲法下における法ないし行政の運用，執行に反省を与え，また行政と裁判の関係についても

多大の示唆を与えたものとして注目される．この事件は，公共事業と基本的人権との交錯と調和，つまり公権と私権の関係の具体像をわれわれに示したといえる．公共の福祉と基本的人権との調和を論ずる場合，土木技術者は往々にして公共の福祉を抽象的な表示によってとらえ，公共の必要性があるゆえに，この公共事業は受認されるべきだと主張しがちである．しかし重要なことは，失われる地元の損失がいかに補われ，新しい価値概念がいかに創造されるかである．公共事業の関係住民への説明においても，土木技術者はしばしばその事業の必要性，安全性を強調し，協力を要請することが多いように見受けられる．しかし地元住民が聞きたいことは，住民の立場を考えればきわめて当然のことであるが，その計画によって，住み馴れたいままでの生活がこれからどうなるかである．それについて，国，県，市区町村当局がいかなる具体策，それも自分たちの従来の生活を理解したうえでの，いかなる親しみのある具体策を持っているかをこそ聞きたいのが普通である．起業者はダムをつくることが唯一最大の目的であり，その他関連の件は行政官庁に属するとして，予算上，行政上も当時は全く手が出せないでいた．しかし，ダム建設のような大規模な地域変革をもたらす公共事業の場合，行政庁間，国と地方公共団体等との協力体制は欠くことのできないものであり，かつ地元住民の意向をどのように計画に反映するかは，現在ではいっそう重要な課題となってきている．

　公共事業における用地取得が，その初期の段階において地元住民の厳しい権利要求によって阻まれるケースが，このころから増してきた．公共事業起業者にとって，地元住民との用地交渉いかんが，事業の実質的な最大難関となってきたのは，1960年代以降であり，おそらく土木計画においてもこの部分が最も困難であり，数理計画では取り扱えない部分であろう．

　公共事業と基本的人権の関係は，今日以後においても依然として重要かつ困難な問題である．特にわが国のように，水田農業を主体としてきた農民は土地に対する愛着が強く，代替用地を簡単には見いだしがたい状況では，用地交渉の困難性は倍加する．その場合，公共事業の必要性や経済効果の理論が直接役立つわけではない．地元住民の職業幹旋，移転先の生活などに関して住民の意向をどう反映するかに，問題の焦点があるであろう．この場合，先例としての蜂の巣城紛争は数々の教訓をわれわれに与えている．

1950年代から60年代に，前述の佐久間ダム工事をひとつの契機として，土木施工は格段の進歩を遂げ，従来は不可能視されていた工事も可能となり，また工事期間もきわめて速やかになった．換言すれば，土木工事は一般に大規模になりスピード化したといえる．

　すでに信濃川の大河津分水の例でも触れたように，いかなる河川工事，さらには土木工事でも周辺の自然環境に影響を与えることは避けられない．土木工事の大規模化とスピード化は，それが周辺自然環境に与える影響をも大きく複雑にするようになった．しかも，1950年代後半以降，いくつもの大規模工事が全国各地で同時進行し，それらの影響も各地で発生するようになった．開発と保全，土木事業と自然保護の問題が，この年代の土木黄金時代の揺り戻しのように各地に発生し始めた．と同時に，工業開発に伴う各種公害の発生は，環境問題への住民の関心を強くひくようになり，"開発"はいくたの面で批判を浴びるようになってきた．

　こうして，土木事業は，住民運動，環境問題，自然保護など，従来必ずしも深刻には現れなかった新たな課題に取り組まざるを得なくなった．しかも，これらの課題に対応するためには，従来の土木工学的手法，または土木事業の論理とは別に，新たな論理と手法によって対応しなければなるまい．そのためには，他の学問でとられている複数の方法を融合し，いわゆる学際的方法によることも必要であろう．土木事業も技術も新たな時代に直面したといえる．

4.3　安定成長期における持続的開発と保全の調和

4.3.1　土木界をめぐる新しい状況

　高度成長期の土木事業については，すでに説明したように技術革新と高い経済成長率を背景に，次々と大プロジェクトが完成しばら色の将来も約束されているかに見えた．しかし，1960年代末から70年代にかけて，土木事業を取り巻く社会環境はにわかに鋭い転回を見せるようになった．その要因のひとつは，土木事業の急激な膨張と多面化によって，それが自然環境ならびに社会環境に与える影響が大きくなったことである．それらの影響のなかには，住民の日常生活を侵害するものも含まれるようになった．環境問題は国土全体を覆う工業化の嵐のなか

で，鉱工業生産からの廃棄物処理の不適切から生じたものがまず発生した。いわゆる四大公害裁判がそれであり，これら裁判がいずれも原告被害者側の勝訴に終わったことは，時代思潮の変化をも如実にうかがわせるものであったし，またそれら被害が深刻であったことをも裏書きしている。公共事業の進展においても，地元住民生活に悪影響を与えることは，従来ともある程度あったとはいえ，この時期においてプロジェクトの巨大化などにより，その影響の度合いが著しくなり，それに対する住民生活防衛の態勢も整い始めてきたということができる。

このような時代思潮に拍車をかけたのが，1971年夏のいわゆるドル・ショック，1973年秋のオイル・ショックであった。これ以後，経済活動が停滞気味となり，省資源が叫ばれ，公共事業もまた一般に停滞を余儀なくされた。したがって，多くのプロジェクトは継続進行しつつも，所期の予定より大幅に延期する例が続出している。しかも，土地取得に要する諸コストが，補償費も含めて高騰し，ひいては土木事業経費を高める結果となっている。さらには，従来は軽視されていた生活防衛のための措置を含めて環境保全のためのコストも，多くの土木事業に伴って従来以上に高くなってきている。たとえば大気汚染，水質汚濁，騒音などの軽減もしくは防止のための施設などの対策である。それはひいては，土木構造物ないしは土木施設を単にその機能目的のためにのみ計画し設計するのではなく，それが周辺の自然環境と社会環境のなかで，環境ごと地域のなかに調和させる必要性が重視されるようになったといえる。

しかし，ひるがえって見ると，元来土木の仕事は，土木構造物なり土木施設を構築することによって，それを核とする新しい環境を創造することが目標であった。シビル・エンジニアリングという技術はまさにそうであらねばならないものである。土木事業が今日ほど大規模かつ複雑でなかった時代には，土木構造物を築くことは即その周辺の生活環境を向上させるものであった。しかし，現代においては，土木構造物が設置されることによって，その周辺の生活環境そのものの質が変わり，かつ住民の価値観も変わるとともに多様化してきて，それに加えて土木事業の大型化，多機能化のゆえに，環境の質的向上はきわめて多面的様相を呈するに至った。かつては，土木構造物，土木施設に強く要求されるものは，安全性，耐久性，便宜性を備えた効率的機能の向上であった。そして，同時に土木事業は少しでも安く，一刻も早く成就することが強く要望された。たとえば，国

土保全施設であれば災害を防ぐ機能さえ備えていればよかったとさえいえる。つまり，災害に耐え防ぐことのみに精力を集中していたともいえる。それぞれの施設の本来の目的が第一義的に重要なことは論をまたない。しかし，それら構造物なり施設が，住環境のなかに設置されるならば，そこに住む人々，そこを訪れる人々にとって，それが快感を持って受け入れられ，生活のなかに調和を持って融合するものであって初めて，住民の共感と協力を得られるであろう。具体的には，土木施設を備えることによるいわゆるアメニティの創造であり，美を創造するものであるべきである。消極的には，少なくともアメニティや美を破壊するものであってはならないのである。

経済の急成長が終わり，オイルショックの追打ちに会い，さらに環境問題は深刻化し，土木事業が転換を余儀なくされた状況下に，アメニティや美の創造という新しい土木哲学が芽生えたのである。否むしろ，高度成長下の土木の状況からの転換が，土木本来の姿への復権を促したと見ることができよう。土木技術は"用・強・美"を一体のものとして追求しなければならないことは，古今東西を通じての真理として認められていた。環境への意識の高まりという新しい事態を迎えて，用・強・美を求めることが実感を持って迫ってきたといえよう。高度成長期には，機能至上と経済効果優先の風潮下に用と強への土木技術者の執念が次々と実るなかで，美への追求は二の次にされたといえる。それは一種の贅沢であると考えられるほど経済効果が重視されたのであった。しかし，美を軽視した環境が，いかに自然の摂理に反し，"危険な状況"を生み出しているかが漸くにして認識され始めてきたのである。

一例を挙げよう。土地を惜しんで緑地や空間を欠いた都市は単に美を失っているだけではなく，災害にも危険である。電線やテレビアンテナが無秩序に乱立し，大小広告が勝手に自己主張し合い，狭い道路に駐車が満ち満ち，街路樹も大気汚染や地下水位低下で気息奄々としている風景は，単に醜悪であるのみならず，また交通渋滞の原因であるにとどまらず，あらゆる災害にきわめて危険な状況である。一方において，この種の環境は生活を喧騒にし，住民の心のゆとりを失わせ，ひいては公共事業への嫌悪感を誘い，都市の不安を助長する。

いまや漸くにして，土木技術の美が贅沢ではなくその本来の意義が認められようとし，新たな芽が育ち始めている。自然公園内に建設される発電所の例として

愛知高原国定公園内に，自然環境との調和に努力した構造物が建設されており，最近設計の新幹線や高速道路に造形美への認識が高まりつつある．港，橋，河川護岸，下水処理場などに環境美を意識した作品が続出し始めている．この種の土木デザインの誕生は現代の新しい特徴といってよい．

4.3.2 三全総から四全総へ

　新全総以後の日本は，公害問題の激化，クローズアップされた環境問題，自然保護運動などのなか，オイルショックを迎え，経済は混乱し，国土開発の考え方と新全総の見直しが迫られ，1977年に第三次全国総合開発計画（三全総）が策定された．ここでは，従来の工業開発優先から"国土の資源を人間と自然との調和をとりつつ利用し，健康で文化的な居住の安定性を確保し，その総合的環境の形成を目指す"ことが目標とされた．

　計画の特徴は，新全総の広域生活圏に代わって全国を200ないし300の定住圏に分け，地方の振興を図りながら，新しい生活圏を確立する定住構想が打ち出された．新全総においても，全国的なネットワークを整備し，それに関連させながら各地域の特性を生かした大規模プロジェクトの実施によりその地域が飛躍的に発展することを期待していた．同時に生活圏を地域開発の基礎単位としたのであるが，新しい生活圏の整備は立ち遅れ，計画の目的は達成できなかった．

　そこで三全総においては，"大都市への人口と産業の集中を抑制し，地方を振興し，過密・過疎問題に対処しつつ，全国土の利用の均衡を図りつつ，人間居住の総合的環境の形成"，すなわち定住構想が選択された．この総合的環境とは，自然環境，生活環境，生産環境の調和がとれたものをいい，居住の安定性の確保のために，雇用の場の確保，住宅および生活関連施設の整備，教育，文化，医療の水準の確保を基礎的条件とする．特に大都市と比較して定住人口の増加が期待される地方都市の生活環境の整備と，その周辺の農山漁村の環境整備を優先すべきであるとした．

　全国総合開発計画は第一次以来，重点は次々変化し，その方法は変わってきたとはいえ大都市との格差是正と地方の振興を目標として掲げてきた．しかし，いずれの全総でも，予期通りには進まず，地方の振興の容易ならざることを物語っている．

三全総策定後もまた，社会の変動は激しく1985年を以て三全総を打ち切り第四次全国総合開発計画（四全総）を策定しなければならなくなった。情勢変化の第一は，出生率の予想以上の低下による人口動態の大きな変化であった。人口予測は計画の基本的条件であり，その予測違いは計画にとって重大であった。1980年代に至り，全国人口の増加傾向は鈍化し，このまま推移すれば，21世紀初頭には全国人口は減少に向かい，65歳以上の高齢者人口の比率も20％以上に達すると推定され，世界一の高齢者国になる可能性が出てきた。一方，東京圏への人口の再集中，金融や情報の集中が生じ，地方への工場移転や地方の振興は進まず，森林資源の荒廃など国土資源のバランスの崩れも心配される状況となった。国際化，情報化，高齢化は予想をはるかに上回る勢いで進展し，東京へ一極集中する一方，重工業の衰退や貿易自由化などの情勢下，地方圏では農業や工業の内容が急激に変化しつつあり，農山漁村の過疎化は解消せず，依然として中央と地方の格差は縮まらない。

　このような情勢を踏まえ，"各地域の課題に的確に対応し，活力と創造性に富み，安全で美しい国土を21世紀に引き継ぐべき新たな国土"計画を目指して，四全総は1987年に作成された。四全総の基本目標は2000年を目標年次とし"多極分散型国土の形成"とされた。多極分散型とは，東京圏にのみすべての機能が集中しないように，多くの都市圏に，それぞれ特色ある機能を分担させ，地域間で不足する機能を相互に補いつつ，十分に交流し合える国土の形態をいう。

　四全総の基本的課題は，次の3点の整備である。

1）　定住と交流による地域の活性化——高速交通体系など地域づくりの基礎的条件を整備し，地域の競争力を高めながら地域相互の分担と連係関係を深める。

2）　国際化と世界都市機能の再編成——東京圏は，世界の中枢的都市の一つとして世界的交流の場の役割が増大する。この世界都市機能が円滑に機能するよう，関西圏，名古屋圏などで分担する。

3）　安全で質の高い国土環境の整備——都市化，情報化，技術革新が進む中で，複雑で多様化していく災害に対応し，国民生活の安全を確保する。

　計画の具体例として，国際的な交流の増大に対応する交通や情報などの施設を整備するとともに，国内の地域間交流の拡大に対処する交通網を整備し，1日交流可能人口（ある地点を起点として，片道おおむね3時間以内で到達できる範囲内に

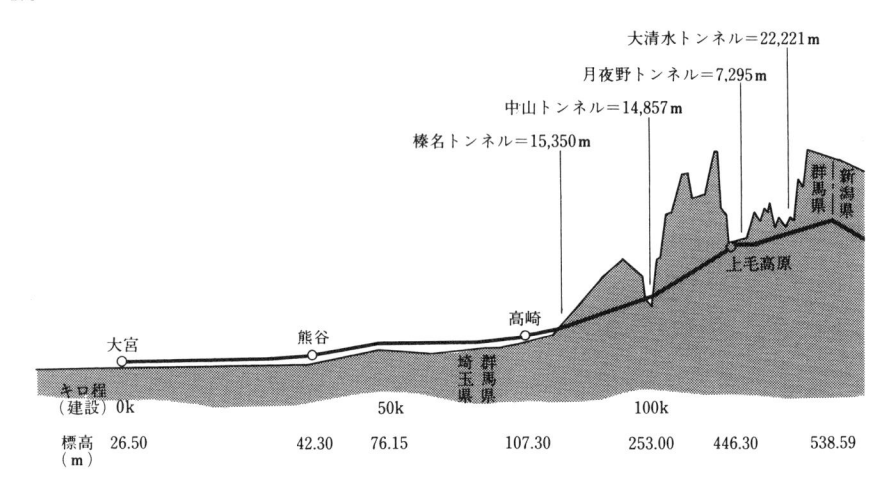

図 4.21 上越新幹線におけるトンネル

住む人口の総数)が,2000年には全国人口の約5割に当たる5,900万人となるように計画する(1970年にはこの人口は約3,500万人,1985年には約4,700万人であった)。

議論を呼んだのは東京問題であり,その後の経過が注目されており,今後の大きな課題であろう。すなわち,東京を国際金融,国際情報などの世界的な中枢都市として位置づけるとともに東京への一極集中を是正するため,東京以外にも高度な都市機能を備えた核を形成しようとしている。そのための施策として,工業の分散再配置,政府機関の移転再配置,文化研究施設の東京以外への立地などが考えられている。

その後,1998年には五全総が閣議決定され,2006年には従来の全総計画に変わって国土形成計画が進行中である。この形成計画では全国計画が,全国的見地からの基本的考え方,分野別施策を定め,広域地方計画がブロックごとの独自性のある地域戦略を展開することとしている。

4.3.3 充実が続く社会基盤施設
a. 交通路の伸展

高度成長時代に始められた多様な社会基盤施設は,この時期になって国土を覆う形で繰り広げられていく。東海道新幹線延長として,1975年には山陽新幹線が

4　第二次世界大戦後の土木事業の発展　177

湯沢トンネル＝4,480m
石打トンネル＝3,109m
第3大沢トンネル＝2,496m
塩沢トンネル＝11,217m
浦佐トンネル＝6,087m
堀之内トンネル＝3,300m
魚沼トンネル＝8,625m
妙見トンネル＝1,459m
滝谷トンネル＝2,673m

越後湯沢　浦佐　長岡　燕三条　新潟

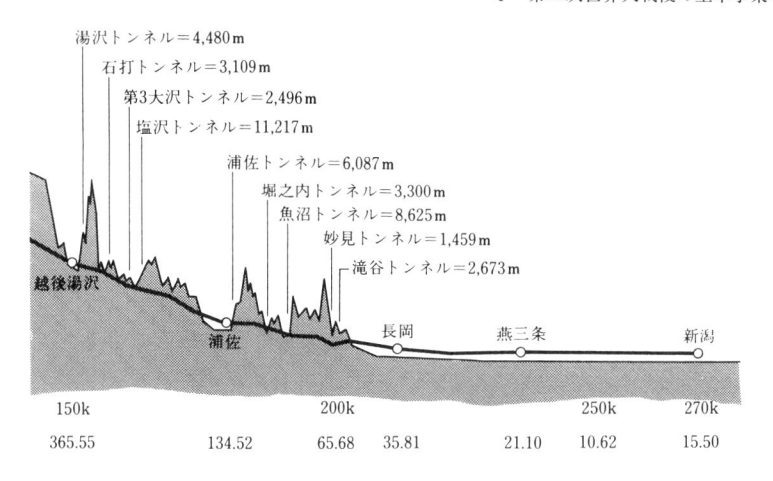

150k　　　　　　　　200k　　　　　　　　　　　　250k　　270k
365.55　　　　　　134.52　　65.68　　35.81　　　　21.10　　10.62　　15.50

表4.2　新幹線の比較表

線名 種類　区間	●東　海　道 東京〜新大阪	●山　　陽		●東　　北 大宮〜盛岡	●上　　越 大宮〜新潟
		新大阪〜岡山	岡山〜博多		
工　　期	'59年4月〜'64年10月	'67年3月〜'72年3月	'70年2月〜'75年3月	'71年11月〜'82年6月	'71年11月〜'82年11月
工　事　費	3,800億円	2,240億円	7,180億円	2兆7,000億円	1兆6,800億円
距　　離	515.4km	160.9km	392.8km	465.2km	270km
トンネル	69km(66ヵ所)	58km(31ヵ所)	222km(111ヵ所)	115km(111ヵ所)	106km(23ヵ所)
高　　架	116km(583ヵ所)	77km(224ヵ所)	87km(441ヵ所)	253km	130km
盛土切取り	274km	12km	58km	26km	3km
橋　　梁	57km(2,929ヵ所)	16km(323ヵ所)	32km(463ヵ所)	74km	31km
軌道構造	バラスト軌道	スラブ軌道(5%)	スラブ軌道(68%)	スラブ軌道(84%)	スラブ軌道(90%)
き電方式	交流60ヘルツBT方式	交流60ヘルツAT方式	交流60ヘルツAT方式	交流50ヘルツAT方式	交流50ヘルツAT方式
一編成両数	16両(約400m)	16両(約400m)	16両(約400m)	12両(約300m)	12両(約300m)
速　　度	210km/h	210km/h	210km/h	210km/h	210km/h

(出典：新幹線のあゆみ，国鉄)

■ベスト5
鉄道橋　　　　　　　　　　　　　　　　　　　　トンネル

1位●第1北上川(一ノ関・北上)…3,870m　6位●天竜川(静岡・浜松)……901m　　1位●大清水(上毛高原・越後湯沢)…22,221m　6位●安芸(三原・広島)………13,030m
2位●富士川(三島・静岡)………1,373m　7位●江尾(三島・静岡)……786m　　2位●新関門(新下関・小倉)……18,713m　7位●北九州(小倉・博多)……11,747m
3位●烏川(熊谷・高崎)…………1,380m　8位●愛知川(米原・京都)…758m　　3位●六甲(新大阪・新神戸)……16,250m　8位●福島(郡山・福島)………11,705m
4位●木曽川(名古屋・岐阜羽島)…1,001m　9位●野洲川(米原・京都)…748m　　4位●榛名(高崎・上毛高原)……15,350m　9位●塩沢(越後湯沢・浦佐)…11,217m
5位●大井川(静岡・浜松)…………987m　10位●吉井川(相生・岡山)…669m　　5位●中山(高崎・上毛高原)……14,857m　10位●蔵王(福島・白石蔵王)…11,215m

博多まで開業し，東京・博多間1,176.5kmを6時間56分でつないだ．さらに1982年に東北・上越両新幹線を開業し，新幹線網による国土軸がさらに整ってきた．

表4.2に4新幹線を比較するように，東北・上越新幹線においては，最高速度260km/hの高速度に耐えられるよう，従来の新幹線より一段と高規格となっている．すなわち，交流50ヘルツＡＴ方式となり，スラブ軌道の比率もはるかに高まり，運営費の低減と省力化が図られている．その他，東海道新幹線において悩まされた関ヶ原付近の雪や名古屋付近の騒音などの教訓を生かして，雪対策，防音，さらには乗り心地などははるかに向上している．特に雪国を走るだけに，雪害対策が重要であった．その対策として貯雪式高架橋の採用，スプリンクラーによる散水消雪設備などが設けられ，開業後は豪雪時に在来線が運休になっても，新幹線はほぼ支障なく運行している．環境対策としては，架線，車両，構造物とも新技術が導入されており，たとえば防音効果の高い逆Ｌ防音壁や，パンタグラフから出る音を少なくするために架線を太くしたヘビーコンパウンド架線が採用されている．

1992年に山形，秋田，1997年に長野，九州（鹿児島〜八代間）新幹線がそれぞれ開通している．

高速道路（高規格幹線道路）もまず名神・東名が完成したのに続き，全国にそのネットワークを伸ばし，1982年に東北，関越，九州横断自動車道が，1983年には中国自動車道が全通し，2005年現在の供用延長は8,836kmに達し，国土の背骨となる縦貫道がおおむね完成している．21世紀初頭には，1966年に制定された"国土開発幹線自動車道建設法"に基づく計画延長7,600kmが完成される予定となっている．

新幹線，高速道路とともに飛躍的進歩を遂げてきたのは航空運送である．飛行場の全国的分布を見ると西に偏っており，東京より東には八丈島までを含めても13空港にすぎず，九州地方には，福岡，長崎，熊本，鹿児島，那覇の5国際空港があるのに，東京より東北部には国際空港は千歳空港のみである．従来のわが国の空港整備計画が西高東低型といわれるゆえんである．

空港の新設，拡張の計画は目白押しであるが，広大な用地を要することや騒音対策などのため，地元住民に納得のいく用地および環境対策を用意しなければならない．一方，これらの事情にかんがみて，海上に空港を建設する案が浮上し，

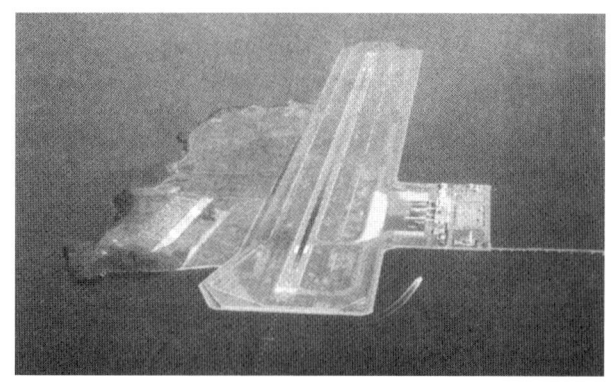

図 4.22　長崎空港（村松・高橋編：ビジュアル版日本の技術100年 6 建築・土木，1989，筑摩書房より）

そのための技術が練られるようになった。1987年着工となった関西国際空港はその例であり，その先駆として完成した長崎空港がある。同空港は1972年着工，大村湾のほぼ中央にある箕島を切り崩し，水深12～15mの海域を埋め立てる，ベンチカット工法により，3年3か月後に前身の大村空港の約6倍の敷地（154万 m^2）のわが国最初の海上空港が完成した。海上空港の利点としては，騒音対策は比較的容易であり，24時間運用でき，将来の拡張の可能性が高いことである。埋立て土量は約1,942万 m^2（霞が関ビルの36.7倍の容積）にも達した。

関西国際空港は，はるかに大規模な海上空港として泉州沖に埋立て方式によって建設された。建設方式に関しては，浮上式案なども検討されたが，長崎空港の先例をはじめ，日本の埋立て事業の多くの経験や技術の高さへの信頼から埋立て方式に決定された。このビッグプロジェクトは，国際および国内航空輸送の拠点を目指し，24時間運用の空港として計画された。既設の大阪国際空港が騒音問題などで国際空港として行き詰まったのを打開し，さらに24時間運用のできない成田空港の役割をもカバーできる空港として活躍している。大阪湾および周辺地域における公害防止と自然環境の保全への配慮も，建設の基本方針であった。

1994年開港した関西国際空港は，2001年アメリカ土木学会による"世紀の偉業"賞の空港部門において，栄誉ある最優秀賞を授与された。ちなみに，水路部門ではパナマ運河，長大橋部門ではサンフランシスコのゴールデンゲート橋など，いずれも世界的に有名な建造物である。授賞理由は，海上空港というすぐれた土木工事とともに，自然環境保護への取り組みと，地域の意向を最大限に尊重したことであった。

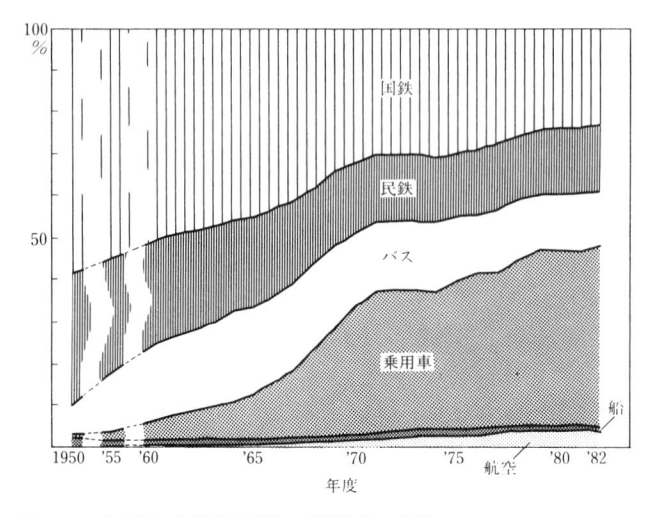

図 4.23　わが国の各種交通手段の分担比率の変遷
　　　　(土木学会：グラフィックス・くらしと土木　交通, オーム社, 1985, p.14)

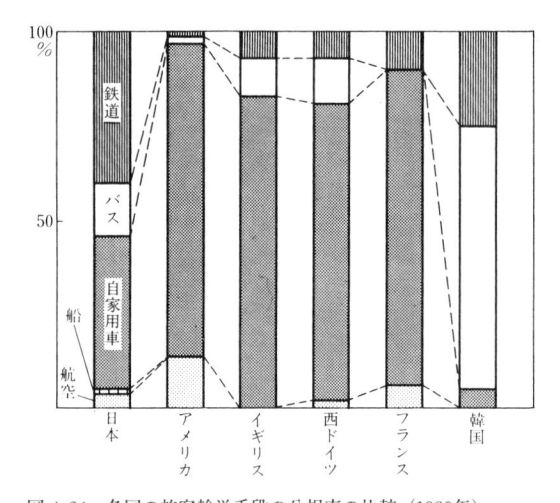

図 4.24　各国の旅客輸送手段の分担率の比較（1980年）
　　　　(土木学会：グラフィックス・くらしと土木　交通, オーム社, 1985, p.15)

　この海上空港は，511haの埋立てのために1億8,000万 m³(エジプトの最大ピラミッドの約80倍の容積)の土を，水深20mの下の沖積層，18mの厚さの軟弱地盤の上に載せなければならなかった。そのため100万本の砂杭によるサンド・ドレーン工法が施工された。

　このように，高速鉄道，高速自動車道，空港の整備によって，ここ数十年の間

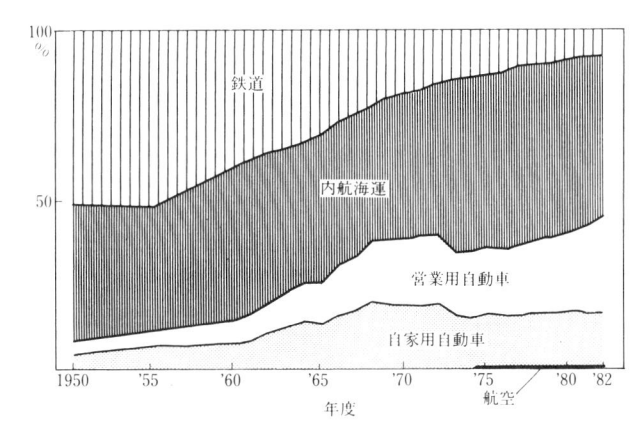

図4.25 わが国の全国貨物輸送手段の分担率の変化
(土木学会：グラフィックス・くらしと土木 交通, オーム社, 1985, p.16)

に，われわれの交通と物資輸送の便は著しく向上し，さらにこれらをより発展させて，四全総が提唱する全国1日交流圏が実現するのも時間の問題となった。ここで，各種交通手段の分担比率の戦後の変遷を示すと図4.23のようになる。自動車の利便性は乗用車比率を高めており，特に大都市においては，名古屋市の例に明瞭なように自家用自動車の比率増加は著しい。しかし，図4.24に示す諸外国の例と比較すると，この比率はなお低く，今後わが国においてさらに増す傾向にあると思われる。ただし，わが国の大都市圏の現在の道路混雑に由来する各種の弊害も著しく，都市周辺道路の拡張も容易ではない。一方，省エネルギーもまた，エネルギーおよび環境対策として強く要望されてきているので，公共輸送手段との適切な交通手段分担関係の在り方が，今後の都市交通政策の課題である。

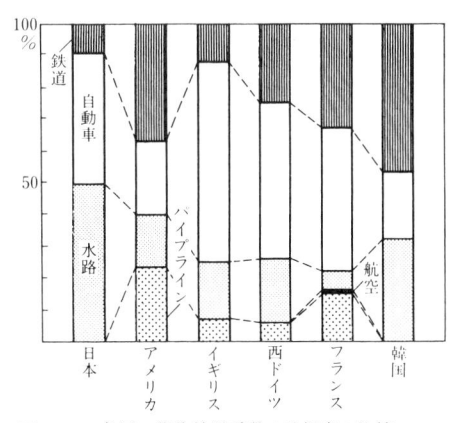

物資の輸送についても，トラック輸送，特に自家用トラックによる流動量が増加し，鉄道輸送が漸減している状況は図4.25に示す通りである。全貨物輸送シェアに占める営業用自動車の割合は増加し，鉄道のシェアは1950年代前半

図4.26 各国の貨物輸送手段の分担率の比較
(土木学会：グラフィックス・くらしと土木 交通, オーム社, 1985, p.17)

までの50%から1980年には10%を割っている。

物資輸送手段の主体はどの国でも自動車，鉄道，水運，航空であるが，図4.26に示すように，わが国は諸外国と比較すると海運の比率がきわめて高いのが目立つ。それは島国であり海岸線の長い日本の特性の反映である。アメリカは広大な国土を鉄道とパイプラインが他国に比し高率でカバーしている。

航空機は，ICのように付加価値が高く容量の小さいものの輸送には好適であるし，石炭や石油のような大容量を一度に運ぶにはタンカーや鉄道が有利となろう。激しい物流革新のなかで輸送形態は混載から専用化の道をたどるようになり，荷役の装置化，システム化が組み込まれるようになっている。

b．国土保全の新たな展開

わが国の社会基盤整備において，古今を通じてつねに重要な位置を占めるのが国土保全の整備である。4.1.3で述べたように，第二次世界大戦後の40年代後半から50年代にかけては，地震や豪雨が連続して発生したが，その後は比較的平穏であった。とはいえ，日本の自然条件の宿命ともいえる地震，噴火，豪雨，さらには地すべりなどから完全に解放されることはなく，60年代以降もしばしばこれら厳しい自然現象には悩まされている。

もっとも，自然現象とわれわれとの関係は，多面的かつ相互干渉的であり，一面的に評価してはならないであろう。火山や地震の国であることは，無数の温泉，風光明媚な景観と裏腹の関係にあり，集中豪雨は災害をもたらす反面，降水量の豊かさは，水資源の恵みの源泉である。むしろ，このような自然条件を極力利用して，われわれは有史以来国土を開発してきた。さらにここで指摘すべきことは，土地利用の急変を伴う旺盛な国土開発は，災害の型を変え，時には災害を拡大化する可能性をつねに秘めていることである。

治山治水事業の進展，人命尊重を要とする安全思想の普及とともに，災害による死者数は激減しているが，高度成長期の活発な国土開発は，土地利用や生活様式の変化をもたらし，新型災害の発生，被災対象財産の増加に伴う被害額の増大，さらには交通事故死など，クルマ社会がもたらした新しい災害も増大している。したがって，国土保全もまた従来とは異なる技術的対応を迫られている。

その典型例として，増大した都市水害とそれへの対応としての新たな都市河川事業および総合的な治水対策の推進がある。激しい都市化は，まず東京，大阪な

どの太平洋岸大都市に始まり，やがてその大都市周辺部および地方都市へと波及した．舗装や住宅化によって都市地表面は覆われ，下水道の普及は，雨水をす早く集めて，河川などの排水路へと運ぶ．かつて雨水は窪地や水田などにしばらく遊水してから河川へと向かっていたが，都市化は遊水地的役割を担っていた水田などを宅地に変えたため，都市域の貯水機能は衰え，一方，雨水が一挙に集中してきた都市河川はあふれやすくなった．4.1.3に述べた1958年の狩野川台風による東京の山手水害はその先駆であった．以後60年代から70年代にかけ，この新型水害は都市化の波を追うかのように，札幌から高知，鹿児島に至るまで，全国の人口急増都市へと蔓延していった．

これに対する治水事業は，都市における用地取得がいよいよ困難になってきたこともあり，従来のように河幅を広げ，あるいは十分な堤防敷幅を確保する高堤防を築くことが一般に難しくなり，新たな手法も導入して多面的色彩を帯びるようになってきた．たとえば，河川沿いの道路下に洪水流を流す人工分水路を築いたり（東京の神田川など），同じく道路下に洪水を一時貯留する貯水池を築くなどである（名古屋の若宮大通地下，大阪の平野川など）．あるいは河川沿いの土地に洪水調節と公園，ピロティ型住宅や小学校などの公共施設，駐車場など多目的に用いる，多目的遊水地の建設などである（東京の神田川水系妙正寺川，大阪の寝屋川，青森の沖館川など多数）．

1977年から始められた総合的な治水対策とは，従来治水事業はもっぱら，河道改修やダム建設など河道への事業であったが，新型都市水害をもたらした洪水の大規模化の原因が流域の宅地開発にあることにかんがみ，流域内に雨水浸透や雨水貯留機能を持たせ全流域で治水に対応する姿勢を示したのであり，都市河川に限定したとはいえ，治水対策の新たな展開というべきである．こうして大都市を中心に治水事業は多彩となっているが，その工事費もまた急騰してきている．

河川事業に限らないが，公共事業と住民との関係もまた，70年以降様変わりしてきた．4.2.7に述べた蜂の巣城紛争はその当時は異常と映ったが，70年代以降，公共事業差止め請求や，災害や事故について住民が行政を訴える例が続出した．特に1972年7月の全国的な梅雨前線豪雨を契機として水害訴訟が頻発したが，その前触れは，1966年7月と1967年8月に同じ地点で連続破堤した加治川水害に際して，被災農民が河川管理者を相手とする訴訟であった．それまでこの種

の訴訟は決して皆無ではなかったが，この訴訟において本格的治水審議が裁判の場で行われたことが，以後の水害裁判に与えた影響は大きかった．さらに，新幹線や空港の騒音など建設後の公害にかかわる問題，空港，高速道路，ダムなどの公共事業計画への反対運動，もしくは訴訟が相次いで発生したのもこのころであった．その原因の一つは，民主主義の進行とともに，住民が行政に異議を唱える気運が醸成されてきたからであり，他の原因としては，高度成長期以後の土木事業の巨大化および高密度な開発のために，それが周辺の自然および社会環境に与える影響もまた大きくなってきたためであろう．

4.3.4 快適にして美しい国土へ

高度成長期の著しい工業発展と経済の急成長によって国民所得と生活水準は数量的に増大した．豊かな経済，満ち足りてきた衣食とは裏腹に，身の回りを見渡せば，そこには汚れた河川や湖沼，荒廃した森林，残りわずかになった白砂青松の砂浜が横たわっている．住民運動も公害反対から自然保護，環境問題へと重点が移り，公共事業もまた景観，環境づくりの要素を逐次織り込むようになってきた．水辺空間の景観設計，美しい道路，海岸や港づくりに見られるウォーターフロント開発，一方，おいしい水，快適な道路，街路景観などを含む美しく楽しい街づくりなどの気運が，80年代以降とみに高まり，住民の公共事業への要望の内容も多面化し，公共事業のソフト化もまた目立つようになってきている．

敗戦以降，われわれが目標としてきた欧米なみの生活水準に現在達するまでに，その社会基盤建設としての土木事業の果たした役割は大きかった．しかし，そこには機能，効率をもっぱら追う経済合理性が強く支配していたといえる．華々しい国土開発を行ってきた土木事業が次に目指すものは，開発の質であり，環境の質，生活の質向上のための土木事業であろう．欧米先進国の国土や都市の中には，その歴史的遺産も含め都市施設のストックと佇い，すなわち，社会基盤の質において，なおわれわれの遠く及ばない面を持っている．われわれが到達した高い生活水準はもとよりフローの水準であり，ストックの水準ではない．しかし，開発の質もまた量的拡大と無関係ではない．つまり，質を考慮した社会基盤の建設なくして，生活水準の質も向上しないであろう．あわただしい高度成長期は用と強，機能と強度（耐久性）を求めるのに急で，美が軽視されたことはなか

ったか．しかし，元来，日本の土木技術は美においても数々のすぐれた成果を挙げてきている．江戸時代，もしくは第二次世界大戦以前に，美や快適性を巧みに計画に導入した風情ある土木構造物，土木施設の例は決して少なくはない．今日，アメニティなる標語的表現で求められている要素は元来，日本の土木技術者が持ち合わせていたものである．80年代の土木事業は，その意味において再出発の時代であったといえよう．

4.3.5　四島連結——青函トンネルと瀬戸大橋

1988年は，土木の二大プロジェクトが完成した画期的な年であった．それは明治以来の悲願であった日本列島が陸路で連結されたからである．すなわち，3月13日，青函トンネルを通過するJR津軽海峡線が開通して本州と北海道が連絡，4月10日には瀬戸大橋（児島・坂出ルート）が開通，JR瀬戸大橋線と本州四国連絡橋公団の有料道路によって本州と四国が結ばれた．

本州と九州を連絡する関門鉄道トンネルが開通した1942年から46年を経て，漸く日本列島の四つの島が一つに合体したことになる．

両事業の効果の第1は，いうまでもなく交通の利便性である．航空や船舶と異なり，鉄道と道路はターミナルへのアクセスの不便がない．第2に交通の安全性と確実性の向上である．両事業の直接の動機が，それぞれ青函連絡船洞爺丸と宇高連絡船紫雲丸の事故に発するのであり，悪天候による危険性と不確実性に悩まされていたことを思えば，安全性と確実性の向上については説明を要しないであろう．特に瀬戸内海の海上交通が年々混雑度を加えてきており，瀬戸大橋の開通は，南北方向をいわば立体交差にした効果がある．効果の第3は，地域間交流の活発化とそれに伴う新しい経済圏の形成である．将来，青函経済圏，瀬戸内経済圏といえる地域が形成されれば，東京圏や在来の大都市圏への集中を緩和させる可能性さえ蔵している．すなわち，新しい交通路の開通が地域開発効果をもたらすことが，今後の交通開発に期待されているといえる．

青函トンネルは，1964年に調査用斜坑の掘削が開始され，7年後の1971年に本坑掘削が開始されてから17年の歳月を要した．完成までに予想を上回る年月を要したのは，地質がきわめて複雑であり，かつ亀裂が多かったため，海底部の80%

以上にわたって，85万 m^3 に及ぶ薬液注入による地盤改良を要し，期待されていたトンネルボーリングマシンによる掘削が不可能であったことなどによる．特に，数多くの断層からの湧水が工期を長くした主な原因となったが，この断層破砕帯突破の実績は今後の内外のトンネル大プロジェクトへの先例として評価されよう．水平ボーリング技術は従来1,000m が限度であったが，ここでは2,150m の世界記録を達成し，前方地質の早期把握を可能にしている．

この青函トンネルは図4.27のように，延長53.85km の世界一長いトンネルであり，そのうち海底部は23.3km，最深部は海底から100m の深さであり，総工費は5,380億円，延べ1,390万人の手によって完成した．

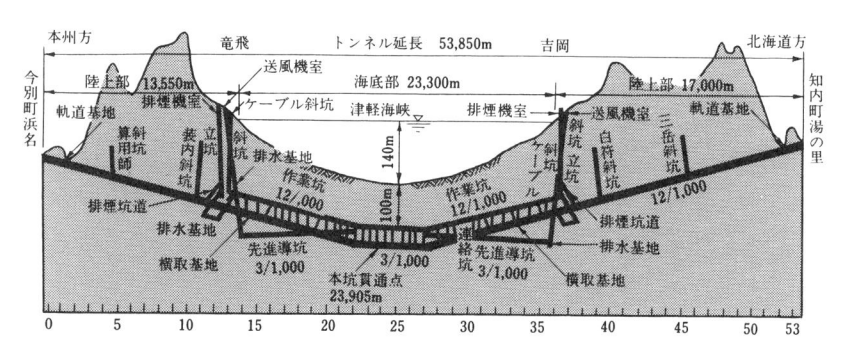

図 4.27 青函トンネルの縦断面図

図 4.28 青函トンネル（村松・高橋編：ビジュアル版日本の技術100年 6 建築・土木，1989，筑摩書房より）

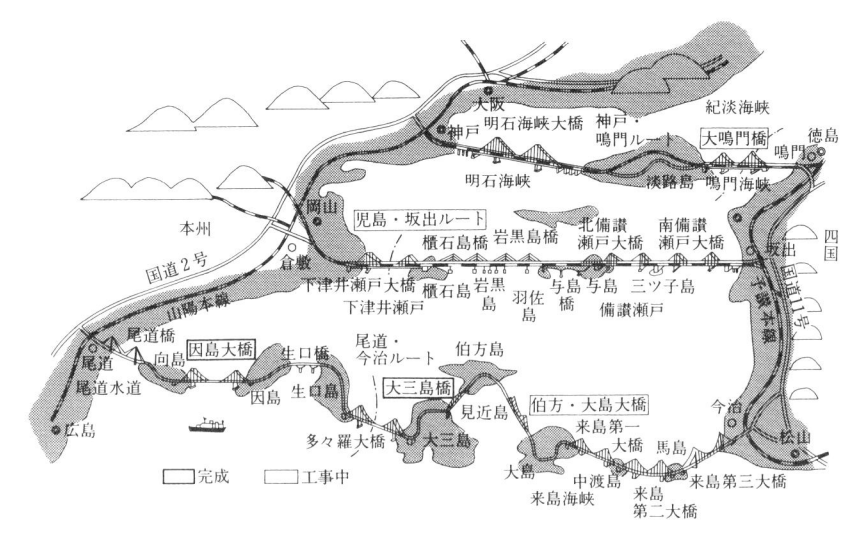

図 4.29 本四連絡橋の 3 ルート
(村田正信：本州四国連絡事業の概要と推移，橋梁と基礎，1984.8, p.9)

　瀬戸大橋は図4.29のように，海峡部9.4km は，本州側から下津井瀬戸大橋，櫃石島高架橋，櫃石島橋，岩黒島高架橋，岩黒島橋，与島橋，与島高架橋，北備讃瀬戸大橋，南備讃瀬戸大橋から成る．世界に例のない道路鉄道併用の長径間吊橋3橋，斜張橋2橋，トラス橋を主橋梁とする長大橋梁群であり，日本特有の厳しい条件としての台風，地震はもとより，水深，潮流への対応，瀬戸内海国立公園を通過するために，景観への配慮，国際航路を含む航行船舶，操業漁船などが特に混雑する海域での工事など，かつて未経験のもろもろの困難な条件を克服しての成果であった．

　瀬戸大橋の他に尾道・今治ルート，神戸・鳴門ルートの3ルートの本四架橋建設のために，1970年，本州四国連絡橋公団が発足し，73年3ルート同時着工の予定が，オイル・ショックによる総需要抑制策により延期され，瀬戸大橋による児島・坂出ルートを道路鉄道併用橋として早期完成を目指し，1978年10月着工し，9年6か月の歳月と総工費1兆1,300億円をかけ，20世紀の代表的技術所産として誕生した．

　瀬戸大橋工事において，新たな技術開発を要した主要な点は下記の通りである．まず，海中橋脚建設に際して数々の条件を突破しなければならなかった．橋脚地点の水深35m，根入れ深さ10～15m，潮流5ノット，海底岩盤は風化層をかぶ

図 4.30 瀬戸大橋（土木学会提供）

った花崗岩であった。橋脚の基礎は剛体基礎，すなわち直接基礎とケーソン基礎で可能と判断されたが，未経験の海上作業に関する実験的裏付け調査が必要とされ，67年から72年にかけ，海中発破，海中コンクリート打設実験，海中鉄構の据付け実験などが行われた結果，設置ケーソン工法により施工した。

坂出側の番の州埋立地は沖積層が深く道路鉄道併用高架橋の橋脚の高さは70mにもなり，軟弱地盤上の高架橋の耐震設計が，列車の走行性との関係で解決しなければならない難問であった。これに対しては，直径3mの大口径場所打ち杭を基礎まで，70m近く施工する大型杭基礎となった。

上部工において重要な課題は，耐風設計，耐震設計，ケーブル架設工法などで

あった．耐風設計手法に関しては，早くから長大橋の耐風設計の基礎としての風洞実験による動的照査法，耐震設計のためには吊橋の各構成要素の地震時の挙動が異なることを考慮した全体系の解析モデルを用いた調査研究結果から，各構成要素の慣性力を把握し，設計外力とする手法が採用された．

　長大橋の動的応答の実態を明らかにすることは，安全性に関する重要な要素であるため，低周波，高出力の起振機を新たに開発し，南備讃瀬戸大橋など4橋にて振動実験を行い，比較的大振幅時の動的特性データを得た．死荷重の大きいこの橋は，反力や移動量は大きくなるので，耐久性の高い支承などに大型鋳鍛鋼品が不可欠のため，鋳鋼と鋼板のハイブリッド構造のサドルの開発などが実施された．また，使用実績の少ない調質高調力鋼の疲労検討のため，大型疲労試験機（600t/200t）によるトラス弦材などの溶接や継手の疲労テスト，超音波自動探傷システムなどの非破壊検査方法も開発された．

　塗装面積は約600万 m^2 にも達し，海上という腐食しやすい状況下では，防錆力にすぐれた耐久性の高い塗料が必要であるため，新たな長期防錆型塗料と塗装仕様が開発された．さらに工期短縮と品質確保のため，溶接部以外は上塗りまで工場で塗装し，塗装のトータルコストの低減にも役立った．

　ケーブル架設には，強潮流，航路閉鎖などの条件を考慮して，大型クレーン船によるフリーハング方式の開発，塔架設におけるクリーパークレーン，塔の制振装置に粘性ダンパー方式，ＴＭＤ（動吸収器）方式，桁の架設には大型ＦＣ船を使っての大ブロック架設（櫃石島橋の6,100tブロックは，3,500tおよび3,000t吊りの2隻のＦＣ船の相吊りという壮挙），吊橋の補剛桁架設には，無ヒンジで吊材をトラス強材に直接引き込む多角的同時引込み方式など，いずれも瀬戸大橋架設工事で初めて採用された方式であった．

　これらさまざまな新技術を駆使して完成した瀬戸大橋の経験は，明石海峡大橋という本四架橋最大の技術的クライマックスへの貴重な先例として生かされた．

　1998年完成した明石海峡大橋(吊橋)の中央支間1,991mは世界一の長さである．第二次世界大戦後，北九州市の若戸大橋（1962）を原点に，関門橋（1973），大鳴門橋（1985），瀬戸大橋（1988）などのすぐれた実績を積み上げた成果であり，日本の吊橋技術の優秀さを物語る．翌1999年には瀬戸内しまなみ海道も開通し，本四三架橋が揃った．

4.4 第二次世界大戦後の半世紀を顧みる

　敗戦のどん底から経済大国といわれるまでに発展したわが国における20世紀後半は，要約すれば"都市化の世紀後半"であった。都市化が高度経済成長や生活水準の原動力であったことは，すでに，4.2.1において述べた通りであり，それに伴う膨大な社会基盤整備の需要が，さまざまな土木事業を要求し，それを支える土木技術の進展を促した。

　第二次世界大戦後の高度成長を支えた国土開発が旺盛であったことはもちろん，明治以後の百数十年間を通しても，その経済成長と近代化の早さは世界史にも例を見ない激しさであった。特にこの数十年における国土の変貌は著しかった。その変貌は，生活の物質的豊かさと産業の発展をもたらした開発の結果であると同時に，国土が元来持っていた自然のリズムと平衡に影響を与え，各地の自然環境を乱してしまった。今後のわれわれに与えられた課題は，自然環境に著しい影響を与えない，特に回復不能な影響を与えない開発の技術的手法を創り出すことである。その課題に立ち向かうに際しては，開発か環境かといった二者択一的選択ではなく，開発が必要な場合は，環境の保全もしくは維持を組み入れた開発でなければならない。ただし，ここで述べる"環境"とは，原自然そのままの純自然環境ではない。自然環境そのものは一方においてわれわれに無限の恵みを与えるとともに，猛威をも振るってわれわれに襲いかかるのであり，技術はその猛威を和らげるためにも駆使されなければならない。戦後の高度経済成長以来，土木事業の規模が大きくなるにつれ，自然の恵みの一部を開発によって取り出そうとしても，それが有機体である自然環境の他の部分に好ましからざる影響を含むさまざまなインパクトを与えることが不可避となる。したがって，個々の土木事業は，その本来の目的を効率的に達しさえすればよいとはいえなくなってきた。ここにおいて，土木技術は開発と自然との相互関係の理解の上に磨き上げることが必須の前提条件になったのである。換言すれば，土木技術は人類が生活水準を維持し向上していくための開発行為を通して，自然と共生するための技術として位置づけられる。特定の地域での大気汚染や水質汚濁に端を発した環境問題が，やがて，多数の自動車による大気汚染，家庭雑排水による公共水域の水質汚

濁のように，不特定源による環境問題に発展し，さらに地球環境問題に発展している．環境汚染解決の方途もまた，人類と自然そして地球との共生共存を探る道である．

　土木工学は本来，土木事業を施工することによって新たな環境を創造するための工学であった．開発行為が拡大し巨大化するにつれ，その行為自体が原環境に与える影響が大きくなると，開発と自然環境との共存を深く考慮することが，土木工学の基本的原理として顕在化してきた．この半世紀の日本の土木事業の推移は，環境創造の基礎としての土木技術が新たな段階に入ったことを物語る．

　都市化を支えてきた土木事業は，それによってもたらされた生活水準を維持しさらに向上させるために努力するとともに，それがもたらした環境問題の解決のためにも重大な役割を担うことになった．

　土木材料の面では，20世紀の土木界はコンクリートと鉄鋼の出現とその発展によって，革新的発展を遂げた．コンクリートと鉄鋼を語らずして，現代の土木工事を考えることはできない．しかし，これら材料が大量に地球の隅々まで利用されてきた現段階で，われわれはいま一度，土木技術をつねに支えてきた土，水，木という自然材料への再認識が迫られることとなった．人類はその長い歴史を通して，これら自然材料を利用し共存する技術を錬磨してきたことをあらためて想起したい．もとより，今日も，われわれはこれら材料に全面的に依存している．しかし，鉄鋼やコンクリートという強大にして有力な材料の出現の前に，土，水，木といった自然材料をそれらが自然の重要な構成要因であることをつい軽視し，単なる土木材料として，甚だしき場合には経済財であるかのように扱ってはいないであろうか．鉄鋼やコンクリートが出現する以前においては，自然材料を取り扱うに際しては，少なくともわが国の土木史の教える限り，それが自然とのつき合いであることを認識し，それらを畏敬しつつ利用するのが土木技術者の作法であった．

　近年は土木景観への関心の高まりによって，土や石や木材を利用する手法が復活しつつある．なぜ，これら自然材料が景観を高めるのか．それを思索することによって，土木技術が本来自然との共生を求めて発展してきた歴史の重みを嚙みしめることができる．

都市化というキーワードによって象徴される20世紀後半において，日本ほどその嵐をまともに受け，その情勢下で激しい開発を実行し，その効果と反作用を味わった国は少ない。わが国はその貴重な経験を通して，大局的には見事に都市化に成功し，今日の高い生活水準に到達したといえよう。アジアモンスーン地帯という条件に関しては，類似の自然特性を持つ東および東南アジアなどの諸国は，現在から近い将来にかけて，激しい都市化時代にさしかかっている。第二次世界大戦以後の日本の都市化に伴う開発の歴史，さらには開発と環境をめぐるさまざまな経験に関するノウハウは，マイナス面も含めて基本的にはこれら諸国にとって掛替えのない他山の石となり得よう。われわれはそれらを謙虚に伝える土木史的義務があるといえるであろう。

4.5 21世紀の課題

4.5.1 地球時代の到来

航空機などの進歩による交通革命，ＩＴ社会に代表される情報革命によって，地球はわれわれにとってきわめて狭くなった。そのため各国間，各民族間の物理的ならびに心理的距離は一挙に短縮された。

一方，20世紀末から顕在化した地球環境の悪化は温暖化の進行とともに，人類の将来に暗雲を投げかけている。人類はこの対策に一致して立ち向かうべきであり，いたずらに国内外において争っている場合ではない。21世紀における土木技術者は，いかなる公共事業，そして地球環境保全事業において，地球的視野に立つ評価基準を最優先にすべきである。

20世紀に進展した化石燃料依存社会，それと密接に結びついているクルマ社会は，人類に多くの便宜を与えたが，その社会が地球のリズムを狂わせている。この社会を，いかに円滑に変えていくかが問われている。この舞台での土木技術者の姿勢と対応が問われている。全地球に課せられたこの命題に，土木技術者は誇りと勇気をもって行動することが期待されている。

4.5.2 国際化への対応

　国際的観点から眺めるならば，経済大国といわれ，効率の良い社会基盤を整えたかに見える一方，貧弱な生活基盤，欧米先進国と比べ遅れた社会資本が横たわっている。たとえば，日本の下水道普及率，一人当りの公園面積や住宅面積，車の台数当りの高速道路延長，あるいは治水安全度，都市の通勤混雑などがなおきわめて貧弱である。一方では都市景観の乱雑ぶり，都市の騒音，さらには歩道橋などに象徴されるように，高齢者や幼児などの弱者に対する配慮が不足している都市設備など枚挙にいとまがない。

　わが国は1980年代後半には，ＧＮＰや一人当りの生活水準において欧米各国を次々と追い抜き，念願の経済大国に追いついたが，前述のように個人の生活面での社会資本，あるいは公共の場での社会資本の質などにおいて，なお克服すべき多くの課題を抱えている。

　また，従来日本の社会の中において培われてきた土木界の多くの慣行なども，国際化の前には改めるべき多くの課題を抱えている。わが国における建設産業をめぐる行政と建設業とコンサルタント業との相互関係，行政と企業と学界との関係，建設業間の競合と共存関係などに関しては，いくたの日本特有の体質がある。それらの関係は，日本の社会特性に根ざしたいわば歴史の所産でもあり，日本国内のみを見つめた場合には効率的秩序を保つのに大局的には適していた面もあった。しかし，土木界をめぐる技術の飛躍的進歩，経営の近代化には即応しない面が顕在化してきたのみならず，国際化の急激な進行には，そぐわない点もあらわになりつつある。それらは日本の歴史的社会的特性に根ざすため，その改革は決して容易ではないが，国際社会で重要な立場に立つことになった日本の土木界にとって避けては通れない課題である。

4.5.3 総合性を見直す

　前述の多くの現代的課題に対処するためには，土木工学もまた新たな姿勢をとるべきである。土木工学の各部門ごとにさらに成果を積み重ねることは当然のことながら，それのみでは土木界をめぐる国際化，情報化，あるいは高齢化社会に対応するには不十分である。一方において社会ニーズの動向は，価値の多様化，ハードからソフト化，量よりも質を求める傾向を強めている。庶民の日常生活と

密着している土木事業を計画，設計するに当たっては，さらには人々の眼前に直接接する施工や維持管理に当たっては，社会のニーズの動向や庶民の感覚を鋭敏にとらえたものでなければならない。それは，20世紀後半の高度成長期までの機能至上主義，経済性最重視の視点からの脱却を意味する。

土木工学もまた当然多様化を迫られている。80年代から土木系各大学のカリキュラムに，景観工学，土木史，社会資本論，さらに土木文化論が取り入れられるようになったのは，まさしく時代感覚に即した新しい土木技術者の育成を意図したものである。そのことは同時に，従来の構造設計能力の育成のみでは，これらの土木技術を支えるには不十分であると考えられる。

"開発と環境"に関するテーマ，および価値観の多様化などへの対応として，総合工学としての土木工学は積極的学際化への努力が必要である。これら課題を追求するためには，広く他の学問分野の方法論，学問的集積に学ばなければならない点が多々あるからである。と同時にそれは，寄せ集め知識であってはならず，今後の土木技術の方向に向かって融合する形を整えることは総合工学を標榜する土木工学者の任務である。それはまさに，1914年の土木学会初代会長古市公威の会長講演における土木観の復古であり現代的解釈である。曰く "余ハ極端ナル専門分業ニ反対スル者ナリ，専門分業ノ文字ニ束縛セラレ萎縮スル如キハ大ニ戒ムヘキコトナリ"中略"本会ノ会員ハ指揮者ナリ，故ニ第一ニ指揮者タルノ素養ナカルヘカラズ"（3.2.5, pp.94〜99参照）

4.5.4 文化発展の原動力

環境創造，国際社会の中での土木技術の在り方を掘り下げれば，日本の社会構造にまでも触れることになる。いうまでもなく土木技術は長い歴史を通して，社会基盤を形成することによって文化の基礎を築いてきた。それがこれからはいっそう現実的，具体的になることを指摘したい。すでに1936年2月，当時の土木学会長青山士はその会長講演 "社会の進歩発展と文化技術"において，土木技術を文化発展の原動力としてとらえ，世界と日本の土木史発展の跡を例証しつつ，次のように結んでいる。ここで青山は "Civil engineering"を文化技術と訳している。

　"……人間が生存し自然力が荒れ狂う世界には文化技術は一日も欠くべから

ざるものであります。茲に於てか土木技術が社会文化の発展の役割の何の辺に在るかが了解せらるるのであって，社会はその進歩発展に対する土木技術の重要性を正当に，而して明確に認識せなければならない。然らざれば其の社会国家は古来変ることなき因果の律に因ってバビロンの都のニネベが今日考古学者を喜ばしむる塚と化し，ローマの廃墟が坐ろに観光の憐を催すものとして残る如くに成り果つるであらう事を憂ふるのであります。……"

土木界が転機に立っているいま，われわれは現代日本土木史がどのような歴史的経過をたどってきたかを顧みると同時に，その史的観点に立って土木技術の役割について原点に立ち返り深思すべき時である。

参考文献
堀川清司：海岸工学，東京大学出版会，1973
古市公威：土木学会第一回総会会長講演，土木学会誌第1巻第1号，1914
青山　士：社会の進歩発展と文化技術，会長講演，土木学会誌第22巻第2号，1936年
村松・高橋編：日本の技術100年，第6巻　建築・土木，筑摩書房，1989
高橋　裕ほか：土木工学概説　第1章土木小史，土木工学大系第1巻，彰国社，1982

文献解題

　土木学会は土木史編纂に終始熱情をこめて取り組んできた。1936年に出版された『明治以前日本土木史』は、田辺朔郎を委員長とする編纂委員会が1932年に結成され、東京帝国大学史料編纂所および帝国図書館などの協力を得て、精力的な調査を経て完成した画期的大作である。本書は有史以来江戸時代末期までを扱って初めてまとめられた土木総合史であり、単に土木界への貢献にとどまらず、日本の技術史、さらには日本史学にも大きな貢献であったと思われる。

　第二次世界大戦後、本書は古書の世界において貴重本的存在であった。出版元の岩波書店では、1973年その第3刷を定価2万円で発売し、たちまち売り切れている。本書は時代物作家や演劇界などでも、昔の土木工事などの内容を正確に知る唯一の権威ある文献として高く評価されている。

　なお、前著の要約版が『明治前日本土木史』と題して日本学士院から1956年に出版されている。

　前著に先立って、日本工学会は明治における日本工業の勃興と飛躍的発展を記念して『明治工業史』全10巻を編集したが、そのうち鉄道篇（1926年）、土木篇（1931年）が、明治における土木事業についてまとめられている。

　大正以降については、土木学会は前著に続くものとして次の2書を編集した。すなわち、『日本土木史』（大正元～昭和15年）を1965年に、『日本土木史』（昭和16～40年）を1973年に出版した。いずれも青木楠男委員長のもと、前者は高橋が幹事を務め学会に設けた委員会によって完成した。後者は高橋は統括幹事、さらに島崎武雄幹事が編集に協力した。さらに1995年に『日本土木史』（1966～90年）が、土木学会創立80周年記念として、高橋裕委員長、大熊孝幹事長によって出版された。

　これらとは別に、土木学会は、特に明治以降の1世紀余の日本の土木技術の発展の跡を、土木学会会員に理解しやすい形にまとめることを企画し、学会創立50周年記念出版として『日本の土木技術―― 100年の発展のあゆみ――』を1964年

10月，東京オリンピックのさなかに出版した。本書は沼田政矩委員長による編集委員会において，鈴木忠義ら6人の幹事を中心に編集された。さらに学会創立60周年記念出版として，『日本の土木技術——近代土木発展の流れ』が1975年に出版された。同じく沼田政矩委員長による編集委員会において鈴木忠義幹事長らが，前著の部分的改訂にとどまらず，土木の各分野における発展の軌跡を，社会との関連を加味し，全体を一つの流れとしてとらえようとする意図のもとに編集された。この間に時代は高度成長謳歌の風潮から一変し，オイルショックを経て省資源，省エネルギーが標榜されるようになっている。

さらに土木学会は創立70周年記念出版として，土木を一般に啓蒙する目的で『グラフィックスくらしと土木』全8巻（オーム社，1984年）を刊行したが，その第1巻は"国づくりのあゆみ"（高橋が編集責任）と題して，土木史上の人物像などを紹介しつつ土木史の展開を解説している。創立80周年記念として『日本土木史探訪——人は何を築いてきたか』（山海堂，1955年）が出版されている。

土木学会による土木史編纂として忘れてならないものが，『明治以後 本邦土木と外人』であり，1942年出版である。時あたかも第二次世界大戦のさなか，国内には欧米排斥の気運きわめて旺盛であった。そのような社会情勢下，主として明治初期のお雇い外国人の業績を顕彰する意味もこめて，明治以降の日本の土木技術を指導し土木事業推進に貢献した欧米の人々の業績をリストアップした意図とその文献もまたきわめて貴重であり，明治のお雇い外国人の記録を調べる研究者が必ず頼りにしている。

土木学会においては，前述の日本土木史2巻を刊行したあと，その編集の経験などを生かして，さらに土木史の調査研究を続行する必要を痛感し，日本土木史研究委員会が1974年に，青木楠男初代委員長によって発足し，以後組織的な活動を続けている。

土木学会誌にては，"土木と100人"を1983年8月号に，"続土木と100人"を1984年6月号に特集し，有史以来の日本の土木事業の推進や土木技術の発展に影響を与えた200人を生存者を除いて選出し，その簡単な業績を披露した。この200人は日本に限定されており，お雇い外国人は含まれていたが，世界の土木に貢献した人々については，さらに1987年6月号にて，"近代土木と外国人——ベルヌーイからティモシェンコまで"を特集している。

『**古市公威とその時代**』（土木学会，2004年）は土木学会創立90周年記念として2004年に出版された。土木学会初代会長であった古市公威（1854～1934）は、この出版年が生誕150年に当たる。土木学会は古市公威と沖野忠雄の還暦記念資金を基金として創立された。したがって古市の年齢から60歳を引くと土木学会の年齢となる。

　古市生誕150年を期し，古市の生涯を顧み，その時代におけるわが国の近代化の過程における，主として古市がかかわった国土づくりなどについて集大成した快著である。執筆に当たっては，土木学会の土木図書館委員会および土木史研究委員会によって小委員会が設けられ，松浦茂樹東洋大学教授を委員長に，7委員と土木図書館の坂本真至氏を事務局として，4年の歳月を経て完成された。単に古市の評伝にとどまらず，従来の古市研究を整理し，歴史的背景とともに古市の生き方にも触れて，厚みを感じさせる労作である。

　土木学会の80年（土木学会，1994年），土木学会80周年を期し，学会が果たしてきた役割，創立の背景，創立以来の活動，各委員会，各支部の事業，関係機関との交流を整理している。この大冊に学会80年の歩みが詳しく整理されている。

　第二次世界大戦前においては，土木全体を見渡した土木史書は，土木学会による前述の書以外には見当たらない。ただし，個々の巨人についての伝記に当たるものは若干出版されている。たとえば，『**田辺朔郎博士六十年史**』（西川正治郎著，山田忠三発行，1924年，博士の還暦祝い（1921）を期に編纂），『**日本水道史**』（中島博士記念事業会編，工政会出版部，1927年，1925年急逝した中島鋭治の業績がそのまま日本水道史であるとの見地から編集），『**古市公威**』（同記念事業会，1937年），『**廣井勇傳**』（同記念事業会，1930年）があり，廣井勇傳は復刻されており，毎年の北大土木工学科の首席卒業者に贈られている。第二次世界大戦後は明治の巨人の追悼に関する著書は多数出版されているが，古市公威とともに日本土木界を背負っていた沖野忠雄の伝記は，真田秀吉著『**内務省直轄土木工事略史・沖野博士伝**』として1959年，建設省関東地建内旧交会より出版されている。

　土木事業の個々の分野における史書は，特に，1970年代以降は各河川，各官庁，公社公団などによって多数出版されているが，1940年代までは寥々たるものであった。その中で光彩を放つのは，廣井勇著『**日本築港史**』（丸善，1927年）であり，廣井が十数年にわたって収集整理した資料に基づき，わが国の築港工事を後

世に伝えんがため，54港につき，詳細にそれぞれの計画，設計，施工の方法とその結果を批評を交えて記した大著である．また栗原良輔著**『利根川治水史』**（官界公論社，1943年）も従来の知見を総覧してまとめ，以後の利根川研究への礎石になったものとして評価される．

　第二次世界大戦後も，1960年代までは土木全体を扱った史書はまれであり，わずかに小著ながら，技術史シリーズの1冊として出版された，酒匂敏次と小生の共著**『日本土木技術の歴史』**（地人書館，1960年）しかないと思われ，僭越ながら紹介する．1970年以降は，さまざまな形式で総合的に土木史を扱った書はあるが，土木工学者によるものは少ない．その中で小川博三著**『日本土木史概説』**（共立出版，1975年）がおそらく土木工学者による最初の本格的な土木史書であろう．従来の土木史書が，土木学会によるものも含め，いずれも土木の内面からの史料の蓄積であるのに対し，小川は土木史を全産業，情報など人間の営みの基盤としてとらえ，いわば文化史的立場から観察され記述されるべきであり，かつ史観によって貫かねばならぬとして，本書を生涯最後の著作と考え心血を注いで世に問うたのである．というのは，小川はこの執筆時，自ら余生の少ないことを自覚し，土木学会60周年記念出版の一つである**『日本の土木地理』**の編集をはじめ，最後の力をふりしぼって，土木界の後輩に託すべき著作に没頭していたのである．本書はまず，日本土木史における問題意識から説き起こし，弥生時代以来今日に至るまでの日本の土木史を，広い視野に立った研究と，そして静かな情熱を秘めて展開している．

　合田良實：**土木と文明**（鹿島出版会，1996年），1966年土木学会出版文化賞．土木はいかに文明を築いてきたか！　土木の事業がその時代ごとに，社会にどのような影響を与えてきたかを，世界史的視野から展開した史書である．人類の誕生から説き起こし，古代の神殿，城壁，上下水道，水運の発達から，橋とトンネル，産業革命以後の鉄道や運河の飛躍的発展を世界史の歩みで述べ，文明開化以後の日本の土木技術に及ぶ．最後に地球時代の土木として，地球環境と土木の関係を説いて，環境創造に向けての土木への熱い期待をこめ，雄大にして広汎な土木文明論である．

　合田良實：**土木文明史概論**（鹿島出版会，2001年），前著を精選して，大学，高

専の講義用テキストとして利用できるように要約した書。

三浦基弘・岡本義喬編：**日本土木史総合年表**（東京堂出版，2004年），本年表の対象は紀元前の縄文期から1992年までであり，500頁余に及ぶ大著のうち，第二次世界大戦後から1992年までが全巻の35％の配分となっている。戦後の復興から高度成長期に，大量の土木構造物，土木施設の建設による土木プロジェクトが展開されたことを裏書きしている。

本年表には，土木関連事項と社会史に関連する一般事項がふんだんに織り込まれ，まさに総合年表の名にふさわしい。この種の年表の価値は索引の正確さにかかっている。人名と事項から成る索引は約100頁に及ぶ。当然ながら固有名詞の正確な読み方を確かめなければ索引は造れない。緻密さと根気のいる作業である。78篇のコラム欄は元来堅い年表に潤いと親しみを与えている。土木史の研究者の必携の書である。

藤井肇男：**土木人物事典**（アテネ書房，2004年），2005年土木学会出版文化賞。土木史関連書は近年漸く多く出版されるようになったが，人物事典は個人の伝記を除いては，従来ほとんど出版されていない。その点技術史としても歴史のある建築界と比べおおいに遜色がある。長く土木学会図書館にて，土木史上の個人情報を丹念に収集していた著書が，土木史上の故人500人の経歴，業績をまとめた本書は貴重である。しかも480人以上の肖像写真が掲載されているのは，本書の価値を高めるとともに著者の努力の賜である。本書により，土木史の研究がより親しまれるであろう。なお，本書は2007年現在販売されていないが，近い将来その復刊が期待されている。

土木工学者による土木史書として，物語風に興味深く書かれた，長尾義三著『**物語 日本の土木史──大地を築いた男たち**』（鹿島出版会，1985年），1988年土木学会著作賞。さらには『**日本の技術100年**』（ビジュアル版）全7巻が筑摩書房より，1989年に出版完了し，同年の日刊工業新聞社の文化賞を授与されたが，その第6巻が**建築・土木**である。このシリーズはこの100年間の記録写真を軸としてその発展の跡を展望しており，建築は村松貞次郎，土木は小生が編集責任者となり，それぞれ十数人の執筆者が受け持っている。

なお，高橋は，『土木工学大系Ⅰ，**土木工学概説**』（彰国社，1982年）を椎貝博美，酒匂敏次と共著で執筆したが，その第1章土木小史を担当した。本書『**現代**

日本土木史』は，この前著の土木小史を全面的に踏襲し加筆したものである。

　技術史，建築史，または歴史学の専門家による技術史書のうち，特に土木史と関係の深い書を以下に紹介する。

　村松貞次郎：お雇い外国人　全17巻のうちの第15巻　**建築・土木**（鹿島出版社，1976年）

　飯田賢一：**技術思想の先駆者たち**（東洋経済新報社，1977年）本書では20人の先駆者のうち，土木部門で古市公威と廣井勇を挙げている。

　菊岡倶也：**国づくりの文化史**（清文社，1983年）

　永原慶二・山口啓二編：講座・**日本技術の社会史**　第6巻土木（日本評論社，1984年）

　また，公共投資にしぼってこの100年の発展を調査した書に，沢本守幸：**公共投資100年の歩み**（大成出版社，1981年）があり，土地の開発史の観点から，旗手勲・玉城哲：**風土——大地と人間の歴史**（平凡社，1974年），今村・佐藤・志村・玉城・永田・旗手：**土地改良百年史**（平凡社，1977年）がある。

　淀川オランダ技師文書（欧文関連編）（淀川近代技師文書，委員長　井口昌平，建設省近畿地方建設局淀川工事事務所，1997年），1998年土木学会出版文化賞。

　技術史全般にわたる多くの文献では，特に星野芳郎，飯田賢一らが部分的もしくは間接的に土木史に触れている場合が多い。

　土木事業の各部門，特に交通，道，港，川の技術史は枚挙にいとまがないが，ここでは，特に下記の数点を紹介するにとどめる。

　シュライバー・関　楠生訳：**道の文化史**（岩波書店，1962年）

　上田正昭：**道の古代史**（淡交社，1974年）

　山田宗睦：**道の思想史**（講談社，1975年）

　新谷洋二：**日本の城と城下町**（同成社，1991年）

　山本　宏：**橋の歴史——紀元1300年ごろまで**（森北出版，1991年）

　三浦基弘・岡本義喬：**橋の文化誌——古代ローマ橋から明石海峡大橋まで**（雄山閣出版，1998年）

　最近，近代化遺産としての土木構造物などへの関心の高まりとともに，いくた

のすぐれた学術書，一般向け解説書，写真集が出版されている。近代化遺産は1993年，重要文化財に新たに設けられた種別。

篠原　修 文，三沢博昭 写真：**土木造形家**（エンジニア・アーキテクト）**百年の仕事——近代土木遺産を訪ねて**（新潮社，1999年）。本書は日本土木工業会設立50周年記念として出版され，土木構造物のみならず，周辺の自然との調和，堰やダムから流れ下る水，橋の銘板，道路のたたずまいなどにも気を配った土木遺産の諸景観集である。

増田彰久：**写真集成　日本の近代化遺産　全3巻（関東，東日本，西日本編）**（日本図書センター，2000年）。幕末から明治・大正・昭和初期にかけて建設された工場，鉄道，駅，橋，トンネル，ダム，水門，取水塔，発電所，各種建築物と門など歴史的土木および建築を網羅した写真集成の決定版ともいえる大著。その他，増田には多数の写真集がある。

増田彰久：**カラー版　近代化遺産を歩く**（中央公論新社，2001年）。前著の写真の中から一般向けに解説付きのカラー版写真集とした新書版。

土木工学の各部門の発展を研究した書には以下の書がある。

S. P. ティモシェンコ，最上武雄・川口昌宏訳：**材料力学史**（鹿島出版会，1974年）

H. ラウス，高橋　裕・鈴木高明訳：**水理学史**（鹿島出版会，1974年）

H. シュトラウプ，藤本一郎訳：**建設技術史——工学的建造技術への発達**（鹿島出版会，1976年）

A. K. ビスワス，高橋　裕・早川正子訳：**水の文化史**（水文学史）（文一総合出版，1979年）

個々の土木工事や，それをめぐる社会的事件などを題材とした文学は数知れない。筆者自身が読み特に記憶に残る書の中から，現在比較的入手しやすいものを次に紹介する。まず，登場人物が実名のルポ文学に属するものから掲げる。

清水寥人：**泰緬鉄道**（毎日新聞社，1968年），第二次世界大戦中，日本軍が建設したタイとミャンマーを結ぶ困難な鉄道建設を実際に担当した著者によって，その実情を記録したもの。映画"戦場にかける橋"で有名になった俘虜虐待の汚名の影に潜む真実を語ろうとする記録。

小池喜孝：**常紋トンネル**（朝日新聞社，1977年），明治時代，網走・旭川間の鉄

道トンネル建設で人権を無視され酷使された労働者の行動を掘り起こした記録。

松下竜一：**砦に拠る**（筑摩書房，1977年），1950年代後半から60年代前半にかけ，筑後川上流部のダム建設に反対する激しい運動をテーマとして，公共事業と基本的人権の関係を考えさせるテーマであり，この争いにおける双方の考えと行動を丹念に追いかけた記録。

吉村　昭：**高熱隧道**，（新潮社，1967年），黒部第三水力発電所建設中に遭遇した高熱隧道掘削の苦難の記録。

田村喜子：**京都インクライン物語**（新潮社，1982年），1983年土木学会著作賞。明治22年の琵琶湖疏水完成までの田辺朔郎の奮闘の記録。

織田直文：**琵琶湖疏水——明治の大プロジェクト**（サンブライト出版，1987年），地域開発史研究者である著者が，琵琶湖疏水を研究しドキュメント風にまとめ，近江文化叢書の1冊として発表。

田村喜子：**北海道浪漫鉄道**（新潮社，1986年），田辺朔郎が琵琶湖疏水完成後，北海道へ渡り，未踏の原生林を踏破して鉄道建設を推進する苦闘の記録。

吉村　昭：**闇を裂く道**（上，下）（文藝春秋，1987年），丹那トンネル掘削の16年にわたる難工事をその社会的背景の中に映し出す詳細なルポ文学。

井上ひさし：**四千万歩の男**　全5巻（講談社，1990年），1990年土木学会著作賞。伊能忠敬の足跡を丹念に調べ上げ，その地図作成の史実と，彼の第二の人生の生き方にも焦点を当て，人間忠敬のすさまじい後半生を刻明に描いた大作。

次に個人の伝記に属する異色の作品を2冊，特に紹介する。

大淀昇一：**宮本武之輔と科学技術行政**（東海大学出版会，1989年），1990年土木学会著作賞。本書は宮本武之輔の日記および彼の執筆による多数の論説などに基づいて，彼が日本の科学技術行政の確立，技術者の地位向上に果たした役割を克明に調べ上げた大著。この論文は，東京工業大学より学術博士の称号を与えられた。

古川勝三：**台湾を愛した日本人——八田與一の生涯**〔青葉図書（松山市小栗6-3-23），1989年〕，1990年土木学会著作賞。1910（明治43）年，東京帝大土木工学科を卒業し，直ちに台湾に渡り，農業水利開発のために烏山頭ダムを造るなど，その生涯を通じて台湾のために奉仕し，いまなお地元農民から深く慕われている八田與一の生涯を，多くの文献と関係者からの聞き込みによってまとめ上げた伝

記。著者は文部省の海外派遣教員として台湾の高雄日本人学校に1980年から3年間勤めた。その間に八田與一の敬虔な生き方を知り，現地ですでにその伝記を出版したが，帰国後さらに詳細な調査を重ねて本書を完成した．

　小説の形での土木工事や土木技術者を扱った作品もまた数多くあるが，特に司馬遼太郎，杉本苑子，曽野綾子ら諸作家の作品にはそれが多い．たとえば，

　杉本苑子：**孤愁の岸**（上，下）（講談社文庫，1982年），1960年直木賞受賞．江戸時代に薩摩藩が命ぜられたお手伝普請としての木曽川治水工事にまつわる悲劇がテーマ．

　同じく宝暦治水を扱った作品は，

　黒葛原祐：**滔々記抄**（治水社，1980年）など数多い．

　曽野綾子：**無名碑**（上，下）（講談社文庫，1977年），ダム，高速道路，海外工事にと仕事にはげむ土木技術者の家庭生活と仕事とのはざまでの苦闘がテーマ．

　曽野綾子：**湖水誕生**（上，下）（中央公論新社，1985年），1986年土木学会著作賞．高瀬ダム工事の起工から完成までがテーマ．

　田村喜子：**物語分水路――信濃川に挑んだ人々**（鹿島出版会，1990年），大河津分水路工事における宮本武之輔の奮闘を描く．

　田村喜子：**剛毅朴訥――鉄道技師藤井松太郎の生涯**（毎日新聞社，1990年）

　田村喜子：**関門トンネル物語**（毎日新聞社，1992年）

　田村喜子：**ザイールの虹・メコンの夢――国際協力の先駆者たち**（鹿島出版会，1996年）

田村喜子：**土木のこころ――夢追いびとたちの系譜**（山海堂，2002年），21世紀を迎えるに際して，20世紀に活躍した20人の土木屋さんを著者の主観的判断で選び，土木のロマンを画いた作品．

　三宅雅子：**乱流――オランダ水理工師デレーケ**（東都書房社，1991年），1993年土木学会出版文化賞．

　三宅雅子：**熱い河**（講談社，1998年），パナマ運河工事に唯一日本人土木技師として参加した青山士の献身的行動の軌跡を追う．

　上林好之：**日本の川を甦らせた技師デ・レイケ**（草思社，1999年）

　国土政策機構編：**国土を創った土木技術者たち**（鹿島出版会，2000年）が出版された．

稲場紀久雄：**都市の医師——浜野弥四郎の軌跡**（水道産業新聞社，1993年），東大土木工学科を卒業するやいなや，恩師ウィリアム・K・バルトンとともに台湾に渡った浜野は，在台23年，台湾に全くなかった上下水道の建設に身を粉にして働いた。著者稲場氏が16年にわたって浜野の軌跡を調べまとめ上げた大作。同じくわが国水道の恩人パーマーについては次の著書がある。

樋口次郎：**祖父パーマー——横浜近代水道の創設者**（有隣堂，1998年）

浅田英祺：**流水の科学者・岡崎文吉**（北海道大学図書刊行会，1994年），1994年土木学会出版文化賞。石狩川治水の礎を築いた岡崎の一生を克明に追う。

高崎哲郎：**評伝 技師・青山士の生涯**（講談社，1994年）

高崎哲郎：**沈深・牛の如し——慟哭の街から立ち上がった人々**（ダイヤモンド社，1995年）1947，48年，一関を襲った超大型台風と闘った人々の話。

高崎哲郎：**砂漠に川ながる——東京大渇水を救った500日**（ダイヤモンド社，1996年）

高崎哲郎：**洪水・天ニ漫ツ**（講談社，1997年）

高崎哲郎：**評伝 工人・宮本武之輔の生涯**（ダイヤモンド社，1998年）

高崎哲郎：**修羅の涙は土に降る——カスリン・アイオン台風北上川流域・宮古大洪水の秋**（自湧社，1998年）

高崎哲郎：**鶴，高く鳴けり——土木界の改革者菅原恒覧**（鹿島出版会，1998年）

高崎哲郎：**評伝 山に向かいて目を挙ぐ 工学博士広井勇の生涯**（鹿島出版会，2003年）

高崎哲郎：**山河の変奏曲——内務技師青山士，鬼怒川の流れに挑む**（山海堂，2001年），青山士が鬼怒川河川改修時代に誠実に生きた姿を描く。

高崎哲郎：**評伝・お雇いアメリカ人青年教師——ウィリアム・ホィーラー**（鹿島出版会，2004年），札幌農学校のクラーク博士に次ぐ第2代教頭として，農学校の運営と教育とともに，札幌時計台の設計をはじめ，河川や鉄道建設の調査など4年間札幌に滞在し，学生らに多大の影響を与えたホィーラーの実像に迫る。

高崎哲郎：**評伝・月光は大河に映えて——激動の昭和を生きた水の科学者・安藝皎一**（鹿島出版会，2005年），昭和が生んだ知識人の評伝。

文化庁歴史的建造物調査研究会編：**建物の見方・しらべ方——近代土木遺産の保存と活用**（ぎょうせい，1998年），本書は土木遺産について，その保存と活用の

在り方を，多くの実例とともにリストアップした成果。

　伊東　孝：**東京再発見——土木遺産は語る**（岩波新書，1993年），東京に存在する土木遺産を訪ね，建造にまつわる秘話と現代の土木美を解説。

　伊東　孝：**日本の近代化遺産——新しい文化財と地域の活性化**（岩波新書，2000年）。

　大淀昇一：**技術官僚の政治参画・日本の科学技術行政の幕開き**（中公新書，1997年），宮本武之輔を軸に，日本の科学技術行政における技術官僚の苦闘を解説。

　菊岡倶也：**建設業を興した人びと——いま創業の時代に学ぶ**（彰国社，1993年）1993年土木学会出版文化賞。

　なお，この他に，**写真集青山士後世への遺産**（山海堂，1994年），**久遠の人・宮本武之輔写真集**（北陸建設弘済会，1998年）などもある。

日本土木史年表

1. 明治以前（B.C.～1867）

年　　代	土　木　事　項	一　般　主　要　事　項
B.C.（綏靖33）	初めて山陽道開ける	
B.C.（孝元57）	初めて東海，南海両道開く	
B.C.（崇神62）	河内狭山に依網池，苅坂池，反折池を築く	
	箸墓（崇神天皇時代）	
281（応神11）	剣池，鹿垣の池，厩坂池を造る	
	応神天皇陵	
324（仁徳11）	茨田池，茨田堤（淀川）を築き天満川を掘る	
326（仁徳13）	和珥池，横野堤（大和川）を築く	
327（仁徳14）	国史に残る最初の橋を猪甘津に造る	
	仁徳天皇陵	
402（履中2）	磐余池を造る	
404（履中4）	石上溝を掘る	
593（推古1）	聖徳太子の創意による土地丈量が初めて行われる	難波四天王寺建立（593）
611（推古19）	百済人，初めての韓風の呉橋を造る	冠位十二階を定める（603）
613（推古21）	飛鳥の都より難波への大道を開く	十七条憲法を定める（604）
646（大化2）	道登，宇治橋をかける	蘇我入鹿暗殺さる（645）
648（大化4）	磐舟柵を造る	
664（天智3）	水城（筑紫）を築く	
667（天智6）	高安城，屋島城，金田城を築く	
694（持統8）		藤原宮に遷都（694）
702（大宝2）	岐蘇山道を開く	大宝律令を制定（701）
708（和銅1）	造平城京司を置いて都市造営を始める	銀銭（和銅開珎）発行（708）
710（和銅3）		都を平城京に遷す（710）
722（養老6）	墾田100万町歩の開墾計画	古事記できる（712）
724（神亀1）	多賀城を築く	
726（神亀3）	行基，山崎橋を造る	
732（天平4）	行基，狭山下池を築く	
738（天平10）	わが国最古の地図，行基海道図このころ完成？	
742（天平14）		近江紫香楽宮を造る（742）
744（天平16）		難波宮を都とする（744）
745（天平17）		都を平城宮に戻す（745）
750（天平勝宝2）	淀川洪水，茨田堤決壊す	
762（天平宝字6）	狭山池を修理	
767（神護景雲1）	陸奥伊治城を築く	
772（宝亀3）	志紀，渋川，茨田堤決壊	
784（延暦3）		長岡京に遷都（784）

年　代	土　木　事　項	一　般　主　要　事　項
788（延暦 7）	和気清麻呂大和川付替工事を起こす	
794（延暦13）		平安京に遷都（794）
796（延暦15）	南海道の新道を開く	
797（延暦16）	宇治橋を造る	
802（延暦21）	胆沢城を築く／箱根路を開く	
812（弘仁 3）	摂津大輪田泊を築く	空海，高野山金剛峰寺を創建（816）
821（弘仁12）	空海，讃岐国満濃池を大改築	
823（弘仁14）	大和国益田池を築く	
826（天長 3）	和泉国に池五処を造る／備前国田原池を埋めて神崎池を造る	
831（天長 8）	山城国香達池を築く	
841（承和 8）	太宰府に陂池を修理	承和の変（842）
847（承和41）	道昌，山城大井河を治める	
848（嘉祥 1）	淀川茨田堤修築	
927（延長 5）	山城国山城橋破損し造山城橋使を定める	平将門の乱起こる（935）
962（応和 2）	鴨川大洪水	
1016（長和 5）	僧行円，車馬往還の便をはかって粟田山路の石を除く	道長摂政となる（1016）
1024（万寿 1）	近江瀬田橋焼失す 京都大風洪水（1034）	
1094（嘉保 1）	京都の道路溝渠の制を下す	前九年の役起こる（1051）
1151（仁平 1）	大風洪水により宇治橋流れる	後三年の役起こる（1083）
1173（承安 3）	清盛，大輪田の泊の前面を防ぐため防波堤を築く	保元の乱（1156）
1194（建久 5）	幕府梶原景時を奉行として鎌倉の道路を修築する	平治の乱（1159）
1196（建久 7）	僧重源の申請により魚住・大輪田の泊の修築を命ず	清盛太政大臣となる（1167） 頼朝征夷大将軍となる（1192）
1207（承元 1）	実朝，武蔵国の荒野開発を北条時房に命ずる	
1212（建暦 2）	実朝，相模川の橋の修理を命ずる	承久の乱（1221）
1232（貞永 1）	北条氏，武蔵国栖沼堤を修築	
1241（仁治 2）	北条氏，多摩川から堰を通して武蔵野に水田を開く	
1253（建長 5）	下総国下河辺庄で利根川筋に堤防を築く	
1276（建治 2）	幕府，鎮西の将士に命じて宮崎・今津の海岸に石塁を築く	文永の役（1274） 弘安の役（1281）
1302（乾元 1）	安東平右衛門，韓の泊を築く	義満金閣寺創建（1397）
1324（正中 1）	京都暴風雨洪水	
1448（文安 5）	大雨洪水により京都五条，近江瀬田の両橋損壊する	
1457（長禄 1）	太田道灌，江戸城を築く	
1462（寛正 3）	加賀国に洪水，幕府富樫成春に河道の修復を命ずる	応仁の乱（1467）
1475（文明 7）	和泉摂津沿岸に津波起こる	
1505（永正 2）	慶光院守悦，伊勢の宇治橋を募縁して架ける	
1542（天文11）	武田信玄，釜無川に霞堤（信玄堤）を築く	鉄砲伝来（1543）
1544（天文13）	六角定頼，近江国浜田橋を修築させる	キリスト教伝来（1549）
1558（永禄 1）	太田道灌，江戸城を築く	
1570（元亀 1）	信長，勢多川に船橋を架ける	
1572（元亀 3）	信長，大和国一円に道路の修造を命じる	室町幕府滅亡（1573）
1574（天正 2）	北条氏，荒川に熊谷堤を築く	
1576（天正 4）	信忠，尾張国中の道路幅を定め，並木橋梁などの補修を命じる	
1582（天正10）	秀吉，高松城を水攻のため堤を築く	本能寺の変（1582）

年　　代	土　木　事　項	一　般　主　要　事　項
		太閤検地始まる（1582）
1583（天正11）	秀吉，大坂城を築く	
1585（天正13）	秀吉，山城検地を行う	
1589（天正17）	加藤清正，河川改修始める　秀吉，淀城を築く	
1590（天正18）	家康，江戸城を増改築	
1591（天正19）	秀吉，京都の町全体を囲む「御土居」を築造	
1592（文禄1）		文禄の役起こる（1592）
1593（文禄2）	秀吉，伏見城を築く	
1594（文禄3）	伊奈忠次，関東の諸河川を改修　全国的検地行われる	
1597（慶長2）		慶長の役起こる（1597）
1600（慶長5）		関ヶ原の闘い（1600）
1602（慶長7）	家康，東海道五十三次の宿駅を定める	
1603（慶長8）	清正，白川の河川工事を起こす	家康，征夷大将軍となり江戸幕府を開く（1603）
1604（慶長9）	家康，日本橋を架ける／東海，東山，北陸の三道を改修	
1605（慶長10）	富山水道創始，菊池川の河川工事完成	
1606（慶長11）	角倉了以，大堰川を開削す　江戸城大増築	
1607（慶長12）	了以，家康の命により富士川を疏通，福井水道，静岡水道創始　幕府，道路の制度を定める	
1608（慶長13）	姫路城天守閣造営す	
1610（慶長15）	徳川義直，名古屋城を築く	
1611（慶長16）	了以，高瀬川開通第二期工事に着手　家康，江戸城西の丸を築く	
1614（慶長19）	池田輝政，赤穂水道を企画着手　松平忠輝，高田城を新営　角倉了以没	大坂冬の陣（1614）
1615（元和1）	幕府，堺市街を直営にて改修	大坂夏の陣（1615）
1616（元和2）	赤穂水道完成，鳥取水道創始　幕府，大坂城を改修	家康没（1616）
1619（元和5）	水野勝成，福山水道，城下町の造営を起こす	
1620（元和6）	中津水道創始　江戸城石垣，升形修築	
1623（元和9）	川村孫兵衛，北上川河口付替工事に着手	家光三代将軍となる（1623）
1624（寛永1）	川村孫兵衛，北上川付替工事完成／大坂城第二期再建工事	
1629（寛永6）	荒川から入間川に入る水路開削　大坂城再建工事完成	
1632（寛永9）	前田利常，金沢水道を造る　江戸城拡張工事に着手	
1634（寛永11）	眼鏡橋（長崎）完成／幕府，伊豆海辺の山川道路の図を作成	島原の乱終わる（1638） 鎖国（1639）
1641（寛永18）	南部藩，三閉伊の道路を改修し42町を1里として塚を築く	
1644（正保1）	松平頼重，高松水道造る　幕府，全国の国郡諸城の図を造ることを命ず	
1645（正保2）	赤穂水道，城内および城下町に石造暗渠や土管を埋設する	
1646（正保3）	屋久島水道創始／幕府，江戸―大坂間の道路橋を巡視し図面を作成	
1649（慶安2）	検地条例，勧農条例を公布す	
1651（慶安4）	諸国の街道の道程を測量	

年　代	土　木　事　項	一　般　主　要　事　項
1652（承応1）	野中兼山，手結港築く／細川行孝，宗土水道造る	
1653（承応2）	伊奈忠克，玉川上水工事に着手　天竜川，富士川氾濫す	
1659（万治2）	家綱，道中奉行を置き五街道を定む／隅田川の大川橋工事始まる	
1660（万治3）	青山上水創始／幕府江戸牛込から和泉までの溝渠を疏通する	
1661（寛文1）	光圀，水戸に水道工事起こす	
1663（寛文3）	水戸水道完成，名古屋水道創始　野中兼山没	
1664（寛文4）	三田上水創始	
1667（寛文7）	長崎水道創始／幕府，麻布三田新渠の疏通を命ず	
1669（寛文9）	荒川放水路百間川起工	
1670（寛文10）	河村瑞軒，東廻り航路を開く／箱根用水竣工	
1673（延宝1）	周防の錦帯橋竣工	
1676（延宝4）	江戸芝金杉堀完成す　尾張地方洪水	
1680（延宝8）	幕府，両国橋を改修する	
1684（貞享1）	河村瑞軒，九条島を掘削して安治川を開く　江戸大火（お七の火事）	生類憐れみの令（1687）
1691（元禄4）	相生橋を昌平橋と改名／六郷玉川の橋を撤廃し渡船場とする	
1693（元禄6）	豊橋水道創始／江戸市中の上水道管理を町奉行から道奉行へ変更　関東幕領の総検地を始める	
1696（元禄9）	千川上水創始／永代島の埋立てを実施	
1698（元禄11）	幕府，中川時春に大坂諸河川の巡察を命じる　河村瑞軒，旗本となる（1698）	
1703（元禄16）	幕府，大和川を浚渫す／元禄新国絵図，元禄郷帳を作成	
1704（宝永1）	大和川の付替工事開始	
1705（宝永2）	大和川河床を鴻池・深野ら開発す	
1707（宝永4）	富士山宝永噴火／安部川大谷崩／宝永南海地震（M8.6）死者約2万人	
1717（享保2）	細井広沢，地域図法大全を作成	享保の改革（1716）
1720（享保5）	僧禅海，青の洞門（耶馬渓）の工事を起こす（完成1750年）	
1723（享保8）	鹿児島水道造る	
1730（享保15）	井沢為永，見沼通船堀工事に着手	
1742（寛保2）	幕府，藤堂高豊らに関東水害地堤防修理の助役を命じる	
1754（宝暦4）	幕府，島津重年に木曽川改修を命ず（完成1755年）平田靱負，木曽川工事の責を負い切腹す（1755）	
1758（宝暦8）	幕府，越後国松ヶ崎阿賀野川を掘削し水利を通ずる	
1763（宝暦13）	幕府，東海道・日光街道などの並木植栽および手入れを命ずる	
1766（明和3）	幕府，美濃・伊勢・甲斐三国の河渠堤防を修理す	
1772（安永1）	幕府，江戸内藤新宿を再興し，甲州街道の宿駅とす	
1774（安永3）	江戸市民，幕府に要請し浅草川に吾妻橋を架橋する	
1776（安永5）	幕府，千種惟忠に美濃，伊勢両国の河川堤防の修築を命ずる	

年　　代	土　木　事　項	一　般　主　要　事　項
1783（天明3）	浅間山大噴火，以後利根川の水害頻発	
	老中田沼意次，印旛沼干拓を再挙（3年後中止）	寛政の改革（1787）
1799（寛政11）	高田屋嘉兵衛，択捉航路を開設	
1800（寛政12）	伊能忠敬，幕府に請うて蝦夷地を測量／伊豆大島波浮港を築く	
1801（享和1）	幕府，忠敬に諸国沿岸測量を命ず	
1803（享和3）	幕府，山田太吉に東海道図作成を命ず	
1808（文化5）	幕府，長崎の砲台を修築する	
	幕府，諸国の人口を調査（1816）	
1817（文化14）	僧堯音，大工卯兵衛らによって立花橋（伊予国）を造る	
	紀伊国紀川筋に水一揆起こる（1823）	
1831（天保2）	親見正路，安治川口を浚渫し，天保山を構築する	
1839（天保10）	鹿児島水道大改築	大塩平八郎の乱（1837）
1841（天保12）	大津水道創始	天保の改革（1841）
1843（天保14）	幕府，鳥居忠耀らに印旛沼開墾を命じる／四谷角筈に大砲立場を築かせる	
1848（嘉永1）	幕府，品川に砲台を構築する	
1851（嘉永4）	久留里水道創始／筑後川分水の水理実験	
1852（嘉永5）	布田保之助，通潤橋を造る／指宿水道創始	ペリー浦賀に来航（1853）
1854（安政1）	安政東海地震／安政南海地震	日米和親条約調印（1854）
1858（安政5）	越ヶ浜水道創始／飛越地震，常願寺川大鳶崩れ／全国的にコレラ大流行，1861年までに死者60万人	下田条約調印（1857）
		安政の大獄始まる（1858）
1859（安政6）	幕府，品川・神奈川港測量，海図を調整	桜田門外の変（1860）
1866（慶応2）	磯集成館水道（鹿児島）創始	

2. 明治以降（1868〜2007）　　　　　　　　　　　　　　　　　　　　　　　　　＊外国の土木事項を含む

年　代	土　木　事　項	土　木　関　連　事　項	一　般　主　要　事　項＊
1868（明治1）	政府，大阪を開港 くろがね橋完成（長崎）	治河使を設置	戊辰戦争起こる 天皇，江戸を東京と改称 明治と改元
1869（明治2）	東京開市，新潟開港 政府，鉄道建設を決定，東京－京都間（中山道経由）を幹線と定め，東京－横浜間，琵琶湖－敦賀港間を支線とすることを決定 吉田橋（通称かねのはし）完成（横浜） 洋式採炭の始めとして高島炭鉱（鍋島藩）に英人技術者を招き150尺立坑着工	政府，民部官職制を定め，土木ほか4司を置く。土木司は道路・橋梁・堤防など営繕の事務を所掌 治河使を廃止，民部省土木司が水利行政を所掌 北海道に開拓使を設置 通商司の下にわが国初の汽船会社として回漕会社を設置	戊辰戦争終わる アメリカで初の大陸横断パシフィック鉄道開通 F.レセップスによりスエズ運河（延長162.5km）開通
1870（明治3）	大河津分水工事の一部に着手 高麗橋完成（大阪） ベルニーらにより品川灯台完成	モレル（イギリス）来日 民部省に鉄道掛を設置 工部省設置，鉄道ほか4掛を民部省より移管	東京－横浜間に電信開通
1871（明治4）	工部省鉄道掛，石屋川隧道（大阪－神戸間）を完成 新橋駅完成（東京） 中山道郵便馬車会社による馬車輸送開始	民部省，治水条目を定める（明治以降の治水統一的法規の最初） 民部省廃止，土木司は工部省へ移管 工部省の各掛を寮に改組	政府，横須賀製鉄所を設置 東京－京都－大阪間に郵便開始を定める 廃藩置県の詔書
1872（明治5）	工部省，鉄道初営業，新橋－横浜間（29 km，運転時間53分，1日9往復）鉄道開業式を挙行 甲州街道馬車会社，東京宇都宮馬車会社，陸羽街道郵便馬車会社，京都大阪間馬車会社，輸送業務を行う ドールン，利根川境町に量水標を設置	ドールン，リンドウ（オランダ）来日	政府，初の全国戸籍調査実施 兵部省添屋敷より出火，銀座・京橋・築地を焼く 学制を発布
1873（明治6）	銀座煉瓦街建設起工 工部省，京都－大阪間鉄道開通	ダイアー，ダイバース（イギリス）来日 デレーケ，エッセル（オランダ）来日 工部省工学寮工学校設立，土木はじめ7の専門科を置く 河港道路修築規則を定める 太政官，全国府県に公園建設を布達 内務省設置	太陽暦の採用 地租改正 ニューヨークにブルックリン吊橋が完成（主径間486mで1869年着工，近代橋梁技術に新分野を開拓）
1874（明治7）	工部省，大阪－神戸間鉄道を開通 内務省土木寮，淀川で粗朶水制を試設	内務省に土木はじめ6寮と測量司を設置 屯田兵制度制定	

年　代	土　木　事　項	土　木　関　連　事　項	一般主要事項*
1875（明治8）	陸運元会社，東京－小田原間の馬車輸送開始 江戸川松戸地先に粗朶工法試設し利根川低水工事を開始 工部省深川製作寮出張所，ポートランドセメントを初めて焼成	古市公威，フランスに留学（～明治13帰国） 平井昭二郎・原口要，アメリカ合衆国へ留学 三菱商会，政府の命令により上海－横浜航路を開始	
1876（明治9）	上野公園開園	沖野忠雄，フランスに留学 政府，国道・県道・里道の制を定める 札幌学校開校式，直後に札幌農学校と改称，クラーク（アメリカ）教頭となる 東京府に水道改良委員会設置	廃刀令 政府，品川硝子製作所でガラス製造に乗り出す
1877（明治10）	工部省鉄道局，京都－神戸間完成 三池炭鉱の三ッ山立坑で164尺の通気坑を完成	工部省に鉄道ほか9局を設置 工部省，工学寮を廃止し工学寮付属の工学校は工部大学校と改称，土木ほか5科を置く 内務省に土木ほか6局を設置 東京開成学校と東京医学校を合併し東京大学と改称，理学部に工学科を設置	西南戦争 コレラ大流行
1878（明治11）	内務省土木局，野蒜港建設工事に着工 京都府下辻津国道で初のマカダム式泥構造を採用	郡区町村編制法，府県会規則，地方税規則（いわゆる地方三法）成立	アメリカで世界最初の電力生産（火力）の企業化 アメリカで世界最初の石油パイプライン完成
1879（明治12）	安積疏水工事に着手 新潟県中頸城で初のパイプライン（2,072m）建設	ムルデル（オランダ）来日 請負方式が採用され始める 日本工学会創立	教育令制定 琉球藩を廃し沖縄県とする 松山にコレラ発生，全国に蔓延
1880（明治13）	逢坂山隧道（京都－大津間鉄道）完成 柳ヶ瀬隧道（長浜－敦賀間鉄道）工事着工 工部省鉄道局，京都－大津間鉄道開通 栗子隧道（福島－米沢間道路）完成 官営釜石鉱山において木炭利用の高炉により製鉄開始 明治用水竣工，かんがい面積約7,800町歩，坂井港（のちの三国港）開港式	ドールン離日 日本地震学会設立	工場払い下げ概則を定める
1881（明治14）	工部省鉄道局，新橋－横浜間鉄道複線化完成	山口県，セメント製造会社（のちの小野田セメント㈱）	神田松枝町から出火，明治最大の火災となる

年代	土木事項	土木関連事項	一般主要事項*
	内務省，野蒜港第一期工事完成	の設立を許可 政府，日本鉄道会社に特許条約書を下付し同会社設立 ダイアー帰国	（21,948戸焼失） パナマ運河起工
1882（明治15）	初の都市内交通機関として東京新橋－浅草間に馬車鉄道開通 安積疏水工事完成 工部省鉄道局，幌内鉄道全線を開通 東京電燈会社創立事務所，銀座でわが国初のアーク灯点灯		民間における初の機械工業として東京芝浦に田中製作所が開設 日本銀行条例を定める
1883（明治16）		中山道幹線鉄道の建設を決定 工部省，赤羽および深川両工作分局を廃止，深川セメント工場を浅野総一郎に払下げ	鹿鳴館竣工（総工費18万円）
1884（明治17）	柳ヶ瀬隧道（長浜－敦賀間鉄道）完成，全長1,352m 日本鉄道会社，上野－高崎間開通 工部省鉄道局，長浜－敦賀間鉄道を全通 東京神田の一部に分流式下水道敷設	内務省に東京市区改正審査会設置 水利土功会規則制定 全国的に大暴風雨	自由党解党決議
1885（明治18）	日本鉄道会社，山手線品川－赤羽間開通 日本鉄道会社，東北線大宮－宇都宮間，利根川橋梁を除いて開通 坂井港完成	内務省，国道表を告示 屯田兵条例を定める 淀川・木曽川に大洪水 東京大学に工芸学部を設置，理学部より土木はじめ5学科を移す 工部省廃止	日本鉱業会設立 政府，メートル法条約に加入調印
1886（明治19）	日本鉄道会社，東北線利根川橋梁完成 木曽川，三川分流工事を基本とする改修計画がまとまる 全国主要河川に低水工事計画を策定 内閣，中山道幹線鉄道を東海道経由に変更することを公布 内務省，道路築造標準を告示 信濃川堤防改築工事起工（1902年竣工）	造家学会設立 内務省，全国に6土木監督所を設置 各省官制公布 帝国大学令（東京大学工芸学部と工部大学校を合併し，帝国大学工科大学となる），師範学校令公布 東京電燈会社創業	カナダ太平洋鉄道のモントリオール―バンクバー全通4,637km コレラ大発生
1887（明治20）	工部省鉄道局，木曽川橋梁を完成し大垣－名古屋間鉄道を開通 神奈川県，横浜に日本最初の近代上下水道完成，給水人	東京府，有限責任日本土木会社の設立を認可 札幌農学校に土木を主体とする工学科設立 私設鉄道条例公布	保安条例公布 パリ―ブリュッセル間に世界最初の国際電話開通

年　　代	土　木　事　項	土　木　関　連　事　項	一　般　主　要　事　項*
	口10万人 木曽川の三川分流工事に着工	「水道布設ノ目的ヲ決定スルノ件」を閣議決定，水道公営の原則を決める バルトン来日，帝国大学衛生工学講座教授	
1888（明治21）	皇居造営工事完成 阪堺鉄道会社，難波－堺間開通 伊予鉄道会社，松山－三津間開通	古市公威・松本荘一郎・原口要（ともに土木）ら5名に初の工学博士号授与 市制・町村制公布 東京市区改正条例公布	電気学会設立 ベオグラード－コンスタンチノープル間にオリエンタル鉄道開通
1889（明治22）	工部省鉄道局，天竜川橋梁完成し東海道新橋－神戸間（605.7km，20時間，1日1往復）を全通 工部省鉄道局，横須賀線大船－横須賀間開通 甲武鉄道会社，新宿－八王子間を全通 両毛鉄道会社，小山－前橋間を全通 宇品築港事業完成 横浜港修築工事着工	土地収用法公布 暴風雨本州縦断 筑後川・淀川大洪水 紀伊半島，十津川村地すべり大災害	大日本帝国憲法発布 会計法公布 パリでエッフェル塔完成（高さ300mで当時世界最高）
1890（明治23）	京都市，琵琶湖疏水第1期工事完成 利根運河会社，利根運河完成 下野麻紡績所の所野発電所，鬼怒川水系大谷川で自家用水力発電開始	水道条例公布 軌道条例公布 鉄道庁官制公布 治水協会設立	第1回通常議会召集 長崎にコレラ発生，全国に蔓延 フランスのブーゼイダム崩壊 スコットランドで鋼トラス・フォース道路橋完成
1891（明治24）	京都市営蹴上発電所送電開始 九州鉄道会社，高瀬－熊本間開通し，門司－熊本間全通 日本鉄道会社，盛岡－青森間開通し，上野－青森間全通 利根川に高水工事計画を立案	濃尾大地震，わが国の内陸部では最大規模M＝8.3，死者7,278人	度量衡法公布 田中正造，足尾鉱毒問題で議会に質問書提出
1892（明治25）		鉄道敷設法公布 土木会規則公布（治水・修路・築港に関する諮問機関） 鉄道庁を内務省より通信省に移管 有限責任日本土木会社解散	
1893（明治26）	鉄道庁，直江津線横川－軽井沢間開通し，上野－直江津間全通	木曽川に大洪水 内務省官制公布，土木はじめ6局を置く 逓信省官制公布，鉄道庁を廃止し，同省に鉄道局を設置 大倉土木組設立，有限責任日本土木会社の事業継承	フランスのブロンデル，オシログラフを製作

年　代	土　木　事　項	土　木　関　連　事　項	一般主要事項*
1894（明治27）	山陽鉄道会社，糸崎－広島間を開通し，兵庫－広島間全通 釜石鉱山田中製鉄所においてコークスによる製鉄技術を確立 大阪市下水道着工		高等学校令公布 日清戦争始まる 日英通商航海条約調印
1895（明治28）	京都市塩小路東洞院－伏見町間にわが国初の路面電車開通 甲武鉄道会社，市街線牛込－飯田町間開通し，飯田町－八王子間全通 大阪市，上水道を完成		日清講和条約調印 三国干渉 ロンドンの下水道計画ほぼ完成（生物処理は1931年から，近代下水道の先駆）
1896（明治29）	横浜港修築工事完成 内務省土木局，淀川改良工事に着工 東武鉄道㈱設立	河川法公布 北海道鉄道敷設法公布 バルトン帝国大学教授解任され，台湾にわたる 三陸地方に大津波，死者27,122人 全国に暴風雨，荒川・江戸川・木曽川・多摩川洪水	山県・ロバノフ協定
1897（明治30）	九州鉄道㈱，長与－長崎間開通し，鳥栖－長崎間全通 小樽港防波堤工事着工	造船学会設立 機械学会設立 砂防法公布 森林法公布 京都帝国大学設立，土木工学科設置 札幌農学校に土木工学科設置 農商務省，福岡県八幡村に官営製鉄所開庁	足尾銅山鉱毒被害者約2,000人上京，請願運動開始
1898（明治31）	九州鉄道㈱，早岐－佐世保間，早岐－大村間開通	帝国鉄道協会設立 工業化学会設立 東日本に暴風雨	ロシア，清国に大連・旅順の租借を要求，両港租借権と南満州鉄道敷設権を獲得
1899（明治32）	仙台市，合流式下水道の建設に着工 大阪市下水道完成 北越鉄道㈱，直江津－沼垂間を開通し，東京－新潟間を全通 京仁鉄道㈱設立 東京に，水道第一期工事完成	耕地整理法公布 鉄道国有調査会設置 日本土木組合，業界団体として結成	義和団蜂起 米国務長官ヘイ，英・独・露・日に中国の「門戸開放」覚書を通告
1900（明治33）	神戸市水道完成，生田川に布引ダム（最初のコンクリートダム，高さ33.3m）が完成 東京に初めて自動車が現れる	汚物掃除法，下水道法公布 私設鉄道法，鉄道営業法公布 請負の方法に指名競争制を採用	パリに地下鉄1号線開通
1901（明治34）	山陽鉄道㈱，厚狭－馬関（の		八幡製鉄所作業開始式

年　代	土　木　事　項	土　木　関　連　事　項	一　般　主　要　事　項*
	ちの下関）間開通し，神戸―馬関間全通		社会民主党結成 田中正造，明治天皇に足尾鉱毒事件を直訴
1902（明治35）	横浜港第一期税関海面埋立工事で初めてニューマチックケーソン使用		日英同盟協約調印 ベルリンに地下鉄開通
1903（明治36）	大阪市に路面電車開通 大阪の尻無川に初の塵芥焼却場建設 中央東線笹子隧道（4,656m）完成 逓信省，中央東線八王子－甲府間鉄道開通 京都で初の鉄筋コンクリートを使用した琵琶湖疏水日岡山隧道東口運河橋を完成 若狭橋完成（神戸，鉄筋コンクリート製） 東京電車鉄道㈱，新橋－品川駅前間開通	浅野セメント深川工場，米国製ロータリーキルン（長さ約1.0m，直径約1.8m）運転開始	専門学校令公布 ライト兄弟16馬力複葉機で初飛行 ドイツに世界最初の懸垂式複線モノレール（13.6km）開通
1904（明治37）	甲武鉄道㈱，お茶ノ水－中野間開通 北海道鉄道㈱，函館－高島間開通 京釜鉄道㈱，日露戦争の軍事輸送のため速成工事を完成 内務省土木局，南郷洗堰（瀬田川）を完成	鉄道軍事供用令公布	日露戦争始まる 日韓協約（第1次）調印
1905（明治38）	臨時鉄道大隊，満州安奉線第一期工事安東県－下馬塘間172kmを完成 官設鉄道・山陽鉄道㈱，新橋－下関間に直通急行列車の運転開始 逓信省，奥羽線朝倉－湯沢間を開通し，福島－青森間全通	農商務省「日本ポルトランドセメント試験方法」を制定	第2回日英同盟協約調印 日露講和条約調印 第2次日韓協約調印 陸軍東京砲兵工廠岩鼻火薬製造所，ダイナマイトの製造開始 ニューヨークに地下鉄開通 ロンドンの地下鉄電化（世界最初の地下鉄で開通は1863年）
1906（明治39）	臨時軍用鉄道監部，京義線京城－義州間完成，これにより朝鮮の縦貫鉄道完成 逓信省，中央東線岡谷－塩尻間開通により八王子－塩尻間を全通し，甲武鉄道㈱，篠ノ井線によって飯田町－長野間の直通列車の運転開始	鉄道国有法公布 京釜鉄道買収法公布 南満州鉄道株式会社設立	東北地方に大飢饉 スイス・イタリア国境に世界最長のシンプロン第1鉄道トンネル完成（1万9,808m） サンフランシスコに大地震と火災
1907（明治40）	内務省土木局，大河津分水工	帝国鉄道庁官制公布，逓信省	第3次日韓協約調印

年代	土木事項	土木関連事項	一般主要事項*
	事に着手 帝国鉄道庁，狩勝隧道完成により落合－帯広間を開通し，旭川－釧路間全通 東京電燈㈱，桂川の駒橋水力発電所を一部完成し，東京への長距離送電を開始	に所属 東北帝国大学を仙台に新設し，札幌農学校を東北帝国大学農科大学とする 関東を中心に大暴風雨 政府，17私設鉄道会社の国有化を完了 栃木県，貯水池設置反対運動中の谷中村で16戸を強制取壊し	第1回日露協約調印
1908（明治41）	台湾総督府，三又川－葫蘆墩を開通し，基隆－高雄間全通，これにより台湾縦貫鉄道完成 北海道庁，小樽港防波堤を完成 満鉄，全線広軌完成 名古屋市，合流式下水道工事着工	水利組合法公布 鉄道院官制公布，内閣に直属	イタリアのメッシナに大地震，死者15万人
1909（明治42）	鉄道院，鹿児島本線人吉－吉松間開通し，人吉経由で門司－鹿児島間全通 鉄道院，山手線で電車運転開始 広瀬橋（本格的なPC橋）完成 大阪市下水道改良工事着工	耕地整理法改正公布	
1910（明治43）	北海道第一期拓殖計画に着工	内閣に臨時治水調査会を設置 軽便鉄道法公布 関東・甲信越・東北の各地方に大水害，死者1,379人，浸水52万戸	日韓合併に関する日韓条約調印 朝鮮総督府設置 ヒューム兄弟（オーストラリア）ヒューム管発明
1911（明治44）	朝鮮総督府鉄道局，鴨緑江橋梁を完成，朝鮮総督府鉄道と南満州鉄道との直通運転開始 内務省，淀川改良工事を完成，新淀川を開削 鉄道院，宮ノ越－木曽福島間を開通し中央本線全通	府県災害土木費国庫補助法公布 電気事業法公布 治水費資金特別会計法公布 工事請負入札心得書・工事請負契約書制定 九州帝国大学工科大学開設，土木工学科設置	
1912（明治45／大正1）	児島湾干拓の第一期工事完成 鉄道院，余部橋梁完成により山陰西線京都－出雲今市間開通 京都市の蹴上浄水場完成 京都市，琵琶湖第二疏水工事を基幹とする発電・水道・軌道の三大事業完成	鉄道院，鋼鉄道橋設計示方書制定	明治天皇没，大正と改元 清朝滅亡 このころ東京において初のタクシー営業始まる 英国のタイタニック号（1911年建造）4万6,000 tが氷山に激突して沈没，2,200人中，死亡者数約1,500人

年　代	土　木　事　項	土　木　関　連　事　項	一般主要事項*
1913（大正2）	大阪電気軌道㈱，生駒山隧道工事で事故，死者20名 鉄道院，天竜川橋梁複線工事完成し，東海道全線複線となる 白根郷の東西排水幹線開通，蒸気ポンプ4か所に設置 鉄道院，富山線青梅－糸魚川間を開通し，北陸本線全通 浅野総一郎，浅野埋立てに着工 東京市下水道工事着工	運河法公布	ハンブルクに地下鉄開通
1914（大正3）	大阪電気軌道㈱，生駒山隧道完成 東京駅開業 大阪市，柴島浄水場完成 本格的なコンクリートミキサー国産化 猪苗代水力発電が開始 下関－門司港間に門司丸が就航	耕地整理法改正公布 土木学会設立，会員443人 鉄道省，「鉄筋コンクリート橋梁設計心得」制定	パナマ運河開通（延長81km，1904年アメリカ工兵隊が着工） 第一次世界大戦始まる 日本，ドイツに宣戦布告
1915（大正4）	猪苗代水力電気会社，猪苗代発電所（出力37,500kW）－田端変電所間225kmの11万5,000v，世界3位の長距離送電開始 武蔵鉄道（株），池袋－飯能間開通 小樽港埋立工事に水射式土工使用	土木学会第1回総会 土木学会誌創刊号発行 鉄道請負組合結成	
1916（大正5）		東京土木建築業組合設立	シベリア鉄道開通（着工は1891年）
1917（大正6）	鉄道院，房総西線鋸山隧道完成 東京市区改正事業終了	近畿・東海・関東・東北地方に暴風雨，東京湾に明治以降最高の高潮，淀川大洪水，大塚堤防決壊，死者1,324人	カナダのケベック州に鋼トラスのケベック橋（世界最長，支間549m）完成
1918（大正7）	鉄道院，熱海線丹那隧道を起工 近畿日本鉄道㈱，生駒ケーブルカー開通 富士電気㈱，空知川に野花南発電所完成	東京市区改正条例を京都市・大阪市に準用する件を公布	大学令公布 第一次世界大戦終了 米騒動，全国的に勃発
1919（大正8）	鉄道院，中野－東京－渋谷－上野間の「の」の字運転開始 東京で市内バスの運行開始	都市計画法公布 市街地建築物法公布 地方鉄道法公布 道路法公布 開墾助成法公布	マドリードに地下鉄 ヴェルサイユ講和条約調印

年　代	土　木　事　項	土　木　関　連　事　項	一般主要事項*
1920（大正9）	台湾で嘉南平泉のかんがい工事を決定 鉄道院，羽越線折渡隧道で初のシールド工法採用	日本土木建築請負業者連合会創立総会 日本工人倶楽部発会式 鉄道院，鉄道省となる	国際連盟発足 戦後恐慌始まる 初の国勢調査 明治神宮完成
1921（大正10）	鉄道省，釧路本線西和田－根室間開通し，滝川－根室間（根室本線と改称）全通 鉄道省丹那隧道工事中，東口302mで崩壊事故 神戸港第一期工事完成	公有水面埋立法公布 借地法・借家法・住宅組合法公布 軌道法公布 航空法公布 鉄道省，国有鉄道建設規定制定	会計法改正公布 度量衡法改正公布
1922（大正11）	鉄道省，函館－稚内間（函館本線）全通 目黒蒲田電鉄㈱，目黒－蒲田間開通 東京市，三河島下水道処理場運転開始 鉄道省，上越線清水隧道着工 境港に初めてL型岸壁が実現 初の民間定期航空（大阪－徳島間）開設 梓川に1.1万kWの竜島発電所完成	鉄道敷設法改正公布 内務省土木試験所設置	日本共産党結成 イタリアでムッソリーニ内閣成立 ソビエト連邦成立 スイス・イタリア国境にシンプロン第2鉄道トンネル（延長1万9,823m）完成 丸ビル完成
1923（大正12）	竜島～東京間285km, 15.4kVで送電	関東大震災，M＝7.9で全焼家屋46万戸，死者14万人 工事請負入札心得，工事請負契約書改正／特別都市計画法公布／帝都復興院設置	
1924（大正13）	志津川ダム完成（宇治川，宇治川電気，高さ35.2m） 大井ダム完成（木曽川，大同電力，高さ53.4m） 鉄道省，羽越本線全通 内務省，荒川放水路を完成 青函航路に松前丸が就航	小作調停法公布 白根郷普通水利組合が成立 帝都復興院は内務省の1部局として帝都復興局となる 北海道帝国大学に土木工学科設置	
1925（大正14）	鉄道省，神田－上野間の鉄道高架線を完成し，山手線の環状運転開始 京都市，活性汚泥法によるし尿処理施設完成	瓦斯事業法施行 東京帝国大学に地震研究所設置 東京電力㈱設立 土木業協会設立	
1926（大正15） 　　（昭和1）	内務省，宇治川三栖洗堰を完成／永代橋完成		
1927（昭和2）	内務省，大河津分水完成，完成直後可動堰破壊 東京市水道局，村山貯水池を完成 小田原急行鉄道㈱，新宿－小	不良住宅地区改良法公布 第1回工学会大会開催 丹後地震	金融恐慌始まる 東北地方に冷害 蒋介石，上海で4.12クーデター 東方会議

日本土木史年表 221

年　代	土　木　事　項	土　木　関　連　事　項	一　般　主　要　事　項*
	田原間を開通 西武鉄道㈱，高田馬場－東村山間を開通 東京地下鉄道㈱，浅草－上野間（2,163m）を開通		アメリカのリンドバーグ，大西洋無着陸横断飛行に成功
1928（昭和3）	清洲橋完成 名古屋市，活性汚泥法による下水処理場建設	日本大学に土木工学科設置（私立最初）	最初の普通選挙 ドイツでPCが実用化
1929（昭和4）	小牧ダム完成（庄川，高さ79.2m） 早強セメントの製造開始 宇高航路に第1宇高丸就航 日本最初の空港，大阪飛行場開場		世界恐慌始まる スイスのチューリヒ国立工科大学内にIABSE（国際橋梁・構造工学会）設立
1930（昭和5）	内務省，利根川・荒川・淀川の改修工事完成 名古屋市，堀留・熱田下水処理場完成 台湾で烏山頭ダム竣工，嘉南大圳竣工	国際大ダム会議日本国内委員会創立 鉄道省，土質調査委員会設立	静岡，伊豆地方に地震
1931（昭和6）	内務省，信濃川補修工事完成（大河津分水の完成） 鉄道省，清水隧道（9,704m）完成 土木学会，鉄筋コンクリート標準示方書制定 朝鮮窒素肥料赴戦江水力第4発電所竣工，総出力20万7,000kW	自動車交通事業法公布 国立公園法公布 電気事業法改正公布 内務省，関門道路トンネル調査委員会設置	柳条湖事件，満州事変始まる ニューヨークにエンパイア・ステートビル完成（102階，高さ375m）
1932（昭和7）	名古屋市，中川運河を完成 石綿セメント管の製品化始まる 時局匡救土木事業始まる	労働者災害扶助法公布 ㈳水道協会発足 ㈶日本学術振興会設立	満州国建国 オランダのゾイデル海締切工事完成（延長30km），1927年着工
1933（昭和8）	鉄道省，山陰本線全通 水道用資材として高級鋳鉄管が初めて採用される 大阪市営高速鉄道（地下鉄）梅田－心斎橋間開通	都市計画法改正公布 三陸地方に大地震・大津波，死者2,671人	ヒトラー，ドイツ首相に就任 ソ連で白海－バルト海運河（延長227km）を開通 アメリカでTVA地域開発計画が発足
1934（昭和9）	東京地下鉄道㈱，銀座－新橋間開通し，浅草－新橋間全通 台湾電力㈱，濁水渓に日月潭水力発電所（最大出力10万kW）完成 満鉄，大連－新京間に特急アジア号運転開始701.4km，8時間30分 鉄道省，丹那隧道完成 中庸熱セメント製造開始	室戸台風発生，本州・四国・九州を襲う，大阪湾高潮により大阪市内，神戸市の被害甚大，死者3,036人	ドイツ，1万4,000kmに及ぶアウトバーン計画開始（1942年までに3,859km，うち東ドイツ分1,378kmが完成）

年　代	土　木　事　項	土　木　関　連　事　項	一般主要事項
1935（昭和10）	山口貯水池完成 鉄道省，土讃線全通 溶接技術の一つとして電縫鋼管の製造開始	内務省，河川堰堤規則を公布 逓信省，発電用高堰堤規則を公布	モスクワの地下鉄開通
1936（昭和11）	鉄道省，関門鉄道隧道に着工	東北振興電力株式会社法公布	2.26事件 アメリカのケンブリッジで第1回土質基礎工学会議を開催 アメリカでアーチ式のフーバーダムが完成
1937（昭和12）	鉄道省，仙山隧道完成	閣議，河水調査協議会を設置 工事指定請負人規程制定 朝鮮・満州鴨緑江水力発電㈱設立 土木学会，土木技術者の信条および実践要綱を発表，青山士委員長	防空法公布 蘆溝橋事件，日中戦争始まる ソ連でモスクワ－ボルガ間のモスクワ運河（延長128km）開通 アメリカのサンフランシスコにゴールデンゲート吊橋（最大径間1,280m）が完成
1938（昭和13）	長津江水電㈱，長津江水力第1発電所を完成 九州電力㈱，塚原発電所を完成 大阪市営高速鉄道，難波－天王寺間開通 地下鉄工事に日本最初の空気ケーソン使用	電力管理法，日本発送電株式会社法公布 中華民国臨時政府内に建設総署を設置 土木業協会，土木工業協会と改称 全国で梅雨豪雨	国家総動員法公布
1939（昭和14）	東京高速鉄道㈱，新橋－渋谷間地下鉄（銀座線）全通 川崎市営工業用水道完成 海軍，台湾高雄軍港建設工事に着工	内務省，防空建築規則を公布 臨時日本標準規格（臨JES）制定開始 日本発送電㈱設立 華北交通㈱設立 華中鉄道㈱設立 鉄道省に鉄道幹線調査会を設置 西日本に大干ばつ	ノモンハン事件起こる 第二次世界大戦始まる
1940（昭和15）	勝鬨橋を完成 内務省，利根川増補工事に着工 給配水管に遠心鋳造法採用	土木合議港湾部会「臨海工業地帯造成方針に関する件」を決定 日本国土計画設定要項を閣議決定 伊勢神宮関係特別都市計画法制定 東京土木建築工業組合創立	日本軍，北部仏印に進駐 日独伊三国同盟調印 大政翼賛会発会式 全日本科学技術団体連合会結成式
1941（昭和16）	十勝大橋完成	帝都高速度交通営団設立 海軍施設本部令公布 農地開発法公布，農地開発営団設立	日本，英米に宣戦布告

年　代	土　木　事　項	土　木　関　連　事　項	一般主要事項*
1942（昭和17）	朝鮮総督府，中央線原州－慶北安東間を開通し，朝鮮中部における縦貫鉄道完成 鉄道省，関門隧道下り線開通，世界最初の海底隧道	軍建協力会設立 海軍施設協力会設立 鉄道省，鉄道技術研究所設置 東京帝国大学に第二工学部（土木工学科を含む）を新設 大東亜省官制公布	翼賛選挙 アメリカにグランド・クーリー・ダム完成，多目的重力ダムでは世界有数
1943（昭和18）	朝鮮・満州鴨緑江水力発電㈱，水豊ダム完成，堤高106.4m，堤長900.7m，有効貯水量76億m³，世界第2位の規模 5.5t級ガソリン式ブルドーザー開発される 博多－釜山間に新航路開設	鉄道省，戦時鉄道建築規格制定 早稲田大学理工学部に土木工学科設置 東京都制公布 鳥取県に大地震 西日本に台風 道路法戦時特例公布 関東土木建築統制組合設立 軍需省・運輸通信省・農商務省設置，商工・農林・逓信・鉄道の各省と企画院廃止	科学研究ノ緊急整備方策要領を閣議決定
1944（昭和19）	満州国，第二松花江豊満発電所の運転開始 運輸通信省，日本坂隧道を開通，関門隧道上り線開通 11t級水冷ディーゼルエンジン式ブルドーザー開発 安治川河底トンネル完成	運輸通信省，国有鉄道建設規程戦時特例を制定 鉄道敷設法戦時特例公布 日本土木建築統制組合設立	緊急学徒動員方策要綱の実施
1945（昭和20）		戦時建設団令公布 三河地震 枕崎台風，西日本を襲う，死者行方不明3,756人 運輸省に運輸建設本部設置 内務省に地理調査所設置 戦災復興院発足 戦災地復興計画基本方針を閣議決定 戦災復興都市計画の基本方針を閣議決定	日本海側大豪雪 東京大空襲 ポツダム会談開催 広島，長崎に原爆投下 終戦 国際連合成立 戦時教育廃止 ニューヨークにウエストデラウェア水路トンネル（延長136.8km，口径4.1m）完成 農地改革指令
1946（昭和21）		鉄道会議官制公布，運輸省に所属 戦災復興院に特別建設部 連合国総指令部，日本公共事業計画の10原則を日本政府に指示 公共事業処理要綱を閣議決定 全日本建設技術会結成大会 特別都市計画法公布	極東国際軍事裁判所開廷 南海地震
1947（昭和22）		全日本建設技術協会結成大会 国土計画審議会官制公布，内	財政法公布 日本国憲法施行

年　代	土　木　事　項	土　木　関　連　事　項	一般主要事項*
1948（昭和23）		閣に直属，土木会議は廃止 特別調達庁法公布 内務省廃止 建設院設置法公布 日本道路協会設立 カスリン台風，利根川・北上川等大氾濫，死者行方不明1,930人 帝国大学廃止 福井地震，死者3,769人 アイオン台風 海上保安庁設置法公布 日本国有鉄道法・公共企業体等労働関係法公布 建設院発足（1.1） 建設省設置（7.10） 建設院第一技術研究所設置，直後に建設省土木研究所となる 建設省に建築研究所設置 全国建設業協会設立 マッカーサー覚書（道路整備）	教育基本法・学校教育法公布 地方自治法公布 労働者災害補償法 職業安定法公布 大韓民国成立 朝鮮民主主義人民共和国成立 ソ連で自然改造計画に着手 地方財政法公布
1949（昭和24）	東京コンクリート工業㈱，レデーミクストコンクリートの販売開始	建設業法公布 土地改良法公布 運輸省設置 日本国有鉄道発足 東京大学生産技術研究所設立 国家公務員法による試験開始 シャウプ勧告（災害復旧） 土木工業協会再成 キティ台風	通商産業省設置法公布 国立学校設置法公布 工業標準化法公布 日本学術会議第1回総会 三鷹事件 松川事件 中華人民共和国成立 フランスのネールピック水理研究所でテトラポッドを完成
1950（昭和25）	50キロ級高張力鋼が現れる コンクリートポンプの国産実用機開発される 大阪市，地下鉄1号線工事再開	ジェーン台風 建築基準法公布 国土総合開発法公布 港湾法公布 電気事業再編成令・公益事業令公布 耕地整理法廃止 運輸省，運輸技術研究所設置 北海道開発庁発足，翌年開発局発足	アメリカのロングビーチで第1回海岸工学会議開催 インドネシア共和国樹立宣言 金閣寺焼失 警察予備隊令公布
1951（昭和26）	建設省，河川総合開発事業を開始 戦後初の民間航空機「もく星号」就航 バッチャープラントの国産化開始 小型ディーゼルハンマー，国鉄により輸入	公共土木施設災害復旧事業費国庫負担法公布 京都大学防災研究所設置 ルース台風 早稲田大学に土木工学専攻の新制大学院発足 日本測量協会発足 電気事業再編成令による9電	桜木町事件 対日平和条約調印 日米安全保障条約調印

年　代	土　木　事　項	土　木　関　連　事　項	一般主要事項*
		力会社が発足（これにより日本発送電㈱は解散）電力中央研究所設立	
1952（昭和27）	長生橋完成（七尾市、わが国初のPC橋）、支間3.82m、3連、橋長11.6m 長崎漁港岸壁復旧工事にサンドドレーン工法が初めて用いられる 東京国際空港（羽田）供用開始	道路法改正公布 耐火建築物促進法公布 地方公営企業法公布 道路整備特別措置法公布（有料道路事業制度始まる） 電源開発株式会社設立 日本電信電話公社設立 全国土建労働組合総連合結成大会	メーデー事件 破壊活動防止法案成立 アメリカ土木学会、創立100周年を記念し、シカゴでアメリカ工学100年祭を開催 ソ連でボルガ-ドン運河（延長101km）を開通 明神礁で海底火山が爆発 もく星号、大島に墜落
1953（昭和28）	新名古屋駅ビル工事に初のウエルポイント地盤安定工法を採用 建設省、参宮国道改良工事を完成（道路整備特別措置法による初の有料道路） 北上川特定地域総合開発計画を閣議決定	港湾整備促進法公布 治山治水基本対策要綱を閣議決定 ガソリン税法公布 6月九州全域に未曾有の梅雨豪雨、死者1,028人 7月梅雨前線、紀伊半島を襲う 台風13号	熊本県に水俣病患者が発生 朝鮮休戦協定調印 スト規制法公布 オランダに大暴風雨来襲、187kmの堤防決壊
1954（昭和29）	帝都高速度交通営団、丸の内線池袋-お茶ノ水間を開通 水道用ダクタイル鋳鉄管の生産始まる ディーゼルパイルハンマー開発される モータースクレーパー開発される ベノトボーリングマシンNo.5、国鉄が輸入 第一大戸川橋梁完成（国鉄、信楽線PC橋）	土地区画整理法公布 土質工学会設立 洞爺丸台風、洞爺丸転覆	防衛庁設置法公布 ローマに地下鉄開通 ソ連に世界初の原子力発電所（出力5,000kW）完成 カナダとアメリカが共同しセントローレンス水路に着工
1955（昭和30）	丸山ダム完成（木曽川） 上椎葉ダム完成（耳川、わが国初の大アーチダム） 須田貝ダム完成（利根川） 西海橋完成、橋長316.26m、支間216mの鋼アーチ 峯トンネル完成(国鉄飯田線) 大原トンネル完成 60キロ級高張力鋼出現 上松川橋梁完成（福島県、道路橋、PC橋）	日本住宅公団設立 ㈱日本原子力研究所設立 紫雲丸事故	神通川のイタイイタイ病を学会で発表
1956（昭和31）	佐久間発電所運転開始、佐久間ダム完成（堤高150m、有効貯水量2億500万m³） 五十里ダム完成（鬼怒川）	科学技術庁設置法公布 首都圏整備法公布 海岸法公布 工業用水法公布	ナセル、スエズ運河会社の国有化を宣言 神武景気 イギリスのコールダーホ

年　代	土　木　事　項	土　木　関　連　事　項	一般主要事項*
		空港整備法公布 都市公園法公布 日本道路公団設立 アメリカよりワトキンス調査団来日，道路政策に助言 都市計画税復活	ール原子力発電所（世界初の営業用）第1号炉，試験送電開始
1957（昭和32）	名神高速道路着工 愛知用水事業に着工 小河内ダム完成（多摩川）（堤高149m，東京都水道用） 井川ダム完成（大井川） 鳴子ダム完成（江合川） 八郎潟干拓事業に着工	高速自動車国道法公布 特定多目的ダム法公布 技術士法公布 水道法公布 駐車場法公布 首都圏市街地開発区域整備法公布	新長期経済計画閣議決定 ECC条約調印 中国最大の武漢長江大橋（全長1,670m，スパン128m）が完成（橋脚8基の鉄道・道路併用橋）
1958（昭和33）	関門国道トンネル開通，全長3,461.4m，ルーフシールド工法 岩手県田老町に津波対策大堤防完成 藤原ダム完成（利根川） 相俣ダム完成（利根川） 大倉ダム完成（名取川） 東海道新幹線建設計画を発表 大阪国際空港供用開始	狩野川台風 地すべり等防止法公布 道路整備緊急措置法公布 工業用水道事業法公布 道路構造令公布 公共用水域水質保全法公布 工場排水等規則法公布 下水道法改正公布	パリでラ・デファンス地区整備計画（815haに及ぶ100年ぶりのパリ大改造計画）に着手
1959（昭和34）	東京都，芝浦下水処理場拡張工事完成 汐留－梅田間にコンテナ専用特急列車の運転開始	首都高速道路公団設立 伊勢湾台風，死者5,041人，明治以来，最悪の台風災害	フランスのマルパッセダム（1952～1955完成）が決壊 カナダとアメリカが共同し，セントローレンス水路（大西洋から五大湖まで）完成
1960（昭和35）	田子倉ダム完成（阿賀野川） 80キロ級高張力鋼が出現 ソ連よりバイブロパイルハンマー輸入 スパイラル鋼管出現	治山治水緊急措置法公布 道路交通法公布 住宅地区改良法公布 建設省に国土地理院を設置	国民所得倍増計画閣議決定 新安保条約批准書交換 チリ地震津波
1961（昭和36）	愛知用水事業完成，年間給水量約2.5億m³，幹線水路112km 川崎市，長沢浄水場完成 御母衣ダム完成（庄川）（出力21.5万kw）最初の大規模ロックフィルダム（堤高131m，堤体積795万m³）	災害対策基金法公布 港湾整備緊急措置法公布 宅地造成等規制法公布 市街地改造法公布 防災建築街区造成法公布 梅雨前線豪雨，伊那谷土石流災害 第二室戸台風	農業基本法公布 モスクワ－バイカル湖（イルクーツク）間鉄道（世界最長延長5,500km）の全線電化完成） イタリアのアーチ式バイオントダム（世界最高，堤高261.6m）完成
1962（昭和37）	奥只見ダム完成（阿賀野川） 若戸橋完成，橋長680.2m，鋼吊橋 畑薙第一ダム完成（大井川） 銚子大橋完成	新産業都市建設促進法公布 激甚災害特例法公布 防衛施設庁設置 水資源開発公団設立 阪神高速道路公団設立	国産航空機，YS－11型機初飛行に成功 スイスの重力式グランドディクサンスダム（世界最大，堤高284m）完

年　代	土　木　事　項	土　木　関　連　事　項	一　般　主　要　事　項*
	リバースサーキュレーションドリル機輸入 ポリエチレン樹脂管の生産始まる 新潟－東京間に天然ガスパイプライン完成	運輸省港湾技術研究所設立 全国総合開発計画の閣議決定 豪雪地帯対策特別措置法公布	成
1963（昭和38）	黒部川第四発電所（黒部ダム）完成，（出力25.8万kw，堤高186m，有効貯水量1.5億m³） 名神高速道路，尼崎－栗東間開通 苫小牧港一部開港 名田橋完成（徳島県，長スパンコンクリート橋のはじまり）	近畿圏整備法公布 新住宅市街地開発法公布 共同溝の整備等に関する特別措置法公布	日本海側に記録的豪雪 イタリアのバイオントダム（1960年完成）地すべりで大事故発生，594戸全壊，死者行方不明2,125人
1964（昭和39）	東海道新幹線新丹那隧道完成 東海道新幹線東京－新大阪間開通，ひかり号4時間 東京モノレール，浜松町－羽田間開通 首都高速道路，羽田海底トンネル貫通 首都高速道路，渋谷高架橋完成 緑地公園化した落合（東京），名城（名古屋）の両処理場が完成 琵琶湖大橋完成 伊勢湾高潮防波堤完成 大阪高速鉄道1号線大阪－梅田北間開通 青函トンネル着工	工業整備特別地域整備促進法公布 新河川法公布 電気事業法公布 宅地造成事業法公布 道路整備緊急措置法改正公布 日本鉄道建設公団設立 八郎潟新農村建設事業団設立 土木学会創立50周年記念式典挙行 下筌ダム建設反対派籠城の蜂ノ巣城強制撤去	新潟地震，M=7.5 東京，異常渇水で水不足深刻 第18回オリンピック東京大会開催 アラスカ地震，M=8.4 日本，IMF 8条国に移行 日本，OECDに加盟 アメリカのニューヨークにベラザノナローズ吊橋（世界最長，最大支間1280m）完成 オーストラリアのシドニーにコンクリートアーチ式，グレイスビル橋（世界最長，最大支間305m）完成
1965（昭和40）	名神高速道路全線開通 寝屋川流域下水道工事起工，流域下水道事業始まる 日本原子力発電（株）東海発電所，初の商用原子力電気の送電開始 UOE方式による大径鋼管製造開始	首都圏整備法改正公布	日韓基本条約調印 阿賀野川流域で水俣病に似た有機水銀中毒患者発生 フランスとイタリアの国境に世界最長のモンブラン道路トンネル（11,600m）完成
1966（昭和41）	栗子トンネル完成 上越線新清水トンネル貫通 天草5橋完成 根釧地区機械開墾建設事業完成 川俣ダム完成（鬼怒川） 薗原ダム完成（利根川） 首都高速道路，目黒架道橋完	新東京国際空港の建設地を千葉県成田市三里塚に閣議決定 中部圏開発整備法公布 首都圏近郊緑地保全法公布 流通業務市街地の整備に関する法律公布 新東京国際空港公団設立	山村振興法公布 全日空ボーイング727型旅客機，東京湾に墜落 BOACボーイング707型旅客機，富士山付近で墜落 カナダ太平洋航空DC8型旅客機，羽田沖で

年　　代	土　木　事　項	土　木　関　連　事　項	一般主要事項*
1967（昭和42）	成 神戸港摩耶埠頭完成 矢木沢ダム完成（利根川） 阪神高速道路，福島第1高架橋完成 名古屋大橋完成	下水道行政の建設省一元化を閣議了承 航空機騒音防止法公布 公害対策基本法公布 京浜外貨埠頭公団，阪神外貨埠頭公団設立 日本建設業団体連合会設立	墜落 中東戦争始まる 厚生省，新潟水俣病は昭和電工㈱鹿瀬工場の廃水が原因と発表 四日市喘息患者9人，慰謝料請求の訴訟 羽越豪雨災害 ソ連のエニセイ河にクラスーノセルスク発電所（世界最大，出力500万kW）完成
1968（昭和43）	下久保ダム完成（利根川） 大津岐ダム完成 利根大堰完成 首都高速道路羽田空港線開通 琵琶湖総合開発事業着工 京葉シーバース完成 尾道大橋完成 浜名大橋完成 第三綾瀬高架橋完成	都市計画法改正公布 騒音規制法公布 十勝沖地震，M＝7.9 飛騨川バス転落事故 鈴木雅次日本大学名誉教授，文化勲章受章	米原子力空母エンタープライズ号，佐世保に入港 小笠原諸島，日本に復帰 イギリス土木学会（I.C.E.）創立150周年を迎える 初のコンテナ船「箱根丸」進水
1969（昭和44）	北陸本線頸城トンネル貫通 八郎潟干拓事業国営工事完了 高山ダム完成（淀川） 東名高速道路全線開通，346.7km 鹿島港開港 筑波研究学園都市建設着工 東京電力㈱，梓川電源開発工事完成（奈川渡ダムなど完成），大容量揚水発電（出力90万kW） 首都高速道路両国大橋完成	いおう酸化物による大気汚染防止のための環境基準を閣議決定 新全国総合開発計画を閣議決定 都市再開発法公布	警視庁機動隊，東京大学安田講堂の封鎖解除 厚生省，公害病対象地域6か所を決定 北京の地下鉄（延長24km，着工1965年）開通
1970（昭和45）	原子力船母港の青森県むつ市北埠頭完成 仙台市，茂庭浄水場完成 名古屋市，岩塚下水処理場完成 山陽新幹線六甲トンネル完成，16,250m 安治川防潮水門完成 吉井川橋梁完成 神戸大橋完成 加古川橋梁完成 富士川水路橋完成 阪神高速道路，新大和川大橋完成 大阪市営地下鉄谷町線建設現場でガス爆発事故発生	水質汚濁防止法公布 道路構造令改正公布 自動車重量税の新設決定 本州四国連絡橋公団設立 公害防止事業費事業者負担法公布 公害国会（第64臨時国会）にて公害関係14法案成立	過疎地域対策緊急措置法公布 新経済社会発展計画閣議決定 総理府中央公害審査委員会設置 日本万国博覧会開催（大阪） 日米安保条約自動延長 公害問題国際シンポジウム，東京で開催 四日市公害病に判決 田子の浦港ヘドロ投棄処理についての告発 三島由紀夫，自殺 東京杉並区の立正高校生

年　代	土　木　事　項	土　木　関　連　事　項	一　般　主　要　事　項*
			40数名，光化学スモッグに倒れる
			東パキスタンのベンガル湾諸島をサイクロンが襲い，死者596,000人
1971（昭和46）	茨城県鹿島臨海工業地帯，本格的生産開始 韓国ソウルの地下鉄第1号線，日本の技術協力で着工 利根川河口堰完成 札幌市営高速鉄道南北線真駒内－北24条間開通 京浜大橋完成 新東京国際空港（成田）建設予定地を強制代執行	環境庁発足 騒音にかかわる環境基準制定	ソ連，無人宇宙船初の金星軟着陸に成功と発表 アメリカ，アポロ14号，月面着陸 沖縄返還協定調印 特定工場における公害防止組織の整備に関する法律施行令公布 雫石航空事故 川崎市で行った人工がけくずれ実験で生埋め事故発生 アメリカのロスアンジェルスにサンフェルナンド地震発生 アラブ連合共和国にアスワンハイダム（高さ111m，延長3,500m，総貯水量1,620億m^3）完成
1972（昭和47）	国鉄山陽新幹線，新大阪－岡山間開通，165km 東北縦貫自動車道，岩槻－宇都宮間開通 利根川広域導水事業着工 青函トンネル本工事着工 浦戸大橋完成 境水道大橋完成	工業再配置促進法公布 自然環境保全法公布 海洋環境整備に関する制度が確立 琵琶湖総合開発特別措置法公布 都市公園等整備緊急措置法公布 環境庁，環境保全上緊急を要する新幹線鉄道騒音対策についての当面の措置を講ずる場合における指針を設定 沖縄開発庁設置 環境庁，新型自動車排気ガス排出量規制基準を設定 7月梅雨前線豪雨，全国的に猛威，死者444人	田中角栄，日本列島改造論を発表 札幌で第11回冬季オリンピック大会開催 沖縄，日本に復帰 東京都内で光化学スモッグ発生
1973（昭和48）	国鉄，武蔵野線府中本町－新松戸間開通 国鉄，根岸線洋光台－大船間開通し，横浜－大船間全通 衣浦海底トンネル開通 関門橋完成 九州自動車道，鳥栖－南関間	工場立地法公布 水源地域対策特別措置法公布 航空機騒音に関する環境基準を制定 港湾法改正公布 公有水面埋立法改正公布	水俣病裁判で患者側が勝訴 羽田空港に中国旅客機が初飛来 水産庁，魚介類のPCB汚染状況精密調査の結果を発表

年　代	土　木　事　項	土　木　関　連　事　項	一般主要事項*
	を開通 生の浦大橋完成 三菱重工業㈱，長崎造船所100万tドック完成		マナグワ（ニカラグア）地震 第4次中東戦争，オイルショック 日本銀行，円を実質1ドル＝270円に切下げ 日光太郎杉訴訟に判決 ジャンボジェット機（ボーイング747SR）初就航
1974（昭和49）	国鉄，山陽新幹線関門トンネル導坑全通，18.713km（世界2位の鉄道トンネル） 港大橋完成 黒之瀬戸大橋完成 庄和浄水場完成 奥多々良木発電所完成 加治木ダム完成 土師ダム完成（江の川） 広島大橋完成 国鉄，湖西線山科－近江塩津間開通 大阪市営地下鉄，谷町線東梅田－都島間開通 香川用水完成 竜谷トンネル（上越新幹線）貫通 中国自動車道，西宮北－福崎間開通 東北自動車道，矢板－白河間開通	宅地開発公団法公布 国土庁発足 国土利用計画法公布 航空機騒音防止法改正公布 生産緑地法公布 地域振興整備公団発足 伊豆半島沖地震 台風8号，多摩川堤防決壊 名古屋市の原告団，東海道新幹線騒音振動公害に対する民事訴訟を提訴 大阪空港の騒音訴訟に初の判決 飛騨川バス転落事故に判決 土木学会創立60周年記念事業を行う	国立公害研究所設立 東京都国立市の歩道橋撤去訴訟に判決 エアバス初就航 日中航空協定調印 三菱石油，水島製油所タンクからC重油37,000kℓが流出
1975（昭和50）	国鉄，山陽新幹線岡山－博多間約400km開通し，東京－博多間開通，6時間56分，1,176.5km 中央自動車道，中津川－瑞浪間開通（27.5km） 池田ダム完成 沖縄自動車道，名護市許田－石川間開通 関越自動車道，川越－東松山間開通（18.2km） 北陸自動車道，丸岡－福井間開通	宅地開発公団法公布 大分中部地震，M＝6.4 加治川水害訴訟一審裁判，原告一部勝訴 東北地方集中豪雨禍 石狩川破堤氾濫33,400ha 日本下水道事業団発足 大阪空港公害訴訟控訴審で住民側全面勝訴	スエズ運河8年ぶり再開
1976（昭和51）	国鉄東北新幹線第2，第3阿武隈橋梁中央連結，コンクリート鉄道橋として世界一の径間 近畿自動車道，東大阪北－門	大東水害訴訟，一審住民側勝訴 振動規制法公布 河川管理施設等構造令公布 鹿児島シラス地帯で集中豪雨	ティートンダム（米国）崩壊 中国唐山地震，M＝7.5 フィリピン，ミンダナオ島地震，M＝8

年　　代	土　木　事　項	土　木　関　連　事　項	一般主要事項*
	真間開通 岩屋ダム完成 草木ダム完成 芦田川河口堰完成 関西電力，日本最大の大飯原子力発電所1号（出力117.5 kW）機完成	災害 台風17号にて，小豆島土石流，長良川破堤	
1977（昭和52）	隅田川新大橋開通 九州電力，八丁原地熱発電試運転開始（5万kW） 森林開発公団，白山スーパー林道開通（33.3km） 真名川ダム完成（アーチ式コンクリートダムとして日本一の規模）	第三次全国総合開発計画の閣議決定 日本海側に豪雪被害 有珠山大噴火	ブカレスト地震，M=7.2 アルゼンチンで地震，M=8.2
1978（昭和53）	寺内ダム完成 水資源開発公団，高知分水事業完成 新東京国際空港開港 国鉄，リニアモーターカーで時速347kmの世界新記録を出す 大石ダム完成 北陸自動車道，新潟黒崎－長岡間開通（54.5km）	伊豆沖地震，M=7.0 宮城県沖地震，M=7.4 新潟県内集中豪雨災害 杉並清掃工場建設に関する工事協定成立 大規模地震対策特別措置法公布 愛媛県長浜町住民「入浜権」で敗訴 農林省，農林水産省と改称 妙高土石流災害 福岡市水不足深刻化 綾戸橋工事中落橋	
1979（昭和54）	向山トンネル完成，わが国初の全工程NATM施工 上越新幹線大清水トンネル貫通，世界最長（22.28km） 千葉県，全国一の人工海浜〈幕張の浜〉完成 三郷放水路（中川－江戸川）完成 本州四国連絡橋公団，大三島橋開通，日本最長のアーチ橋（297m） 名神高速道路－中国自動車道直結 野洲川放水路完成	多摩川水害訴訟一審，住民側勝訴 中国土木工程学会代表団，土木学会を公式訪問 木曽御岳山噴火	スリーマイル島原子力発電所（米国）で放射能漏れ事故発生
1980（昭和55）	手取川総合開発事業完成 南アルプス林道開通（56.9km） 白川ダム完成 道中自動車道，苫小牧西－苫小牧東間開通 九州電力，八丁原地熱発電所	広島市，政令都市となる（10番目） 明日香村保存法成立 新幹線（名古屋），住民側敗訴 米国土木学会長J.S.ウォート来日	セントヘレンズ山（米国）大噴火 静岡駅前ガス爆発事故 東北地方冷害，被害面積289万ha イタリア南部で直下型地震発生，M=6.8，死

年　代	土　木　事　項	土　木　関　連　事　項	一般主要事項*
	施工，熱水型地熱発電所の単機出力としては世界最大級の5.54万kW		者・行方不明者4,715人
1981（昭和56）	大阪市新交通システム"ニュートラム"完成 神戸ポートアイランド完成，ポートピア開催 阿武隈大堰通水式 東京電力，新高瀬川発電所完成，東洋一の揚水式発電（128万kW） 電源開発，仁尾太陽熱試験発電成功，1,000kW級では世界初 御所ダム完成	日本住宅公団と宅地開発公団が統合し，新たに住宅・都市整備公団として発足 入札に関する談合問題指摘される ジェイムス・R・シムス米国土木学会会長来日 石狩川水系氾濫 利根川支川小貝川破堤	日本海側に豪雪被害 中国長江に葛州壩ダム完成 スペースシャトル「コロンビア」号打ち上げ成功 敦賀原発で放射能漏れ フランスTGV（超高速列車），パリ－リヨン間（426km）開業，最高260km/h
1982（昭和57）	関越自動車道，関越トンネル貫通（10.885km） 東北新幹線，盛岡－大宮間開通（466km） 九州横断自動車道全通 東北自動車道全通 上越新幹線，新潟－大宮間開通（270km）（世界最長の大清水トンネル22.2kmを含む）	長良川水害訴訟（安八町）一審判決，住民側勝訴 北海道浦河沖地震，M＝7.3 長崎豪雨災害，死者299人 千曲川支川樽川破堤 台風10号にて国鉄富士川橋梁流失	日航機羽田沖で墜落 フォークランド紛争 原子力船むつ大湊港入港
1983（昭和58）	青函トンネル先進導坑貫通（53.85km） 中国自動車道，全線開通 成田空港への燃料パイプライン供用開始 三陸鉄道南リアス線開通，第三セクターとして全国初の開業 本四公団，因島大橋完成（橋長1.3km）	日本海中部地震，M＝7.7，大津波発生，死者81名のうち78名は津波による 第9次道路5か年計画閣議決定 湖沼水質保全特別措置法 新四ツ木橋事故判決，全被告無罪 米国土木学会長ウィードマン来日 武藤清会員，文化勲章受章 山陰地方集中豪雨禍 千曲川本川破堤	大韓航空機サハリン沖にて撃墜される 三宅島噴火 ロッキード裁判有罪判決
1984（昭和59）	北極海向けコンクリート鋼製複合型プラットフォームSuper CIDS完成	大東水害訴訟，最高裁二審差し戻し（住民側事実上の敗訴） 長良川水害訴訟（墨俣）一審判決，住民側敗訴 日本海側，1945年豪雪に匹敵する大豪雪 長野県西部地震，M＝6.8	韓国全斗煥大統領来日
1985（昭和60）	東北・上越新幹線上野駅開業 大鳴門橋完成（四国と淡路島間），1,629m，中央支間876m		日航機ボーイング747群馬県山中に墜落，520人死亡

年　　代	土　木　事　項	土　木　関　連　事　項	一般主要事項
	の長大吊橋 関越自動車通開通（日本最長の関越道路トンネル10.926kmを含む） 明石大橋着工（全長3.56km, 中央支間1,780m）		
1986（昭和61）	本州縦貫自動車道概成，青森－鹿児島間4,625km（残る区間約90km）	宮城県スパイクタイヤ対策条例を制定	
1987（昭和62）	関西国際空港着工	土木学会，11月18日を土木の日として積極的広報活動を開始（7月31日には青函ウォークを主催）	
1988（昭和63）	青函トンネル開業（1964年5月調査用斜坑掘削以来24年） 瀬戸大橋開通，これにより北海道，本州，四国，九州四島陸路連絡 北陸自動車道開通により，本州中央部の東名・名神・中央・北陸・関越の大環状高速道路完成		第2ボスポラス橋完成
1989 （昭和64／平成元）			ベルリンの壁撤去
1991（平成3）		雲仙普賢岳大火砕流，死者31人	ソ連邦の崩壊 湾岸戦争
1992（平成4）	東京都，金町浄水場の高度浄水処理施設完成 山形新幹線完成	台風19号，大型風大風により死者62人，被害総額約7,000億円	
1993（平成5）		釧路沖地震，M＝7.8，北海道南西沖地震にともない奥尻島など死者行方不明231人 環境基本法成立	
1994（平成6）	関西国際空港開港	北海道東方沖地震，M＝8.1	英仏海峡ユーロトンネル開業
1995（平成7）		阪神・淡路大地震，M＝7.2，戦後最大の災害（死者6,308人，負傷者約45,000人，家屋全壊約10万戸）	ドイツ，オランダのライン川中・下流，フランス，ベルギーなどに大水害。タイ，フィリピンでも大水害
1996（平成8）	大阪市，大阪南港トンネル開通，道路鉄道併用橋型海底トンネル 東京都，地下鉄7号線工事に世界最大断面（14.18m）の泥水シールド機完成	北海道豊浜トンネル崩落事故	
1997（平成9）	北陸新幹線（長野新幹線）東京－長野間開業 東京湾横断道路アクアライン	河川法改正	東ヨーロッパ，ドイツ・ポーランド・チェコに大水害

年　代	土　木　事　項	土　木　関　連　事　項	一般主要事項*
	開通		バングラデシュではサイクロン 中国，広東省・湖南省・四川省で大洪水。長江で大洪水
1998（平成10）	明石海峡大橋完成		
1999（平成11）	本四架橋最後の「瀬戸内しまなみ海道」開通（広島県尾道と愛媛県今治を結ぶ，約60km）	アジア土木協会連合協議会設立 土木学会，土木技術者の倫理規定を制定 広島豪雨土砂災害，死者・行方不明者32人	台湾集集大地震，M＝7.7，死者2,413人
2000（平成12）		東海豪雨災害，庄内川水系新川破堤，名古屋市西区など15万棟以上浸水 鳥取県西部地震，M＝7.3	
2001（平成13）		芸予地震，M＝6.7	エルサルバドル地震，M＝7.6
2002（平成14）	東北新幹線，盛岡－八戸間開通	自然再生推進法	ドイツ・チェコ，エルベ川大水害
2003（平成15）	日本道路公団の民営化をめぐって紛糾	第3回世界水フォーラム（京都，大阪，滋賀にて） 台風10号，北海道豪雨災害　日高を中心に死者・行方不明者11人	イラク戦争
2004（平成16）	九州新幹線新八代・鹿児島中央間開通	日本列島への上陸台風10個，特に10月18～20日の台風23号は死者98人，水害による年間死者・行方不明者236人 景観法公布 新潟県中越地震（10.23），M＝6.8，死者65人，全壊3,185戸	インド洋（スマトラ）大津波（12.26），死者28万人以上
2005（平成17）			パキスタン（カシミール）地震（10.8），M＝8.4，死者8万6,000人以上 ハリケーン・カトリーナ（8月），アメリカ南部のニューオーリンズはじめメキシコ湾岸を襲う，死者1,000人以上
2006（平成18）		豪雪（2005.12～2006.1），死者151人	
2007（平成19）		能登半島地震（3.25），M＝6.9	

土木学会　高橋裕編"国づくりのあゆみ"より作成：同書は明治以降の年表について「日本の土木技術」（土木学会），日本土木史（昭和16～40年）の近代日本土木年表（土木学会）などを参考として作成。

人名索引 （原則として歴史上の人物）

＜ア 行＞

青木楠男 ……………………………196, 197
青山 士 ……………………………116, 194
アスプディン（Joseph Aspdin） ………69
アッカーマン ……………………………151
飯田俊徳 …………………………………87
井沢弥惣兵衛為永 ………………………48
石黒五十二 …………………………95, 111
石橋絢彦 ………………………………84, 103
伊藤博文 …………………………74, 76, 102
伊奈一族 …………………………………47
伊奈備前守忠次 …………………………47
井上 勝 …………………………………86
伊能忠敬 …………………………………54
イングランド（John England） …………87
ウィルキンソン（John Wilkinson） ……68
ヴォーバン（Sébastien le Prestre de Vauban） ………………………………61
内村鑑三 ………………………………105
エゲルトン（Francis Egerton, the third Duke of Bridgewater） ………………66
エッシャー（Geurge Arnold Escher） ……85
大久保利通 …………………………75, 85
太田円三 ………………………………119
太田道灌 ……………………………36, 43
沖野忠雄 ……………………95, 97, 110, 198
織田信長 …………………………………36

＜カ 行＞

加藤清正 ……………………………38, 41
河村瑞軒 …………………………………51
川村孫兵衛重吉 ……………………38, 51
鑑真和尚 ……………………………16, 32
北垣国道 ………………………………101
行 基 ……………………………………32
空 海 ……………………………………33

＜サ 行＞

釘宮 磐 ………………………………119
国沢能長 …………………………………87
久保田 豊 ……………………………123
クラーク（W. S. Clark） ………………103
栗原良輔 ………………………………199
グルーベンマン（Johan Ulrich Grubenmann） ………………………68
黒田清隆 …………………………………85
クロフォード（Joseph U. Crawford） ……85
クーロン（Charles Auguste Coulomb） ……63
ケプロン（Harace Capron） ……………85
ゴーチエ（Hubert Gautier） ……………62
後藤新平 …………………………118, 125

＜サ 行＞

真田秀吉 ………………………………198
佐野藤次郎 ………………………………91
鮫島尚範 …………………………………74
志賀重昂 …………………………………24
柴田勝豊 …………………………………41
シーボルト ………………………………56
シュトラウプ …………………………202
スティーヴンソン（George Stephenson） ……69
スミートン（John Smeaton） ……………62
角倉了以 ……………………………38, 51
妹沢克惟 ………………………………130
仙石 貢 ……………………………78, 95

＜タ 行＞

ダイエル（H. Dyer） ……………………103
平 清盛 …………………………………33
鷹部屋福平 ……………………………130
武田信玄 …………………………………37
伊達政宗 …………………………………51
田中 豊 ………………………………119
田辺朔郎 ……………99, 103, 121, 196, 198, 203
田沼意次 …………………………………57

ダービーⅢ世(Abraham Darby Ⅲ) ……68
玉川兄弟 ……………………………14, 46
チャプリン(Winfield S. Chaplin) ……103
中条政恒………………………………75
重　源…………………………………34
恒川柳作………………………………94
ティモシェンコ(Timoshenko) ……197, 202
寺田寅彦………………………………25
テルフォード(Thomas Telford) ……45, 64
デレーケ(Johannis de Rijke) ………75
徳川家光………………………………44
徳川家康………………………41, 43, 44
徳川秀忠………………………………44
徳川吉宗…………………………48, 53
豊臣秀吉………………………………41
豊臣秀頼………………………………51
トリュデーヌ(Trudaine) ……………62
トレサゲ(Pierre Trésaguet) …………67
トレドゴールド(Thomas Tredgold) ……65

<ナ　行>

中島鋭治…………………………94, 198
長与専斎………………………………92
成富兵庫茂安…………………………38
ニコルソン(William Nicholson) ……64
仁徳天皇………………………………29
沼田政矩………………………………197
野中兼山………………………………52

<ハ　行>

パーカー(James Parker) ……………69
八田與一…………………………124, 203
ハート(J. W. Hart) ……………………91
パーマー(H. R. Palmer) ………63, 90, 92
林　桂一…………………………130, 131
原口　要………………………………94
バルトン(William K. Burton) ……85, 94
ビアード(Charles Austin Beard) ……118
日比忠彦………………………………129
平井昭二郎……………………………94
平田靱負………………………………50
廣井　勇……………104, 116, 128, 198

ファン・ドールン(Van Doorn) ……74
藤倉見達………………………………84
ブラントン(Richard Henry
　Brunton)…………………………84, 90
ブリンドレー(James Brindley) ……66
古市公威……………94, 103, 110, 125, 194, 198
古川阪次郎……………………………88
ペリー(M. C. Perry) ………………70, 90
ベリドール(Bernard Forest de Bélidor) ……62
ベルニー(François Léonce Verny) ……84
ペロネ(Jean Rodolphe Perronet) ……62
ホイーラー(William Wheeler) ……105
北条時宗………………………………35
北条泰時………………………………34
ポンペ(Pompe van Meerdervoort) ……93

<マ　行>

マカダム(Jhon L. McAdam) ………67
正子重三………………………………119
増田礼作………………………………95
松方正義………………………………76
松本荘一郎……………………………94
水野忠邦………………………………57
三田善太郎…………………………90, 95
南　清…………………………………103
源　頼朝………………………………34
宮本武之輔…………………116, 203, 206
モーズリ(William Maudslay) ………63
本木昌造………………………………84
物部長穂…………………………122, 130
モレル(Edmund Morel) ……………73

<ヤ　行>

山尾庸三………………………………102
ユア(Andrew Ure) ……………………64
吉村長策………………………………92

<ラ　行>

ラウス(H. Rouse) ……………………202
ランキン(W. J. M. Rankine) ………103
リンドウ(I. H. Lindow) ……………75, 85
ルヴォワ(Louvois) ……………………61

レセップス（Ferdinande de Lesseps）……67
レニー（John Rennie）…………………63

<ワ　行>

和気清麻呂………………………………30

和辻哲郎 ……………………………19, 24
ワデル（John Alexander Low Waddel）…103

地名および事業名索引

<ア 行>

愛知用水 …………………………135, 136
明石海峡大橋 ………………………189
赤穂水道 ………………………………46
安積疏水 ……………………………75, 77
浅瀬石川 ………………………………59
朝比奈切通し …………………………34
安治川 …………………………………52
芦ノ湖 …………………………………54
梓 川 …………………………………161
安土城 …………………………………41
吾妻橋 ………………………………120
安倍川 …………………………………29
アメリカの大陸横断鉄道 ……………70
荒 川 …………………………………35
五十里ダム …………………………122
井川ダム ……………………………154
生田川 …………………………………91
猪苗代湖 ………………………………75
石 巻 …………………………………51
石淵ダム ……………………………157
石屋川トンネル ………………………86
岩木川 …………………………………59
岩黒島 ………………………………187
印旛沼干拓 ……………………………57
烏山頭ダム …………………………124
碓氷峠 …………………………………88
馬頭井堰 ………………………………54
ウルナートンネル ……………………66
永代橋 ………………………………119
越後平野 ……………………………115
江連用水 ………………………………59
エディストン灯台 ……………………69
江戸城 …………………………………40
応神陵 …………………………………30
鴨緑江 ………………………………123

大井ダム ……………………………121
大搏川 …………………………………50
大河津分水 …………………………115
大阪港 …………………………………84
大阪飛行場 …………………………167
逢坂山トンネル ………………………87
大輪田泊(現神戸港) …………………33
奥只見ダム …………………………154
巨椋池 …………………………………42
小河内ダム …………………………144
小樽港 ………………………………107
尾道・今治ルート …………………187
御前崎 …………………………………84
折渡トンネル ………………………114
音戸の瀬戸 ……………………………33

<カ 行>

鹿島港 ………………………………162
桂 川 …………………………………121
金沢水道 ………………………………46
釜無川 …………………………………37
上椎葉アーチダム …………………155
関西国際空港 ………………………179
神田上水 ………………………………45
観音崎 …………………………………84
関門海底トンネル …………114, 126
関門鉄道トンネル …………………126
木曽川 ………………………………35, 81
木曽川水系 …………………………50, 121
北上川 ……………………51, 59, 144, 151
北備讃瀬戸大橋 ……………………186
九州横断自動車道 …………………178
清洲城 …………………………………41
清洲橋 …………………………119, 120
虚川江 ………………………………123
銀座煉瓦街 ……………………………84
欽明路トンネル ……………………112

地名および事業名索引　239

熊谷扇状地	59
蔵前橋	119, 120
グランド・クーリー・ダム	123
黒部川	155
蹴上	99, 102
神戸市	91
神戸・鳴門ルート	187
小貝川	59
児島・坂出ルート	185
ゴットハルト路	66
言問橋	119, 120
駒形橋	119, 120
小牧ダム	122
駒橋発電所	121

＜サ　行＞

相模ダム	144
佐久間ダム	144, 154
笹子トンネル	88
山陽新幹線	176
山陽線	107
紫雲寺潟	49
品井沼	51
品川	84
品川灯台	84
信濃川	59
信濃川放水路	115
柴山サイフォン	54
清水トンネル	112
下筌	169
下津井瀬戸大橋	187
シャックハウゼン橋	68
上越新幹線	178
城ヶ島	84
常願寺川	81
庄川	157
信玄堤	37
新東京国際空港	167
新橋駅	74
水豊ダム	123
スエズ運河	67
菅島の灯台	84

墨股の一夜城	41
隅田川橋梁群	118
青函トンネル	185
関川	59
瀬戸大橋	185
セバーン川	68
仙台水道	46

＜タ　行＞

帝釈川ダム	122
高瀬川	51
高松城	41
田子浦	162
種子島	17
玉川上水	14, 45
丹那トンネル	112, 128
筑後川	169
中国自動車道	178
長津江	123
通潤橋	53
塚原ダム	122
貞山堀	51
TGV	165
てつの橋	84
天満川	30
天竜川	144
東海道新幹線	164
東海道線	107
東京市	94
東北新幹線	176
東北線	107
東名高速道路	166
利根川	35, 48
苫小牧港	162
富山新港	162
豊川	34
登呂遺跡	29

＜ナ　行＞

長崎	71, 92
長崎空港	178
奈川渡ダム	161

新潟海岸	117	松原	169
新潟港	84	茨田堤	29
新潟東港	162	満濃池	33
日橋川	78	万力林	37
仁徳陵	30	三浦ダム	122, 154
布引ダム	91	御勅使川	37
沼原揚水発電所	161	緑川	53
野島崎	84	南備讃瀬戸大橋	187, 189
野蒜港	76, 78	見沼代用水	49
		御母衣ダム	157
		耳川	155

<ハ 行>

		名神高速道路	165
箱根用水	54	眼鏡橋	45
八郎潟干拓	135	最上川	59
パナマ運河	116	物部川	52
羽田空港	167		
番の州	188		

<ヤ 行>

櫃石島高架橋	187		
兵庫港	91	八沢発電所	121
琵琶湖疏水	99	柳河原発電所	156
笛吹川	37	大和川	30
福井水道	46	横須賀製鉄所	84, 94
福岡堰	49	横浜	90
福岡飛行場	167	横浜かねの橋	84
福山水道	46	横浜港	84
伏見城	42	吉田橋	84
赴戦江ダム	123	吉野川	81, 82
フーバー・ダム	123	淀川	29
ブリジウォーター公運河	66	米代川	59
北海道篠津地域泥炭地開発	135		

<ラ 行>

本河内高部水源池	92	ライン川	68
本河内低部および西山高部水源池	92	龍王高岩	37

<マ 行>

牧尾ダム	137

事項索引

＜ア 行＞

アイオン台風 …………………………141
愛知用水公団 …………………………136
アイバーケーブル ……………………119
阿久根台風 ……………………………139
アジア号 ………………………………125
アーチダム ……………………………154
圧気工法 …………………………114, 126
圧気潜函工法 …………………………14
アプト式 ………………………………88
アメニティ ………………………173, 185
イギリス土木学会 …………………63, 102
石畳舗装 ………………………………45
伊勢湾台風 ……………………………142
1日交流可能人口 ……………………175
岩倉鉄道学校 …………………………104
印旛沼落し堀 …………………………50
AE 剤 …………………………………154
衛生工学 ………………………………94
ウォーターフロント …………………184
請負契約制度 …………………………14
牛 ………………………………………38
駅路の法 ………………………………34
ATC ……………………………………164
エンジニア ……………………………61
OR ……………………………………149
オイルショック ………………………172
岡山工業学校 …………………………104
御囲堤 …………………………………50
沖合展開 ………………………………167
沖の島絵図 ……………………………52
お手伝普請 …………………………50, 58
面白山トンネル ………………………112
お雇い外国人 …………………………71
温泉余土 ………………………………113

＜カ 行＞

海岸工学 ………………………………147
海岸線 …………………………………21
海軍ドック ……………………………94
外国人居留地 …………………………91
海上空港 ………………………………167
開拓使仮学校 …………………………103
開拓事業実施要綱 ……………………135
開拓事業実施要領 ……………………134
開拓パイロット事業制度 ……………135
海面干拓 ………………………………59
火主水従 ………………………………159
河水統制事業 …………………………144
霞 堤 …………………………………37
カスリン台風 ……………………137, 141
河川改修 ………………………………107
河川法 …………………………59, 86, 107
狩野川台風 ……………………………142
慣行水利権 ……………………………59
関東三大堰 ……………………………59
関東大震災 ………………………111, 117
関東流 …………………………………47
機械化施工 ……………………………144
キティ台風 ……………………………141
九州帝国大学 …………………………104
行基図 …………………………………33
京都帝国大学 …………………………103
緊急開拓事業実施要領 ………………134
熊本高等工業学校 ……………………104
京釜鉄道 ………………………………125
下水道普及率 …………………………168
ケーブル架設工法 ……………………188
建築学会 ………………………………110
建築業法 ………………………………14
建設省 …………………………………143
鋼アーチ支保工 ………………………127

工業化学会	110
公共事業と基本的人権	170
工業整備特別地域	153
攻玉社	104
工手学校	104
高速自動車道路	166
高熱隧道	156
工部省	85
工部大学校	74, 102, 103
鋼矢板	119
高齢者人口の比率	175
港湾	22
国役普請	58
国際空港	178
国土開発幹線自動車道建設法	178
国土計画基本方針	151
国土総合開発法	136, 143, 152
国民所得倍増計画	153, 167
湖沼干拓	59
古墳時代	30
コレラ	92

<サ 行>

災害対策基本法	143
サイフォン技術	53
札幌農学校	103
砂防法	82
山岳トンネル方式	126
産業構造の変革	149
三全総	174
紫雲丸	185
ジェーン台風	141
資源調査会	151
CTC	164
地盤沈下	143
重力ダム	154
条里制	32
シールド工法	113, 126
新オーストリア式	14
新開地	53
震災復興事業	118
震災復興特別都市計画法	117

新産業都市	153
新全総	153
新長期経済計画	153
新田	53, 58
森林法	82
水害訴訟	183
水害防備林	37
水害予防組合法	135
水源涵養林	82
水主火従	159
水制	38
水田土壌	20
水道条例	93
水文学	147
助郷	44
雪害対策	178
セメント注入	127
セメント注入工法	113, 126
零マイル標識	74
潜函工法	127
全国新幹線鉄道整備法	165
全国総合開発計画	153
扇状地	59
仙台高等工業学校	104
造家学会	110
総合的な治水対策	183
造船学会	110
測量	32, 41
粗朶沈床	83

<タ 行>

大化の改新	32
太閤検地	41, 58
第三次全国総合開発計画	174
耐震設計	188
第二次全国総合開発計画	153
大日本沿海輿地全図	54
耐風設計	188
第四次全国総合開発計画	175
多極分散型国土の形成	175
タービンポンプ	145
多目的ダム	144, 169

事項索引　243

多目的遊水地 …………………183
丹那式 ………………………113
ダンプトラック ………………145
治山治水対策要綱 ……………141
中空重力式ダム ………………154
長大橋 ………………………189
帝国鉄道協会 …………………110
定住圏 ………………………174
泥水式シールド工法 ……………14
帝都復興院 …………………117
ディープウェル ………………145
鉄　道 …………………………69
鉄道国有法 ……………………86
鉄道敷設法 ……………………86
TVA ……………………143, 151
デュコール鋼 …………………120
テルフォード工法 ……………67
電源開発株式会社 ……………143
電源開発促進法 ………………143
東京開成学校 …………………102
東京大学 ……………………102
東南海地震 …………………139
洞爺丸 ………………………185
洞爺丸台風 ……………137, 141
道路特定財源制度 ……………166
特殊土壌 ……………………20
都市河川事業 …………………182
土質基礎委員会 ………………148
土質工学会 …………………148
土質力学 ……………………148
土地改良事業 …………………135
土地改良法 …………………135
土木学会 ………………97, 110
ドル・ショック ………………172

＜ナ　行＞

内務省 …………………………85
長崎医学校 ……………………93
流れ込み式水力発電所 …………121
名古屋高等工業学校 …………104
南海地震 ……………………140
軟弱地盤 ………………34, 112

日本機械学会 …………………110
日本工学会 …………………110
日本鉱業会 …………………110
日本国有鉄道公社 ……………143
日本式 …………………………14
日本式掘削 ……………………87
日本築港史 …………………106
日本電気学会 …………………110
日本道路公団 …………………166
日本の天然資源 ………………151
ニュータウン …………………168
ニュー・ディール政策 …………152
ニューマチック潜函基礎 ………119
農地開発機械公団 ……………135

＜ハ　行＞

橋詰広場 ……………………118
蜂の巣城紛争 …………………169
パワーショベル ………………145
飛脚制 …………………………34
聖　牛 …………………………38
標準軌道 ……………………165
フィルタイプダム ……………154
福井地震 ………………137, 140
復興国土計画要綱 ……………151
フライアッシュ ………………154
ブリュッハー号 ………………69
ヘビーコンパウンド架線 ………178
ベンチ式掘削 …………………87
方位盤 …………………………56
膨潤性 ………………………113
防　塁 …………………………35
宝暦治水 ………………………49
北海道総合開発法 ……………152
ポートランド・セメント ………69
掘込港湾 ……………………162
本州四国連絡橋公団 ……185, 187

＜マ　行＞

マカダム舗装 …………………68
枕崎台風 ………………137, 139
水辺空間 ……………………184

南満州鉄道 …………………………124
村　役………………………………58
明治以前日本土木史 ………………102

<ヤ　行>

薬液注入 ……………………………113
八幡製鉄所 …………………………99
湧　水 ………………………………112
有料道路制度 ………………………166
用・強・美 …………………………173
洋式灯台 ……………………………84
揚水発電 ……………………………161

四全総 ………………………………175

<ラ　行>

律令制度 ……………………………32
臨海工業地帯 ………………………161
ルース台風 …………………………141
連続土工システム …………………164
ローマン・セメント ………………69

<ワ　行>

輪中堤 ………………………………35

著者略歴

高　橋　　裕（たかはし　ゆたか）
1927年　静岡県興津町（現静岡市）に生まれる
1950年　東京大学第二工学部土木工学科卒業
1968年〜1987年　東京大学教授
　　　　　　　　同大学名誉教授
1987年〜1998年　芝浦工業大学教授
2000年　クリスタル・ドロップ賞受賞
2001年〜2010年　国際連合大学上席学術顧問
2006年　地域環境コンサルタント，新河相学堂長
2015年　日本国際賞受賞
2021年　死去
主著書　『土木工学大系（全35巻）』編集委員長（彰国社）
　　　　『国土の変貌と水害』（岩波新書，1971年，2015年アンコール復刊）
　　　　『都市と水』（岩波新書，1988年）
　　　　『河川工学』（東京大学出版会，1990年）土木学会出版文化賞
　　　　『土木工学概論教科書』編集委員（彰国社，1993年）
　　　　『土木図解事典』編集委員（彰国社，1999年）
　　　　『地球の水が危ない』（岩波新書，2003年）
　　　　『社会を映す川』（鹿島出版会，2009年）
　　　　『川と国土の危機』（岩波新書，2012年）
　　　　『土木技術者の気概』（鹿島出版会，2014年）

現代日本土木史　第二版

1990年5月10日　第1版　発　行
2007年8月10日　第2版　発　行
2023年1月10日　第2版　第5刷

著　者	高	橋		裕
発行者	下　出		雅	徳
発行所	株式会社　彰　国　社			

著作権者との協定により検印省略

自然科学書協会会員
工学書協会会員

Printed in Japan

©高橋　裕　2007年

ISBN 978-4-395-04031-5　C3051

162-0067　東京都新宿区富久町8-21
電話　03-3359-3231（大代表）
振替口座　00160-2-173401

装丁・長谷川純雄　印刷：康印刷　製本：中尾製本

https://www.shokokusha.co.jp

本書の内容の一部あるいは全部を，無断で複写（コピー），複製，および磁気または光記録媒体等への入力を禁止します．許諾については小社あてご照会ください．

土木史参考図

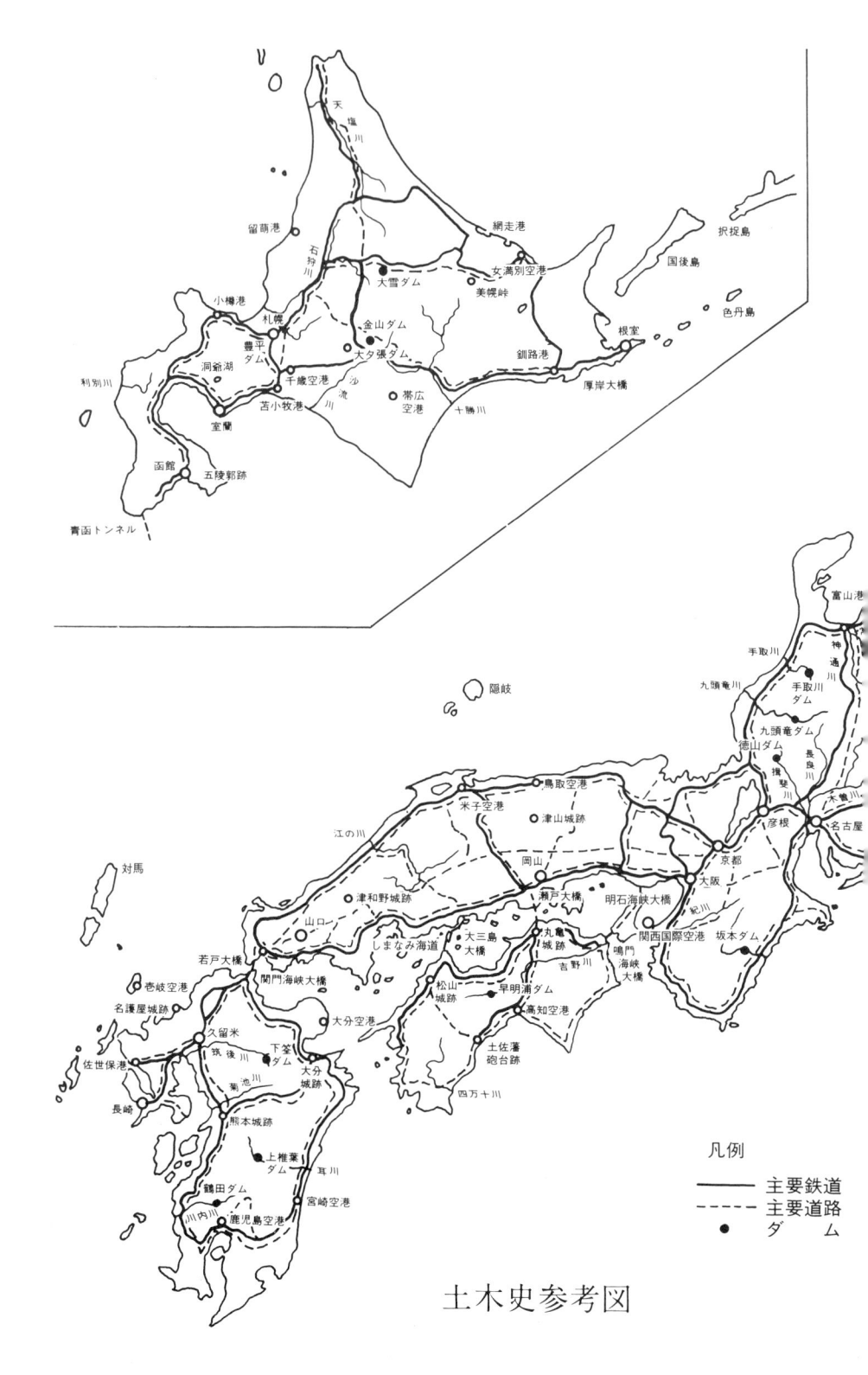